un point sur...

l'eau

Tome I
Milieu naturel et maîtrise

l'eau

Tome I
Milieu naturel et maîtrise

Gérard Grosclaude (coordinateur)

INSTITUT NATIONAL DE LA RECHERCHE AGRONOMIQUE
147, rue de l'Université, 75338 Paris Cedex 07

un point sur...

Phytosanitaires, protection des plantes, biopesticides
P. BYE, C. DESCOINS, A. DESHAYES, coord.
1991, 178 p.

Le magnésium en agriculture
C. HUGUET, M. COPPENET, coord.
1992, 276 p.

Agricultures et société
C. COURBET, M. BERLAN-DARQUES, Y. DEMARNE, éd.
1993, 326 p.

Élaboration du rendement des principales cultures annuelles
L. COMBE, D. PICARD, coord.
1994, 192 p.

Comportement et bien-être animal
M. PICARD, R.H. PORTER, J.P. SIGNORET, coord.
1994, 228 p.

Trente ans de lysimétrie en France (1960-1990)
J.C. MULLER, coord.
1996, 392 p.

Teneurs en éléments traces métalliques dans les sols (France)
D. BAIZE
1997, 412 p.

Oiseaux à risques en ville et en campagne
Vers une gestion intégrée des populations ?
P. CLERGEAU, coord.
1997, 376 p.

L'information scientifique et technique
Nouveaux enjeux documentaires et éditoriaux
P. VOLLAND-NAIL, coord.
1997, 282 p.

Aliments et industries alimentaires : les priorités de la recherche publique
P. FEILLET, coord.
1998, 288 p.

L'homme et l'animal d'élevage : un débat de société
Arouna P. OUÉDRAOGO, P. LE NEINDRE, coord.
1999, 218 p.

© INRA, Paris 1999 – ISSN : 1250-5218 – ISBN : 2-7380-0854-2
Tome 1 - 2-7380-0855-0

Cet ouvrage a été réalisé dans le cadre
du Comité scientifique "EAU" de l'INRA.

Nous tenons à remercier tout particulièrement
Mme Nadine Brisson et MM. Pierre Chassin, René Moletta,
André Neveu, François Papy et Charles Riou
qui ont bien voulu assurer la relecture des différents chapitres.

sommaire

Tome I

L'eau : milieu naturel et maîtrise

4 L'eau et la biosphère

5 Les zones humides

6 Les milieux aquatiques

7 L'eau et le poisson

8 L'eau et les plantes

9 L'irrigation

10 Le drainage

Préface

Charles Riou

L'eau fait partie de notre environnement naturel tout comme l'air que nous respirons et la terre qui nous porte et nous nourrit ; elle constitue un des éléments familiers de notre vie quotidienne.

Pour l'homme, les océans étaient jadis presque l'infini ; l'eau était certes mal répartie dans le temps et dans l'espace et il y a fort longtemps que la sécheresse est évoquée, mais cela faisait partie des phénomènes « naturels » : il y avait, il y aura encore des « catastrophes naturelles » dues au manque ou à l'excès d'eau.

Cette idée d'une nature parfois généreuse, parfois cruelle et injuste et finalement imprévisible a longtemps imprégné la pensée humaine.

Le développement des connaissances a peu à peu modifié cette attitude et grâce à la science et à la technique l'homme a appris à maîtriser en maintes occasions les « forces naturelles » : il a édifié des barrages qui tempèrent les variations du débit des rivières et permettent de faire des réserves, il a prospecté les ressources en eau du sous-sol, il a su déplacer sur de grandes distances des volumes d'eau importants ; il a su aussi assécher des zones régulièrement inondées et peu à peu s'est imposée cette nouvelle idée que l'homme pouvait maîtriser l'eau. Certes, il ne peut empêcher les tempêtes qui mettent en jeu des énergies colossales, mais dans le domaine des eaux continentales, seul le manque de ressources financières met une limite à son action.

Cette science de l'eau acquise au cours des derniers siècles a donné naissance à un grand optimisme, encore très apparent il y a quelques décennies seulement. On se souvient entre autres de la manière dont le barrage d'Assouan sur le Nil était annoncé... et d'autres grands projets sur les fleuves africains... Certes, tout le monde savait qu'il existait dans le monde, outre les déserts, de grandes zones peuplées menacées périodiquement par la sécheresse, mais des solutions étaient constamment évoquées, issues du génie créatif de l'homme... tout paraissait possible. Cet optimisme a disparu aujourd'hui ! L'augmentation constante de la population de la terre, notre capacité réelle d'intervention sur les phénomènes naturels désormais mieux connus et les excès commis par des pays qui disposaient de tous les atouts de la connaissance et de la technique ont modifié notre vision du problème de l'eau, au point de faire émerger cette idée que l'eau est devenue un problème majeur !

En juin 1998, l'UNESCO organisait une conférence internationale intitulée : *Water : a looming crisis ?* Le point d'interrogation n'apparaissait plus chez les conférenciers qui parlaient de « crise de la gestion des eaux » de « surexploitation des nappes » ; un thème sur cinq était consacré à la qualité de l'eau, un autre à l'impact de l'activité humaine sur la ressource en eau. La FAO annonçait déjà en 1993 qu'en l'an 2000 près de 30 pays connaîtraient une pénurie d'eau… il ne semble pas qu'elle ait changé d'avis depuis cette annonce.

En France, où certes existent de très fortes différences de disponibilités en eau d'une région à l'autre, nous avons globalement une situation avantageuse ; pourtant ces dernières années, il a souvent été question de sécheresse entraînant un état de crise en été où différents utilisateurs entraient alors en conflit.

Nous voici donc actuellement devant un constat… l'eau qui paraissait inépuisable, mises à part quelques régions bien identifiées, ne l'est pas ; bien pire, sa qualité se dégrade dans les régions les plus avancées du monde en technologie ; enfin l'avenir est menaçant pour une partie importante du globe, menaçant à deux titres : pour l'alimentation humaine, mais aussi pour la paix car des observateurs avertis n'hésitent plus à parler de risques de conflits entraînés par le manque d'eau.

Peut-on à ce propos fournir quelques chiffres ? Il n'est pas facile d'évaluer la quantité d'eau renouvelable annuellement pour l'ensemble de la terre, mais avec beaucoup de précautions dans la méthode, la dernière proposition est de 42 757 km^3. Il faut noter que ce volume d'eau, renouvelable annuellement par l'effet des précipitations auxquelles il faut retrancher l'évaporation, et qui constitue en fait la limite supérieure de ce que nous pouvons théoriquement consommer sans entamer nos réserves non renouvelables, est peu de chose comparé au volume d'eau présent dans le monde. Les océans stockent en effet un peu plus de 97 % de l'eau (salée) et l'eau des continents se répartit entre les glaciers et les eaux souterraines avec une très faible part pour les eaux de surface : moins de 1 %. On constate en fait que, disposant d'un énorme capital d'eau sur les continents, l'homme ne peut en dépenser qu'un peu plus de un pour mille par an : la part renouvelée disponible.

Il faut ajouter à cela qu'une partie importante de cette eau est actuellement perdue, soit qu'elle se trouve dans des zones difficilement accessibles : le grand Nord, les hauts bassins de l'Amazone et du Congo, soit qu'une partie retourne inévitablement vers la mer : grandes crues difficiles à maîtriser, dilution nécessaire des eaux usées (non recyclées après épuration)…

En fait, il resterait réellement d'accessible moins de 15 000 km^3 par an soit environ 2 500 m^3 par habitant et par an... Si l'on considère que la FAO estime qu'en dessous de 2 000 m^3 par an et par habitant (tous usages confondus) il y a un risque de pénurie, on voit que la situation *moyenne actuelle* n'offre pas une grande sécurité pour l'avenir, mais il faut surtout noter que ce chiffre moyen dissimule de très grandes inégalités.

Si l'on se réfère à nouveau à l'eau théoriquement disponible, soit 7 650 m^3 par habitant et par an, on constate qu'un Européen dispose de 4 240 m^3 par habitant et par an, un Américain du Nord de 17 400 m^3 par habitant et par an, un Asiatique 3 970 m^3 par habitant et par an.

D'une manière plus détaillée, l'Européen du Nord a presque 10 fois plus d'eau que l'Européen du Sud (3 190 m^3 par habitant et par an) et 15 fois plus que l'Européen du centre (2 120 m^3 par habitant et par an).

En Afrique du Nord, la disponibilité de l'eau n'est que de 710 m^3 par habitant et par an !

En Asie, les différences sont également considérables entre l'est de la Russie et la Sibérie (76 600 m^3 par habitant et par an) et l'Asie du Sud ou de l'Ouest où l'on est déjà à la limite du seuil défini par la FAO !

Le premier constat est donc celui d'une très grande inégalité devant la ressource en eau, et d'une situation déjà difficile pour certains pays avec la menace d'une augmentation non maîtrisée de la population.

Tout ceci ne concerne que les quantités *moyennes* d'eau, il faut y ajouter les risques que fait peser la variation des besoins au regard des disponibilités au cours de l'année, ce qui explique qu'en France où l'on dispose globalement de plus de 3 000 m^3 par habitant et par an (dont on ne consomme en moyenne que moins de 5 %, alors que l'on en prélève en fait presque 25 %) on peut, en été, manquer d'eau face à des besoins en augmentation : irrigations, collectivités locales, protection des plans d'eau, stockage par EDF, besoins de l'industrie...

Il faut enfin ajouter un autre élément de plus en plus préoccupant (dans les pays développés, mais pas uniquement) : les risques actuels concernant la *qualité de l'eau.*

Il existe depuis toujours des eaux contenant naturellement des éléments dissous les rendant plus ou moins impropres non seulement à la consommation humaine mais aussi à l'alimentation en eau des plantes (qui réagissent de façon très diverse) : eaux chargées de chlorure de sodium autour de la Méditerranée, de fluor en Tanzanie et au Radjasthan, et au Sénégal et même d'arsenic au Chili ; on peut également citer le natron du lac Tchad.

Mais à côté de cette chimie « naturelle », le développement de l'industrie, de l'agriculture intensive et de l'activité ménagère ont introduit dans le cycle de l'eau des substances chimiques de plus en plus nombreuses dont une partie importante atteint les nappes superficielles, les rivières et les plans d'eau : métaux lourds, nitrates en excès, phosphore, produits phytosanitaires etc. La concentration urbaine de la population accentue cette pollution.

Il n'est pas facile de rendre compte de la pollution dans le monde mais on peut localement suivre l'évolution de la qualité de l'eau et constater que si des efforts ont rendu possible çà et là une nette amélioration (le Rhin ou la Seine), les niveaux de nitrates augmentent en Europe de l'Ouest, en Amérique du Nord et en Chine. Dans de nombreux bassins sous des climats secs les eaux déjà naturellement salées le deviennent encore davantage sous l'effet de l'évaporation dans les réservoirs et de l'irrigation mal contrôlée. On mesure également des taux de métaux lourds notables dans les matières en suspension des fleuves comme la Seine, le Rhin, le Pô, le Mississippi ou les rivières chinoises.

Quand on parle du problème de la ressource en eau, il faut donc avoir présent à l'esprit non seulement que les besoins en quantité seront insuffisants pour de nombreux pays, mais que la qualité de cette ressource est menacée. On doit noter la gravité de la situation dans des pays qui ont à la fois une population à croissance rapide, des ressources en eau insuffisantes et des moyens financiers qui ne leur permettent pas de mettre en œuvre les infrastructures indispensables.

A côté de ce problème latent qui demande un engagement permanent, l'eau apparaît aussi de temps à autre comme un facteur de risque accidentel.

Chaque année des inondations catastrophiques sont signalées par les médias, non seulement en Inde ou en Chine mais en Europe, plus localisées alors certes mais mal perçues par l'opinion qui s'indigne parfois du maintien d'un tel risque à notre époque. A cette occasion sont souvent évoquées des responsabilités humaines : aménagements des rivières mal conçus, augmentation du ruissellement sur le bassin versant, travaux de régulation des débits insuffisants etc.

Si face à des phénomènes pluvieux exceptionnels il n'y a guère de parade définitive, il n'en reste pas moins que l'homme par imprudence, incompétence, ou légèreté peut aggraver les conséquences de ces phénomènes.

L'eau aujourd'hui est donc devenue un problème pour l'homme, mais sa responsabilité étant également engagée, il a le devoir d'agir... le citoyen est d'abord un consommateur d'eau avec là encore de très grandes inégalités. Un Australien consomme 1 440 litres par jour *d'eau potable,* un Américain 617 litres, un Européen 210 litres, un Asiatique 89 litres et un Africain 48 litres ! Mais il y a à côté de la consommation d'eau potable beaucoup d'autres usages : l'industrie, le tourisme, la pêche, la sauvegarde des écosystèmes aquatiques, les réserves indispensables à l'énergie hydroélectrique, le refroidissement des centrales nucléaires, l'irrigation... Tout ceci est fait pour le citoyen qui est donc au cœur des débats : son attention est d'ailleurs naturellement attirée par l'augmentation régulière du prix de l'eau. La complexité de la situation actuelle exige que le citoyen soit mieux averti qu'auparavant des différents aspects du problème de l'eau. La meilleure façon d'informer est de le faire tôt, au moment privilégié où l'individu est le plus apte à comprendre et retenir, et c'est en général quand il est formé par l'école.

C'est dans cet esprit que cet ouvrage est conçu. La réalisation en revient à l'INRA, et particulièrement au Comité Scientifique « EAU », mais il faut noter que Gérard GROSCLAUDE en a été l'initiateur et le coordinateur.

Il s'agit d'une publication destinée à être lue par un large public, et même si inévitablement il y a des différences de ton, voire de niveau entre les articles,

les textes restent accessibles à la majorité des lecteurs qui ne sont pas nécessairement familiarisés avec la démarche scientifique.

Cet ouvrage a aussi l'ambition de traiter d'un très grand nombre d'aspects de la question de l'eau. On y trouvera un tome sur l'eau dans le milieu naturel et un autre sur les usages de l'eau avec les risques de pollution.

Dans l'un et l'autre, un gros effort a été fait pour faire le tour du problème : le cycle de l'eau, l'eau et la plante, l'eau et le poisson, l'aménagement des eaux, constituent l'essentiel du premier tome où l'on trouve également un chapitre sur l'histoire de l'eau. Dans le second tome les acteurs et le droit de l'eau, l'alimentation, le rôle de l'eau dans les industries agroalimentaires, la pollution, les traitements sont étudiés et fournissent les connaissances actuelles indispensables sur les relations entre l'homme et l'eau. Vingt-sept auteurs ont participé à cet ouvrage, dont la plupart appartiennent à l'INRA, mais aussi à l'IRD (ex. ORSTOM), à Météo France, au corps des Ingénieurs du Génie Rural et des eaux et forêts, au CNERNA, à la CGE et à la Lyonnaise de Eaux. C'est dire le souci des coordinateurs de faire participer non seulement des chercheurs, mais des aménageurs et des industriels.

Il reste à souhaiter, d'abord que le lecteur trouve du plaisir à parcourir ces pages qui se veulent instructives et faciles à lire, et qu'il soit ainsi mieux informé de la réalité et de la complexité des problèmes d'aujourd'hui liés à l'eau, et enfin, car c'est là l'ambition la plus haute de cette publication, qu'il devienne un citoyen compétent et responsable, jouant un rôle positif dans les décisions qui devront être prises dans l'avenir.

Le cycle de l'eau

Emmanuel Choisnel

Le cycle de l'eau pris dans son ensemble regroupe deux branches bien distinctes, bien que couplées entre elles : le cycle de l'eau dans l'atmosphère d'une part, le cycle de l'eau dans le sol d'autre part. La première branche, atmosphérique, est la partie la plus visible du cycle (nuages, précipitations...), elle est caractérisée par une circulation rapide de l'eau, essentiellement sous forme vapeur (le temps moyen de résidence de la vapeur d'eau dans l'atmosphère est de l'ordre de 8 jours), et elle interagit directement avec le fonctionnement de l'atmosphère elle-même. Par contraste, le cycle de l'eau dans le sol se passe essentiellement en phase liquide, il est marqué par une vitesse de circulation de l'eau relativement lente, et l'eau qui parcourt cette branche du cycle est pour un temps soustraite à toute interaction avec la branche atmosphérique. Du fait même de la présence de deux branches distinctes du cycle, les processus physiques qui se produisent à leur interface revêtent une grande importance comme nous le verrons.

Il faut également, en préambule, préciser que seule une très faible fraction de la quantité totale d'eau présente sur la planète terre (de l'ordre de 1,4 milliards de km^3) circule, la majeure partie (plus de 97 %) étant stockée dans les océans, à quoi il faut ajouter environ 2 % stockés dans les calottes glaciaires et les glaciers.

Le cycle de l'eau dans l'atmosphère

L'atmosphère est réalimentée en permanence en eau sous forme de vapeur du fait de l'évaporation qui se produit à la surface des océans et des continents. On sait que l'évaporation à la surface de la terre est assurée à hauteur de 85 % du total par les zones océaniques, à la fois parce que le flux moyen annuel par unité de surface est de l'ordre de 1 400 mm/an pour les océans (à comparer à 470 mm/an pour les continents), et que les océans recouvrent 70 % de la surface terrestre.

Le cycle de l'eau dans l'atmosphère est caractérisé par un certain nombre de processus physiques. Ce sont : les changements de phase de l'eau (condensation ou évaporation), les mouvements verticaux dans l'atmosphère, enfin la circulation des masses d'air atmosphérique qui peuvent transporter sur des distances considérables, et notamment des zones océaniques vers les zones continentales, des quantités énormes d'eau, sous forme liquide (gouttelettes nuageuses) ou sous forme de vapeur.

La vapeur d'eau dans l'atmosphère s'élève grâce aux mouvements turbulents à l'œuvre dans les basses couches de l'atmosphère, à une vitesse verticale moyenne de l'ordre du centimètre par seconde, puis se transporte en altitude, jusqu'à la formation de nuages. Ce transfert vertical et ce passage de l'eau de la phase vapeur à la phase liquide correspondent à un échange énorme de chaleur latente entre la surface terrestre et l'atmosphère, puisque cela représente un flux d'énergie à peu près égal au quart de l'énergie solaire incidente à la limite supérieure de l'atmosphère.

Au-delà des processus complexes en jeu au sein de l'atmosphère elle-même, ce cycle de l'eau dans l'atmosphère se traduit essentiellement de deux façons : d'une part par la présence (ou non) d'une couverture nuageuse qui va moduler l'apport d'énergie solaire à la surface du sol et donc le niveau d'évapotranspiration des plantes, d'autre part par l'apport, discontinu dans le temps, d'eau au sol sous forme de précipitations. Selon que certains de ces processus précités font défaut, ou sont au contraire exacerbés, les régions concernées vont connaître des anomalies du cycle hydrologique, alternativement sécheresse dans le premier cas, ou excès d'eau dans le second cas.

Le cycle de l'eau dans le sol

L'eau de pluie, provenant de la branche atmosphérique du cycle, est partie prenante du cycle de l'eau dans le sol à partir du moment où elle s'est infiltrée dans ce sol (*cf.* p. 21). La circulation de l'eau à l'intérieur du sol dépend bien entendu de la texture et de la structure des différents horizons du sol. De plus, seule une fraction du contenu total en eau du sol, pouvant aller de 30 % pour les sols les plus argileux à 60 % pour les sols limoneux, est éventuellement disponible ultérieurement pour contribuer à l'évapotranspiration de la végétation recouvrant le sol. Un sol limono-argileux d'un mètre de profondeur peut stocker 350 mm d'eau à la capacité au champ, dont 200 mm environ sont accessibles à la plante.

Parler de cycle de l'eau dans le sol revient implicitement à ne considérer que la partie de l'eau qui y circule, là encore très faible par rapport à la quantité totale d'eau stockée dans le sol et le sous-sol (nappes souterraines) évaluée à environ 8 millions de km^3 pour l'ensemble de la terre.

En dehors des mesures de l'humidité volumique du sol (sondage neutronique ou réflectométrie), qui permettent un suivi précis des variations de la teneur en eau d'un sol au cours de l'année, la seule façon d'évaluer ces variations est de procéder à un bilan hydrique des sols (*cf.* p. 21).

En résumé, le devenir possible de l'eau de pluie ayant pénétré, voire percolé, à l'intérieur du sol peut être décrit qualitativement ainsi : elle peut être retenue autour des particules du sol et reste ainsi temporairement stockée dans le sol, avant d'être éventuellement réévaporée dans l'atmosphère après succion par les racines et transfert vers les feuilles où se produit le processus d'évaporation ; elle peut aussi subir l'action prépondérante de la force de gravité et percole alors vers le bas.

Elle échappe, dans le second cas, à la zone prospectée par les racines (zone restant en interaction plus ou moins grande avec le cycle de l'eau atmosphérique du fait de la possibilité de réévaporation de l'eau en surface), et participe au cycle hydrologique souterrain, transitant lentement vers les nappes souterraines, puis des nappes vers différents exutoires (sources), et sa résurgence en surface se produit dans un délai plus ou moins long (ce délai peut être relativement court dans le cas d'un écoulement latéral de sub-surface).

Les processus d'interface

Lorsque l'eau de pluie parvient à l'interface sol-végétation-atmosphère, un certain nombre de processus créent une partition de l'eau précipitée entre les surfaces végétales, la surface du sol et le sol lui-même (fig. 1.1). Au début d'un épisode pluvieux d'intensité modérée, le premier processus en jeu est le phénomène d'interception de l'eau à la surface des feuilles. Ensuite l'eau non interceptée atteint la surface du sol. À ce niveau, et suivant la nature du terrain, un certain stockage peut se produire en surface. Ce stockage de surface est limité, et l'eau ruissellera ensuite le long de la pente ou s'infiltrera dans le sol.

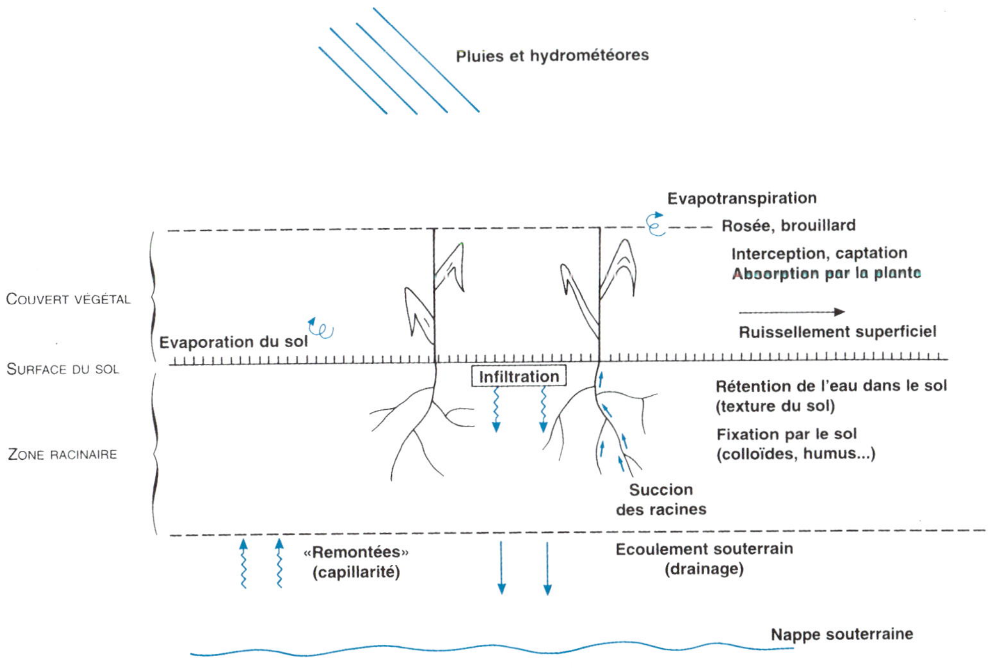

Figure 1.1. Répartition des précipitations solides et liquides à la surface du sol.

L'interception de l'eau par la végétation

Lorsque de l'eau liquide est présente à la surface des feuilles, celle-ci peut avoir des origines diverses : rosée proprement dite (condensation de vapeur d'eau provenant de l'atmosphère), condensation de vapeur d'eau provenant du sol, exsudation d'eau par la feuille, captation de gouttelettes de brouillard, enfin interception de l'eau de pluie par le couvert végétal. Les quantités mises en jeu par le processus d'interception (capacité maximale de saturation du couvert) sont de l'ordre de quelques dixièmes de millimètres pour les cultures annuelles, de 2 à 4 mm pour les forêts des zones tempérées, et jusqu'à 1 cm pour les forêts équatoriales. Du point de vue du cycle de l'eau, ce processus d'interception a pour particularité de contribuer à un recyclage rapide de cette eau vers l'atmosphère, car cette eau est peu liée au couvert végétal et s'évapore rapidement.

Le rapport du flux d'eau interceptée aux pluies incidentes dépend bien entendu du régime pluviométrique particulier de la région (répartition temporelle des précipitations, intensités des épisodes pluvieux). Il varie en gros de 15 à 45 % en climat tempéré (forêts de feuillus ou de résineux) et est de l'ordre de 9 à 15 % pour les forêts tropicales ; ces valeurs plus faibles obtenues dans le cas des forêts tropicales sont dues aux intensités plus fortes des chutes de pluie dans ce cas.

La répartition de l'eau précipitée

Stockage de l'eau à la surface du sol

Ce stockage de l'eau en surface est transitoire et limité en principe au cas d'un sol horizontal. Il peut se produire par accumulation dans des cuvettes ou par rétention de l'eau en surface, par exemple dans le cas d'une litière sous couvert forestier ou du fait de l'état de surface (rugosité) du sol. L'eau ainsi accumulée peut se réévaporer, ou s'infiltrer en retard dans le sol, ou ruisselle en fin de pluie.

Le ruissellement de surface

Le ruissellement de surface correspond à un transfert latéral d'eau qui, au niveau d'une parcelle agricole, constitue, selon les cas, un apport ou une perte d'eau. Au niveau de l'ensemble d'un bassin versant, ces eaux de ruissellement collectées vers l'exutoire du bassin se traduisent par l'apparition d'une crue temporaire.

La présence d'un couvert forestier a tendance à réduire le ruissellement. Des expérimentations en vraie grandeur de déforestation totale d'un bassin-versant ont fait apparaître, à l'exutoire, une augmentation du débit du cours d'eau de l'ordre de 10 %, l'augmentation étant fonction de l'exposition au rayonnement solaire du bassin versant.

Ce phénomène de ruissellement sur les surfaces continentales se traduit globalement par un apport d'eau des fleuves aux océans d'environ 46 000 milliards de m^3 d'eau, soit 40 % de l'ensemble des précipitations sur les zones continentales. Pour le territoire français, l'estimation du ruissellement moyen annuel de surface réalisée par le BRGM est de 120 mm (70 milliards de m^3), soit 15 % de la lame d'eau annuelle moyenne de précipitations.

L'infiltration de l'eau dans le sol

L'infiltration correspond au passage de l'eau de la surface du sol à l'intérieur de celui-ci. La possibilité pour l'eau de s'infiltrer dans le sol dépend essentiellement, d'une part de l'état de surface du sol (existence de croûtes, caractère de battance des sols de type limoneux du fait des impacts des gouttes de pluie, porosité superficielle du sol...), et d'autre part de sa capacité maximale d'infiltration. Celle-ci varie au cours du temps ; elle est en général, en l'absence de croûte, maximale au début d'un épisode pluvieux, puis elle décroît ensuite. Suivant que l'intensité sera supérieure ou non à ce taux maximal possible d'infiltration, il y aura ruissellement ou non en surface. L'évaluation quantitative de l'eau infiltrée reste difficile pour plusieurs raisons. D'une part elle requiert, du point de vue météorologique, des données qui ne sont pas toujours disponibles (intensité de la pluie), d'autre part le taux d'infiltration est très variable d'un type de sol à un autre. Après une période d'humectation prolongée, le taux d'infiltration peut être encore de l'ordre de 10 mm/h dans des sols sableux, alors qu'il sera inférieur au 1 mm/h dans des sols argileux lourds.

Le bilan hydrique des sols

La partie du cycle de l'eau qui concerne au premier chef les plantes est précisément constituée des transferts qui se produisent entre le sol profond et l'atmosphère elle-même, c'est-à-dire à partir du volume de sol prospecté par les racines, capable de stocker de l'eau apportée par les précipitations. Nous avons vu qu'il est nécessaire de réaliser un bilan hydrique du sol, d'une part pour suivre l'évolution de ce stock, et d'autre part pour estimer de quelle façon est régulée l'évapotranspiration réelle du couvert végétal, l'eau nécessaire à cette évaporation étant puisée dans le sol. Rappelons que le calcul du bilan hydrique du sol consiste à comptabiliser les apports (pluie) et les pertes (évaporation, drainage) d'eau dans ce volume de sol.

Des simulations pluriannuelles du bilan hydrique d'un sol couvert d'une prairie, recouvrant totalement le sol et évapotranspirant toute l'année, permettent de quantifier de quelle façon les précipitations se répartissent en moyenne entre évapotranspiration réelle (ETR), stockage dans le sol et écoulement (ruissellement et drainage souterrain). La figure 1.2 permet d'illustrer différents cas typiques rencontrés suivant les régions françaises : elle présente le cycle annuel moyen des quatre termes du bilan hydrique du sol (pluie, évapotranspiration réelle, écoulement et déstockage du sol), calculés pour 4 stations de mesures météorologiques réparties dans des climats

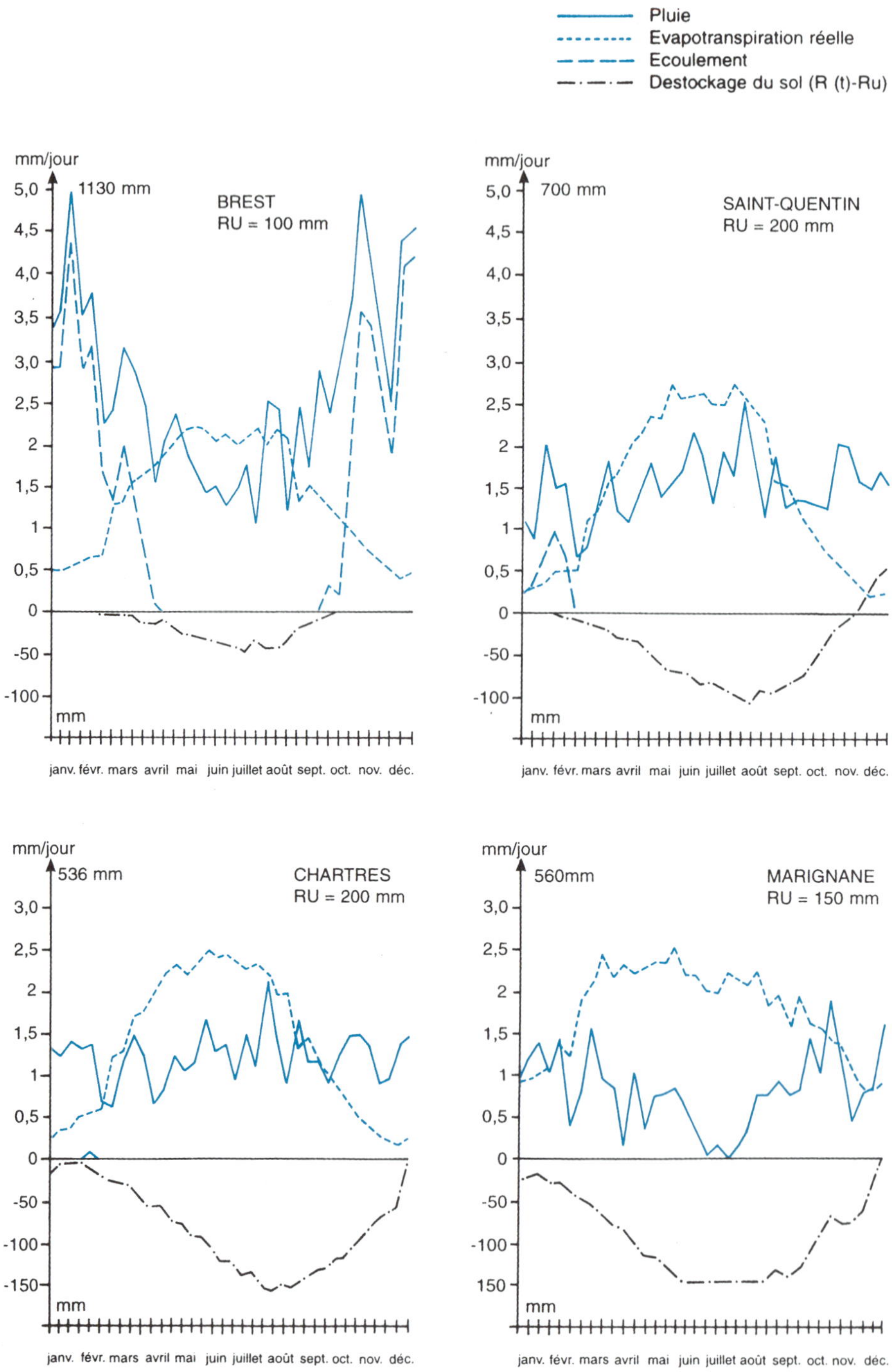

Figure 1.2. Cycle annuel des termes du bilan hydrique (pluie, ETR, écoulement, déstockage) pour 4 stations françaises, chacune étant affectée d'une valeur spécifique de réserve utile du sol (RU).

régionaux différents quant à leur régime pluviométrique et leur ensoleillement, et ce sur une période de référence de 30 ans (1951-1980). Brest, en climat océanique (1 130 mm/an), se caractérise par des écoulements importants d'octobre à mars. Il ne s'y produit un déstockage du sol, au demeurant limité, que d'avril à septembre. L'évapotranspiration réelle (ETR) n'y dépasse pas 2 mm/jour en été du fait de la forte humidité de l'air. À Saint-Quentin, en climat océanique altéré, les pluies, plus modestes (700 mm/an) et mieux réparties dans l'année, ne donnent lieu à écoulement que de décembre à janvier. La période de déstockage du sol s'étend d'avril à septembre, et ce déstockage atteint en année normale 100 mm début août. L'ETR y dépasse 2,5 mm/jour en juin-juillet. Chartres, en Beauce, une des régions les moins pluvieuses de France (536 mm/an), est assez semblable à Saint-Quentin pour l'ETR, mais en diffère par la quasi-absence d'écoulement en année normale, et par un déstockage du sol qui atteint 150 mm en août. Enfin Marseille-Marignane, situé en climat méditerranéen à faible pluviométrie annuelle caractéristique du delta du Rhône (560 mm/an), est caractérisé par un écoulement nul en année normale à toute période de l'année (ce qui n'exclut pas qu'un écoulement puisse se produire certaines années), une évapotranspiration réelle (ETR) maximale au printemps (elle baisse à partir du mois de juin du fait de la restriction hydrique dans le sol), et le réservoir sol reste à son maximum de déstockage (– 150 mm) pendant les trois mois d'été (juin à août). La phase de remplissage du réservoir sol ne débute qu'en octobre.

Examinons maintenant plus précisément quatre composantes importantes du bilan hydrique des sols : la réserve utile du sol, les précipitations, l'évapotranspiration réelle et l'écoulement souterrain.

La réserve utile du sol

L'extraction d'eau du sol par les racines entraîne un déstockage du réservoir sol. L'examen d'une succession de profils hydriques dans le sol, mesurés sous culture pendant un cycle de végétation à l'aide de la sonde à neutrons, et particulièrement au cours d'un épisode de sécheresse prolongée au printemps et en été, fait bien apparaître ce déstockage du sol. La figure 1.3 présente une succession de profils hydriques mesurés par l'INRA (Station d'Agronomie de Toulouse), entre le 20 mars et le 7 août 1967, sous une culture de ray-grass non irrigué. On constate un dessèchement progressif du sol au fur et à mesure que l'on avance dans la saison. Le profil de dessèchement maximal a été atteint à la date du 7 août. L'écart (en mm d'eau) entre le profil dit de « capacité au champ » (ce qui correspond à un stockage maximum de l'eau) atteint en fin d'hiver, (noté C.C. à droite sur la figure 1.3), et celui de dessèchement maximal correspond à ce qu'on appelle la « réserve utile » (notée RU). Partant d'une réserve égale à cette valeur en fin d'hiver, le calcul du bilan hydrique du sol permet, de façon itérative, de suivre l'évolution au cours de l'année de la réserve restante. Des valeurs standard de réserve utile sont utilisées, en prenant pour base une profondeur utile de sol de un mètre ; elles varient en gros de 70 à 100 millimètres pour un sol sableux à 200 mm pour un sol limono-argileux.

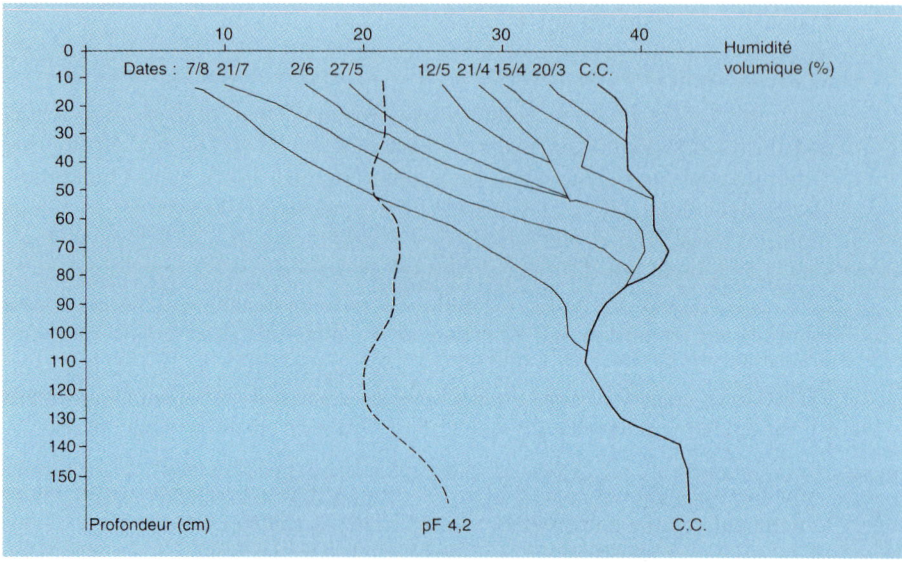

Figure 1.3. Évolution du profil vertical d'humidité volumique (en %) mesuré à la sonde à neutrons sous un couvert de ray-grass pendant l'épisode de sécheresse du printemps et de l'été 1967 (du 20/3 au 7/8) à Toulouse (données communiquées par J. Puech).

Les précipitations

C'est le terme « source » du bilan hydrique du sol. Elles se produisent lorsque des masses d'air humide subissent soit des processus de refroidissement, générateurs de condensation de la vapeur d'eau, par ascendance de l'air ou soulèvement en bloc de la masse d'air lors de son passage au-dessus de zones montagneuses, soit une réalimentation en vapeur d'eau (par le bas ou latéralement).

La répartition spatiale de la pluie sur les zones continentales du globe est très irrégulière, puisqu'elle passe de moins de 50 mm/an au centre du Sahara à plus de 5 000 mm/an dans les zones montagneuses du nord-est de l'Inde et de la Birmanie. En France, elle varie en plaine de moins de 600 mm/an (Chartres, Marignane) à plus de 1 200 mm/an dans le Béarn. Elle peut dépasser 2 000 mm/an en montagne. Dans le reste du monde, il y a un maximum pluviométrique un peu au nord de l'Équateur (en gros entre 5° et 10° Nord), avec des valeurs supérieures à 1 500 mm/an. On observe, dans les deux hémisphères, une zone de minimum pluviométrique au niveau des tropiques (avec notamment la ceinture désertique allant de la Mauritanie au Pakistan).

En moyenne sur l'ensemble du globe, la pluviométrie totale annuelle moyenne est de l'ordre de 1 000 à 1 200 mm/an (l'incertitude sur les précipitations est grande au-dessus des zones océaniques). En France, la lame moyenne d'eau reçue annuellement est évaluée à 800 mm, soit 440 milliards de m^3.

L'évapotranspiration réelle

Contrairement aux précipitations qui sont mesurées dans toutes les stations météorologiques, l'évapotranspiration réelle n'est pas mesurée en routine (bien que des systèmes de mesure existent et sont utilisés en recherche) et doit donc être calculée par modèles, lesquels sont calibrés et validés sur des jeux de données de référence (flux de chaleur et de vapeur d'eau) constitués lors de campagnes de mesure expérimentales, telle la campagne HAPEX-MOBILHY qui s'est déroulée en 1986 dans le sud-ouest de la France. L'évapotranspiration réelle varie en fonction de l'énergie disponible, liée essentiellement à l'absorption du rayonnement solaire par la végétation (sachant qu'environ 2,5 millions de Joules sont nécessaires pour évaporer un kilo d'eau) et de l'eau disponible dans le sol. Pour un niveau d'énergie disponible donné, l'évapotranspiration réelle va être plus ou moins régulée selon le niveau de disponibilité de l'eau. Celui-ci peut être pris en compte en différenciant dans le sol un réservoir superficiel (réalimenté en priorité par les précipitations) et un réservoir profond (résultant principalement du stockage des pluies pendant la période allant en général de l'automne au début du printemps). La figure 1.4 indique les évolutions comparées, au cours d'un épisode de printemps-été, de l'évapotranspiration potentielle (représentant l'évapotranspiration maximale d'un couvert de type prairie en fonction de l'énergie disponible) et de l'évapotranspiration réelle. On peut noter sur cette figure une alternance de périodes où les deux courbes d'ETP et d'ETR sont proches l'une de l'autre, et d'autres où elles sont éloignées, correspondant respectivement à des épisodes pluvieux (ayant réalimenté le réservoir superficiel du sol) et à des épisodes secs.

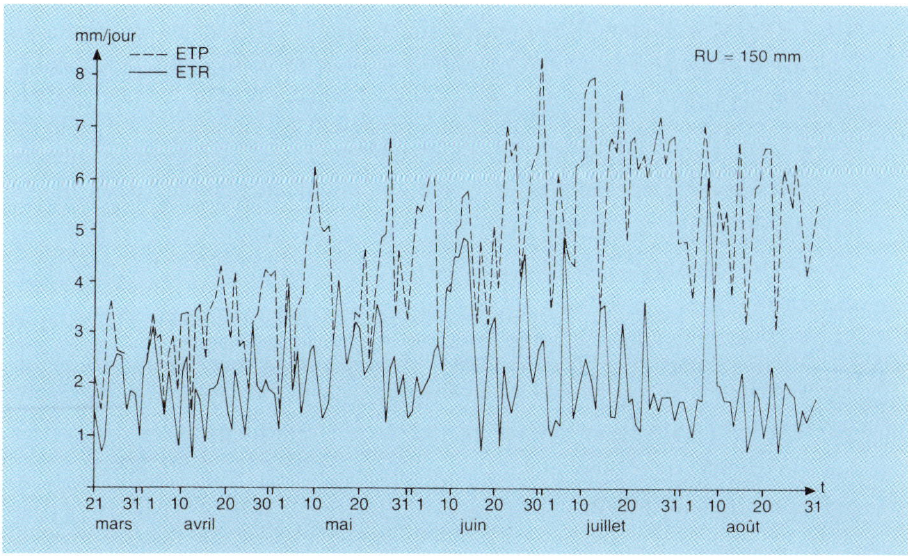

Figure 1.4. Évapotranspiration potentielle et réelle journalières calculées par modèle pour un couvert de type prairie pendant une période de sécheresse (printemps-été 1967 à Toulouse).

L'installation durable de la sécheresse se manifeste à partir du 15 juin par une nette tendance à la diminution de l'ETR par épuisement progressif du réservoir profond du sol, alors que les niveaux d'ETP sont élevés (6 mm/jour et plus), du fait de l'absence de nuages et de la sécheresse de l'air.

L'écoulement souterrain

Comme dans le cas de l'évapotranspiration réelle, le drainage souterrain de l'eau vers la nappe est difficile à mesurer mais peut être estimée indirectement à partir des résultats d'une modélisation. L'écoulement souterrain peut être défini comme étant le flux intermittent d'eau s'écoulant vers le bas par gravité et alimenté par tout dépassement de la capacité du réservoir-sol participant à l'évapotranspiration de la végétation. Adopter une telle définition revient à supposer que le sol a une bonne stabilité structurale et qu'il n'y a de drainage à un niveau donné que si les horizons supérieurs ont été resaturés. En réalité ce trajet normal de l'eau peut être court-circuité dans le cas de fissures dans le sol, telles les fentes de retrait observées sur les sols argileux ayant subi un dessèchement antérieur.

Pour conclure, le tableau 1.1 récapitule les ordres de grandeur, pour le territoire français (hors zones montagneuses), des différents termes du bilan hydrique. On peut constater que le terme d'écoulement (calculé en supposant que toute l'eau de pluie s'infiltre dans le sol) est très variable spatialement, variant de moins de 50 mm/an (en Beauce, dans la plaine d'Alsace et le delta du Rhône) à plus de 500 mm/an (en Bretagne, Jura, Aquitaine, Béarn). Ce n'est pas le cas de l'évapotranspiration réelle puisque les estimations sont comprises entre 450 et 650 mm/an.

Le BRGM a évalué l'écoulement souterrain à 170 mm en moyenne sur l'ensemble de la France (soit 100 milliards de m^3). Au cours des épisodes de sécheresse 1988/1989 et 1989/1990 en France, on peut évaluer globalement, pour la moitié sud de la France, le déficit pluviométrique à au moins 200 mm pour chaque période automne-hiver, ce qui explique que des nappes souterraines n'aient pas été réalimentées pendant deux années consécutives.

Tableau 1.1. Fourchettes des valeurs annuelles moyennes (hors zones montagneuses) des différents termes du bilan hydrique du sol en France.

Précipitations	500 mm - 1 200 mm
Évapotranspiration réelle	450 mm - 650 mm
Écoulement (ruissellement + drainage)	< 50 mm - 650 mm

Les anomalies régionales et locales du cycle de l'eau

Il s'agit, d'une part des sécheresses, et d'autre part des situations météorologiques entraînant de fortes précipitations et donc des excès d'eau.

Dans certaines régions du monde, les sécheresses peuvent avoir un caractère permanent ou un caractère saisonnier : il s'agit respectivement des zones désertiques, et des zones semi-arides, ces dernières étant marquées par l'alternance d'une saison sèche et d'une saison humide. Dans les climats tempérés des latitudes moyennes tels que celui de l'Europe occidentale, l'occurrence des sécheresses présente un caractère aléatoire. Une sécheresse s'installe sur un territoire donné lorsque cette zone est soumise à des situations météorologiques à caractère anticyclonique (zone de haute pression) de façon récurrente pendant une période d'au moins trois semaines. En effet une telle situation anticyclonique s'accompagne de mouvements de l'air descendants (phénomène dit de « subsidence ») et d'une divergence de l'air à la base de la zone anticyclonique. Cette subsidence et cette divergence interdisent toute condensation de la vapeur d'eau dans l'atmosphère. La situation de sécheresse est renforcée si la périphérie de l'anticyclone est alimentée par de l'arrivée d'air sec en altitude. Dans le cas de l'Europe occidentale, une masse d'air sèche peut provenir soit des zones polaires, soit des zones continentales, ce qui, dans le cas de la France, correspond à un vent venant du nord ou du nord-est. Étant donné le sens de rotation des vents (dans le sens des aiguilles d'une montre) autour d'un anticyclone dans l'hémisphère nord, il y a renforcement de la sécheresse de façon générale sur sa façade orientale. La situation météorologique la plus favorable à l'occurrence d'une sécheresse sur la France est donc l'installation d'une zone anticyclonique au niveau des îles Britanniques. C'est ce qui s'est produit de façon prolongée au cours des hivers 1988/1989 et 1989/1990. Qui plus est, dans le cas d'une sécheresse d'été, l'absence de pluie, associée à des niveaux élevés d'évapotranspiration potentielle (dus à l'absence de nuages et à la sécheresse de l'air), accentue le déficit hydrique du sol et réduit par là même l'évapotranspiration réelle de la végétation, et donc la réalimentation de la masse d'air en vapeur d'eau. C'est ce qui s'est produit au cours de la sécheresse du printemps et de l'été 1976 en France. Enfin, du fait de son origine directement liée à une anomalie de la circulation générale de l'atmosphère, la sécheresse n'est jamais un phénomène à caractère purement local mais a un caractère au moins régional.

En ce qui concerne les épisodes de fortes précipitations, ceux-ci sont liés, soit à des situations météorologiques à grande échelle entraînant une arrivée d'air humide d'origine océanique (circulation d'ouest persistante), soit à des structures nuageuses convectives à forte extension verticale dans l'atmosphère. On parle alors, dans ce second cas, de systèmes convectifs de méso-échelle, au sein desquels se produit une régénération permanente de cellules orageuses. Ce sont de telles situations orageuses qui semblent avoir été à l'origine des épisodes remarquables de précipitations qui se sont produits à

Nîmes (le 3/10/1988) et à Vaison-la-Romaine (le 22/9/1992), entraînant des crues subites dans de petits bassins versants en zone de relief, caractérisés par un temps de concentration très court de l'eau de ruissellement.

Conclusion

Ce tour d'horizon du cycle de l'eau dans l'atmosphère et dans le sol nous a permis de détailler les différents processus physiques intervenant dans les changements d'état et transferts de l'eau dans le système terre-océan-atmosphère.

En ce qui concerne les activités humaines, ce sont plus spécifiquement les composantes du cycle de l'eau au-dessus des continents qui nous importent directement. À cet égard, il faut souligner l'importance à l'avenir d'une meilleure connaissance, notamment pour la modélisation, des processus physiques à l'interface sol-plante atmosphère, et en particulier une meilleure quantification des processus de l'hydrologie de surface (infiltration, ruissellement, stockage de l'eau dans le sol), qui jouent un rôle majeur dans la redistribution des eaux de pluie à la surface terrestre.

Plus généralement, les avancées dans la modélisation des échanges océan-atmosphère dans la zone de l'Atlantique Nord devraient nous permettre de préciser le déterminisme du cycle de l'eau et du climat en France, les masses d'air d'origine océanique constituant la source principale des précipitations reçues sur le territoire français, en particulier en automne et en hiver.

Références bibliographiques

Baumgartner A., Reichel E., 1975. *The world water balance.* Elsevier, Amsterdam, 179 p + cartes.

Baumgartner A., 1982. Water Balance. In *Land Surface Processes in Atmospheric general circulation models*. World Climate Research Prog. Study Conf., Greenbelt Maryland, jan. 1981, P.S. Eagleson (ed.), Cambridge Univ. Press, 515-538.

Bodelle J., Margat J., 1980. *L'eau souterraine en France*. Masson, Paris, 208 p.

Choisnel E., Jacquart C., 1991. Les sécheresses et leurs diagnostics : qualité et rapidité d'information. *C.R. Acad. Agric.* Fr., 77, 6, 65-74.

Choisnel E., 1992. Le calcul du bilan hydrique du sol : options de modélisation et niveaux de complexité. *Science du sol,* 30, (1), 15-31.

Choisnel E. M., Jourdain S. V., Jacquart C. J., 1995. Climatological evaluation of some fluxes of the surface energy and soil water balances over France. *Annales Geophysicae,* 13, 666-674.

Choisnel E., 1997. Le cycle de l'eau : processus physiques et aspects planétaires. *La Météorologie*, 8, (20), 12-30

Katerji N., Daudet F., Valancogne C., 1984. Contribution des réserves profondes du sol au bilan hydrique des cultures : détermination et importance. *Agronomie*, 4 (8), 779-787.

Merot Ph., 1991. Inventaire des processus de transfert sur un bassin versant. Rôle de l'organisation des sols. Comm. Séminaire INRA-Département de Science du Sol, Dijon, 26-27/3/91, 16 p. + figures.

Remenieras G., 1965. *L'hydrologie de l'ingénieur*. Eyrolles, Paris, 2e éd., 456 p.

Royer J.F., 1989. Circulation atmosphérique et sécheresse. *La Houille Blanche,* n° 7/8, 497-504.

Tardy Y., 1986. *Le cycle de l'eau. Climats, paléoclimats et géochimie globale.* Masson, Paris, 338 p.

UNESCO, 1978. World Water Balance and water resources of the earth. V. I. Korzun (ed). *Studies and reports in hydrology*, 25, 663 p.

L'histoire de l'eau

Alain Gioda

Après un rappel des conceptions de son cycle au cours de l'histoire, l'eau sera présentée tour à tour comme une amie de l'homme et son ennemie, une source de pouvoir, une pomme de discorde, un patrimoine et une victime. Le but est de montrer un ensemble de situations dans l'histoire et le monde, en décrivant les rapports de l'homme et l'eau dans leur diversité et ainsi de faire percevoir leurs richesses.

La compréhension du cycle de l'eau

L'origine des eaux et leur cycle dans la nature ne s'éclairent pour les savants européens qu'à la fin du XVIIe siècle. Le cycle de l'eau comprend trois parties :

- la mer et, dans une moindre mesure, le couvert végétal (évaporation et évapotranspiration dont le moteur est l'énergie solaire) ;
- les nuages (transfert, condensation, précipitations) ;
- l'eau continentale superficielle (sources, rivières, lacs) et souterraine qui finit par retourner à la mer après un temps plus ou moins long à l'exception des eaux fossiles.

En Occident, le livre fondateur de l'hydrologie scientifique est l'œuvre de Pierre Perrault *De l'origine des fontaines* publié en 1674 chez Pierre Le Petit à Paris. Perrault effectua le bilan hydrologique d'un bassin situé sur le cours supérieur de la Seine. En 1687, le britannique Edmond Halley estima l'évaporation de la Méditerranée puis il compara cette évaluation aux apports des fleuves s'y jetant. Pour connaître l'évapotranspiration des végétaux, le mathématicien français De La Hire construisit trois lysimètres en 1688.

Toutefois hors d'Europe dès 500 ans avant J.-C., les Chinois connaissaient le cycle de l'eau et Kautilya, ministre de la dynastie indienne des Maurya (382-184 avant J.-C.), imposait de mesurer la pluie dans un seau devant les magasins agricoles. Pour les services publics, le premier système d'annonce de crues, utilisant des cavaliers voyageant plus vite que le flot, date de 1574. Ce sont les Chinois qui le mirent en place sur le Fleuve Jaune. Les Coréens faisaient des mesures de pluie suivies et systématiques, ne devant rien à l'Occident, dès 1441 et ils continuent jusqu'à nos jours.

La difficulté majeure pour comprendre le cycle de l'eau était d'expliquer pourquoi le niveau des océans ne s'élevait pas, malgré l'apport continu des fleuves. Il aurait fallu estimer la forte quantité d'eau océanique évaporée par l'énergie solaire or ceci était impossible car les étendues marines n'étaient censées occuper qu'une surface très réduite dans un monde plat et en forme de disque. Héritée de Ptolémée (90-168 après J.-C.), cette conception ne s'effaça que très progressivement chez les Occidentaux, même après les travaux de Copernic (1473-1543) et de Galilée (1564-1642).

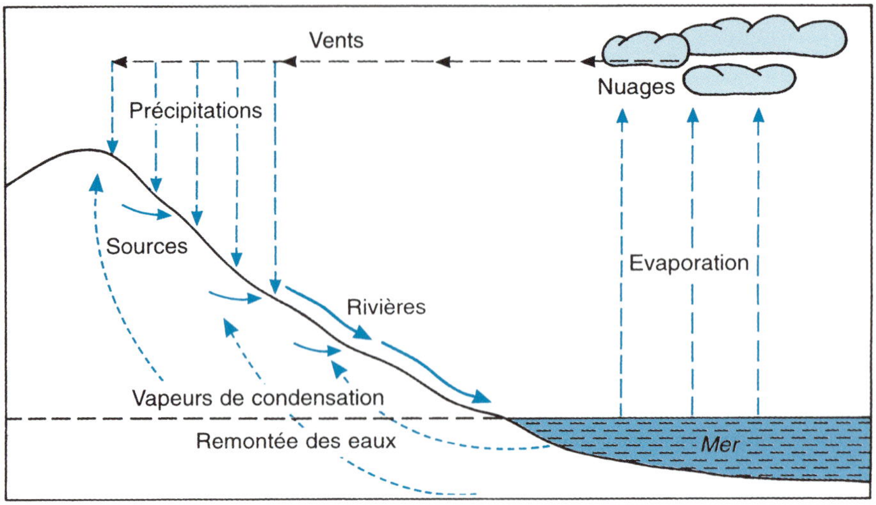

Fig. 2.1. Représentations du cycle de l'eau selon Aristote et son temps (Garbrecht, ICID bulletin, *1987). Issue d'infiltrations marines, la vapeur d'eau remonterait par des conduits souterrains jusqu'aux sommets où elle se condenserait. A part cette erreur, le cycle de l'eau, dont l'évaporation marine, est bien compris par Aristote au IVe siècle avant J.-C.*

Un autre paradoxe était difficile à résoudre pour les anciens. En Égypte, la crue du Nil se place en pleine saison sèche et les riverains ne connaissaient pas les sources du fleuve, découvertes seulement au XIXe siècle par les Européens. Les Anciens Égyptiens, dans les castes basses, admettaient la remontée de la mer dans le fleuve comme dans une ria bretonne et le Nil n'était donc qu'un bras de la Méditerranée mais les lettrés suivaient ses crues sur les premières échelles implantées dans le lit du fleuve, les fameux nilomètres.

Enfin, la pluie cesse et pourtant les rivières continuent de couler. Comment sont-elles alimentées ? Parmi d'autres hypothèses plus solides, Aristote (384-322 avant J.-C.), considérait de façon fantaisiste que l'écoulement des rivières trouvait pour partie sa source dans la condensation de la vapeur d'eau souterraine, elle-même produite par l'écoulement et le dessalement de l'eau de mer dans le sol (fig. 2.1).

Le paradis : l'eau-amie, un don des dieux

Pendant des millénaires, l'humanité a assimilé l'eau à un élément non modifiable du globe comme l'air. Dans un monde essentiellement rural, l'eau était largement déconnectée des circuits économiques car la source, la rivière, le marigot, le puits et la citerne alimentaient les populations pour un coût nul ou très faible que la main-d'œuvre soit ou non servile.

L'eau était un don des Dieux. L'aversion à modifier le cycle de la nature en interrompant le cours de l'eau se note même chez les Anciens Romains, et les citadins en particulier. Ainsi firent-ils tourner nuit et jour des moulins (fig. 2.2) et alimentèrent-ils fontaines et thermes géants. Les jeux nautiques nécessitèrent la création de cirques spécifiques, les naumachies (fig. 2.3). L'historien Pierre Grimal appelle Rome « la ville de l'eau » car onze aqueducs importants alimentaient la Cité à la fin de l'Empire mais, déjà vers 144 avant J.-C., la technique des siphons renversés était maîtrisée grâce à l'emploi de conduites forcées en plomb, métal abondant en l'actuelle Espagne. Selon des sources bibliographiques, l'eau disponible rapportée par habitant atteignait environ 1 000 litres/jour sous Trajan (98-117 après J.-C.) mais cette évaluation ne tient pas compte des fuites et des pertes énormes du réseau

Fig. 2.2. L'eau-amie : le gigantesque moulin hydraulique de Barbégal qui fonctionna au IVe siècle après J.-C. sous l'empire romain (Trevor Hodge, Pour la science, *1991). Ses ruines sont toujours visibles dans la région d'Arles, près du moulin à vent de Daudet.*

Fig. 2.3. L'eau-amie : une naumachie ou un cirque nautique de la Rome antique selon une eau-forte et la libre imagination de Panvinio au XVIe siècle (Cerchiai, Roma ieri oggi domani, 1990). Les Romains y jouaient à la bataille navale de Salamine entre Grecs et Perses. Aucun de ces cirques ne subsiste à ma connaissance.

antique. Rome puis Constantinople tombées, le goût des fontaines, des jeux d'eaux et des thermes se perpétua et se perfectionna dans le monde arabe et persan avant de pénétrer à nouveau en Europe à l'époque baroque. Toutefois, la vogue du thermalisme n'eut lieu véritablement qu'au XVIIIe et surtout au XIXe siècles avec la redécouverte du corps et le culte de l'hygiène. Marienbad, Vichy, Baden-Baden, Spa, Bath et Montecatini fleurirent. L'Impératrice Eugénie promut par son exemple le thermalisme. Guy de Maupassant décrit de façon réaliste dans *Mont-Oriol* (1887) la naissance d'une ville thermale à la campagne.

L'eau était un don des Dieux comme l'arbre-fontaine des Canaries qui captait l'eau des brouillards jusqu'en 1610 et ainsi alimentait les populations pré-hispaniques de l'île de Hierro (fig. 2.4). Chez les Incas, le lac Titicaca était le centre originel. Dans le Mexique aztèque, Tlaloc le Dieu de la pluie symbolisé par une grenouille, était la divinité des paysans. De fait, l'eau était le facteur essentiel de la stabilité et de l'organisation des peuples pré-colombiens du Mexique. Enfin, toujours dans le nouveau monde vers 1730, la venue de la pluie était encore un phénomène divin pour Bartolomé Arzáns, chroniqueur de Potosi la plus grande ville américaine du XVIIe siècle.

Fig. 2.4. L'eau-amie : l'arbre-fontaine de Hierro, d'après une gravure anonyme. La légende dit que, par amour pour un Espagnol, une jeune fille révéla le secret de l'alimentation en eau des habitants de cette île aride. Hierro est la plus occidentale des Canaries. Il y a une cinquantaine d'années, un nouvel arbre-fontaine a été planté. Il donne de l'eau potable à partir du brouillard comme l'original disparu au XVIIe siècle (Gioda et al., La recherche, *1992).*

Le paradis perdu : l'eau, danger et source de conflits

L'eau-ennemie : les maladies hydriques et les calamités naturelles

Toutefois, très vite, l'homme perdit la clef du paradis.

Les maladies liées à l'eau d'origines parasitaire, bactérienne et virale sont très répandues. L'homme les propage par sa mauvaise hygiène ou par des comportements erronés vis-à-vis de l'eau. À la fin du XIXe siècle, Louis Pasteur et son école montrèrent le rôle des microbes dans les maladies infectieuses et donc l'importance de l'hygiène. Les parasitoses d'origine hydrique dominent très largement la pathologie des habitants du tiers-monde : paludisme (1 million de décès par an, 100 à 150 millions de cas annuels dont 90 % en Afrique et 300 millions de porteurs de parasites), schistosomiases (300 millions de personnes à risque), filarioses, etc. Parmi les bactéries, le vibrion cholérique reste le plus tristement célèbre en Europe à cause de la pandémie de 1854 (près de 150 000 décès en France) racontée par Jean Giono dans *Le hussard sur le toit.* Au XIXe et XXe siècles, sept pandémies mondiales ont causé la mort de centaines de milliers de personnes (fig. 2.5). Parmi les viroses, l'hépatite A est comme le choléra une maladie des mains sales et de l'eau souillée. A ce cortège, il faut ajouter les dysenteries d'origines parasitaire, bactérienne et virale gravissimes chez le jeune enfant.

Fig. 2.5. L'eau-ennemie : le choléra, la mort et son symbole : le squelette. Une représentation journalistique et satirique du XIXe siècle. (Dodin, Sécheresse, *1992).*

Parmi les grandes pluies et les inondations historiques, les huit années mouillées 1313-1320 affectèrent toute l'Europe et produisirent en 1315-1316 l'une des pires famines du Moyen Âge. A Winchester en Angleterre, les foins ne sèchent plus, les récoltes sont ridicules, les bœufs perdent leurs quatre fers, les anguilles se répandent hors des étangs, etc. Le prix du grain atteint le triple de la moyenne calculée sur la période 1270-1350. Le nombre des décès ne sera dépassé à Winchester que lors de la grande peste de 1349. A côté des calamités naturelles, la mauvaise utilisation des sols multiple les ravines et déclenche l'érosion surtout dans les zones montagneuses arides et semi-arides. Également, l'aménagement anarchique et l'occupation permanente des lits majeurs, très larges en région méditerranéenne, sont responsables de la tragédie de juin 1957 du Guil en Haute-Durance décrite par l'hydrologue Maurice Pardé et récemment de celles de Nîmes, de Vaison-la-Romaine et des Alpes-Maritimes.

L'eau-pouvoir : les civilisations « hydrauliques »

Le contrôle de l'eau signifiait le pouvoir dès l'antiquité au Moyen-Orient où elle est particulièrement rare. L'historien Wittvogel a pu parler de civilisations « hydrauliques » reposant sur la propriété et la maîtrise de la gestion de l'eau. Les civilisations égyptienne, assyrienne et du royaume de Saba en sont des exemples patents. Elles fleurirent dans des environnements sensiblement aussi arides que de nos jours.

Au VIIIe siècle avant J.-C., les « quanats » — canaux souterrains artificiels transportant l'eau sur de grandes distances — furent inventés par les habitants d'Urartu dans l'actuelle Turquie. Cette exploitation des eaux issues en général du drainage des aquifères se diffusera en Perse, en Égypte, en Inde, en Grèce, au Maghreb où elle est connue sous le nom de « foggaras », aux Canaries, etc.

Dans la revue américaine *Science* en 1991, Dan Gill propose un scénario basé sur l'Ancien Testament dans lequel la prise de Jérusalem par le roi David aurait été faite en empruntant les conduites souterraines de la ville alimentées par les eaux de la source de Gihon. Toutefois, le cas le plus patent de l'importance de l'eau fut la chute du royaume de Saba attribuée symboliquement à la destruction du seul barrage de Marib (vers le IIIe siècle après J.-C.). Dans la sourate des mouches du Coran, l'impiété des habitants de ce royaume fit qu'il disparût par l'eau, le même élément qui avait permis sa prospérité.

Aujourd'hui encore, Israël surveille soigneusement son approvisionnement en eau et seul un puissant réseau interconnecté est capable de satisfaire ses besoins. L'Autorité palestinienne se heurtera rapidement à la carence en eau et donc à sa dépendance vis-à-vis de l'État Hébreu. D'autres cas contemporains bien connus sont ceux des fleuves internationaux où les pays situés à l'amont peuvent contrôler les débits vers l'aval. L'Égypte suit la situation politique de l'Éthiopie, véritable château d'eau du Nil, un pays dont les retenues futures et les prélèvements pourraient rendre caducs le barrage d'Assouan et son agriculture irriguée. Un accord sur l'utilisation des eaux du Jourdain a été conclu entre la Jordanie et Israël.

L'eau-enjeu éco-juridique : les domaines public et privé

Le droit romain considérait l'eau courante comme une chose commune et donc il mettait hors du commerce les fleuves à écoulement continu et leurs rives. Dans le système féodal, le pouvoir politico-militaire a toujours été limité par les communautés rurales qui considéraient l'eau comme un bien collectif dont le renouvellement incessant interdisait l'appropriation seigneuriale. En France, le pouvoir royal par l'Édit des Moulins de 1566 déclara « faire partie du domaine de la couronne tous les fleuves et rivières portant bateaux sauf les droits de pêche, moulins, bacs et autres usages que les particuliers peuvent avoir par titre et possession ».

Aujourd'hui dans le droit français, les eaux domaniales sont composées des lacs navigables, des retenues établies sur le domaine public, des canaux de navigations dont leurs dépendances et leurs accessoires, des cours d'eau depuis le point de navigabilité jusqu'à l'embouchure y compris les bras non navigables, etc. L'État peut accorder des concessions à des particuliers par des autorisations de prise d'eau personnelle et d'occupation temporaire du domaine public. Enfin, il peut concéder son droit de pêche. Les eaux courantes non domaniales constituent un domaine complexe pour la législation. L'article 2 de la loi du 8 avril 1898 est maintenu dans celle du 3 janvier 1992 : *les riverains n'ont le droit d'user de l'eau courante qui borde ou qui traverse leurs héritages que dans les limites déterminées par la loi...* Enfin, *aucun barrage, aucun ouvrage destiné à l'établissement d'une prise d'eau, d'un moulin ou d'une usine ne peut être entrepris dans un de ces cours d'eau sans l'autorisation de l'administration* (article 106 du Code Rural).

Aux termes de l'article 642 du Code Civil, *celui qui a une source dans son fonds, peut toujours user les eaux à sa volonté dans les limites et les besoins de son héritage* et la jurisprudence a admis que *le législateur a entendu maintenir au propriétaire du fonds sur lequel jaillit la source le droit de disposer entièrement de l'eau.* Ce droit de propriété comporte aussi celui de faire des fouilles bien que celles-ci aient des conséquences à l'aval.

Notre droit de l'eau tout au long de l'histoire est d'autant plus soumis à celui de la propriété que le débit ou le volume de l'eau sont de faible importance tandis que se fortifie dans les lois récentes du 3 janvier 1992 et du 2 février 1995 la notion de patrimoine commun, contrepoids des conflits d'usage entre les domaines public et privé.

L'eau-victime : les pollutions

Dans l'histoire, celles causées par l'homme relèvent essentiellement des pollutions chimiques. Aujourd'hui, s'y ajoutent d'importantes pollutions organiques et thermiques, ces dernières surtout à l'aval des centrales nucléaires.

Parmi les pollutions chimiques, les métaux lourds seront surtout évoqués car leur importance est ancienne. A l'inverse, l'utilisation massive des pesticides, apparus en 1885 dans le vignoble avec la bouillie bordelaise, est postérieure à la découverte des propriétés du DDT par Muller en 1940. L'abondance des nitrates dans l'eau est aussi récente, causée par l'intensification de l'élevage et la fertilisation excessive dans les pays riches ou par le manque de bonnes latrines dans les villes du tiers-monde. De même, le phosphore n'est devenu un problème pour la qualité de eaux stagnantes qu'il enrichit à l'excès ou eutrophise que depuis peu avec la fertilisation surabondante des sols et la généralisation du tout-à-l'égout. Paradoxalement, les progrès de l'hygiène individuelle et l'usage des lessives phosphatées en ont fait un polluant qui touche également les mers comme l'Adriatique avec de spectaculaires et nauséabondes marées vertes.

Les métaux lourds sont très surveillés car les maladies qu'ils provoquent sont d'autant plus dangereuses qu'ils se concentrent dans la chaîne biologique. Citons le plomb (seuil maximal toléré par la norme européenne actuelle : 0,05 mg/l) avec le saturnisme, une intoxication très répandue dans l'antiquité romaine quand les conduites d'eau étaient de ce métal. Ensuite, parlons du

Forma de los ingenios en que se muelen los metales de plata en la Ribera de Potosí, el uno de dos cabezas y el otro de una

Fig. 2.6. L'eau-victime : l'énergie hydraulique, le mercure et le travail forcé des Indiens étaient indispensables au fonctionnement des usines d'argent du début du XVIIIe siècle. Potosi, Haut-Pérou, actuelle Bolivie (Arzáns, 1705-37, édition de 1965, Brown University, Providence, USA). Si les travaux forcés furent abolis en 1812, l'utilisation de l'eau et du mercure ainsi que le rejet de ce dernier sans retraitement dans les rivières furent continus de 1572 au début du XXe siècle.

mercure (0,001 mg/l toléré) avec la maladie de Minamata, du nom de la localité japonaise où cette affection sévit après la deuxième guerre mondiale touchant hommes et chats se nourrissant de poissons contaminés par le mercure. Mais dès le XVIe siècle, ce métal pollue durablement les rivières et les eaux du Haut-Pérou, la Bolivie actuelle, notamment autour de la ville de Potosi. L'introduction de cet élément chimique dans la métallurgie de l'argent en 1572 déclencha la richesse formidable de Potosi. Bien que bâtie à 4 000 m d'altitude et isolée dans les Andes, la ville comptera plus de 150 000 habitants entre 1610 et 1650 soit environ la même population que Paris à l'époque. Des dizaines de moulins et d'usines installés au fil de l'eau trituraient le minerai d'argent au début du XVIIe siècle pour l'amalgamer au mercure (fig. 2.6). Maintenant, les anciens terrils de minerai d'argent sont toujours léchés par les ruisseaux des hautes terres tandis que la pollution par le mercure est devenue très forte à l'aval des gisements d'or dans les rivières descendant vers l'Amazonie bolivienne, péruvienne et brésilienne.

Conclusion

Connaissant l'eau, son histoire et son caractère précieux, sommes-nous économes vis-à-vis d'elle ? Est-ce que nous contribuons à préserver sa qualité ? La réponse est souvent négative et le paradis à reconquérir. Ainsi, nous abusons des bains moussants : un par jour soit quelques 200 litres d'eau alors qu'une douche rapide correspond seulement à une consommation de 20 litres. En Europe, si l'examen de l'évolution historique permet de retrouver la source des erreurs commises, il n'offre guère de modèles et de leçons à nos contemporains et à nous-même. Et pourtant par exemple en épargnant de l'énergie, nous économiserions aussi indirectement de l'eau car cette dernière est indispensable aux centrales hydroélectriques, thermiques et nucléaires. Notre agriculture, après avoir établi des rendement records et être devenue le fer de lance des exportations, doit se préoccuper de reconquérir la qualité de l'eau et de gérer cette ressource. Le monde sera plus propre et l'eau plus claire quand reculera le culte du blanc et la publicité des lessives, quand baissera la débauche lumineuse de nos lampes, et donc quand nous saurons faire « l'éloge de l'ombre » chère à l'écrivain japonais Tanizaki Junichiro. Enfin, un clin d'œil venu de la Grèce antique : sachant que l'élément liquide court, file entre les doigts puis se cache, disparaît et s'évapore, Aristophane dans *Les nuées* conclut logiquement que l'écriture sur le cycle de l'eau est le comble du travail inutile.

Références bibliographiques

Biswas A.K., 1970. *History of hydrology.* North Holland Publishing Company, Amsterdam & London.

Bonnin J., 1984. *L'eau dans l'antiquité.* Eyrolles, Paris.

L'eau, l'industrie, les nuisances, rubrique « *Histoires d'eau* ». Pierre Johanet et Fils, Paris.

La Météorologie, 1995. Numéro spécial « Histoire », 8e série, Météo France, Paris.

Le Moal R., 1992. *Les droits sur l'eau.* ADEMART, Nantes.

Le Roy Ladurie E, 1983. *L'histoire du climat depuis l'an mil.* Flammarion, Paris.

L'Hôte Y., 1990. Historique du concept du cycle de l'eau et des premières mesures hydrologiques en Europe. *Hydrologie continentale,* vol. 5 : 13-27.

Maneglier H., 1991. *Histoire de l'eau.* François Bourin, Paris.

Météo France, 1991. Les données pluviométriques anciennes. Météo France et ministère de l'Environnement, Paris.

Pardé M., 1958. La crue de juin 1957. *Revue de géographie alpine,* tome XLVI : 213-230.

Rodda J.C. et Matalas N.C. (éds.), 1987. Water for the future. *IAHS publication* n° 164, Oxon, Grande-Bretagne.

Sircoulon J., 1990. Pierre Perrault, précurseur de l'hydrologie moderne. *Europe* (revue littéraire), n° 739-740 : 40-47.

Tanizaki Junichiro, 1933. *Éloge de l'ombre.* Éditions de 1977 et 1995, Publications Orientalistes de France, Paris.

L'eau et le sol

J.P. Legros et J.C. Favrot

Introduction

L'eau et le sol sont deux ressources naturelles fondamentales pour la vie. Leurs devenirs respectifs dépendent beaucoup des interactions étroites et complexes qui les associent dans la biosphère. Ainsi l'eau constitue-t-elle à la fois le facteur déterminant de la pédogénèse et l'élément marquant du fonctionnement annuel des sols. Inversement, la couverture pédologique intervient dans la régulation du cycle de l'eau.

Sous l'action de l'eau, la roche se transforme progressivement en sol. De multiples réactions physico-chimiques et biochimiques interviennent alors, sur des durées pouvant se compter en milliers ou millions d'années. Cela se matérialise, macroscopiquement, par la différenciation verticale et latérale d'horizons dont les caractéristiques sont souvent contrastées. Les particules terreuses qui les constituent sont si fines qu'elles développent une surface considérable. A titre indicatif, grâce à sa porosité, un m^2 de sol sur limon du bassin de Paris, épais de 1,50 m, représente une surface d'échange qui, développée, est de l'ordre d'une dizaine de km^2. Dans ces conditions, même à une échelle de temps courte, annuelle ou saisonnière, l'eau réagit fortement avec la matière solide pour modifier les propriétés physiques (changement de volume), mécaniques (portance) et chimiques du sol (précipitation - dissolution).

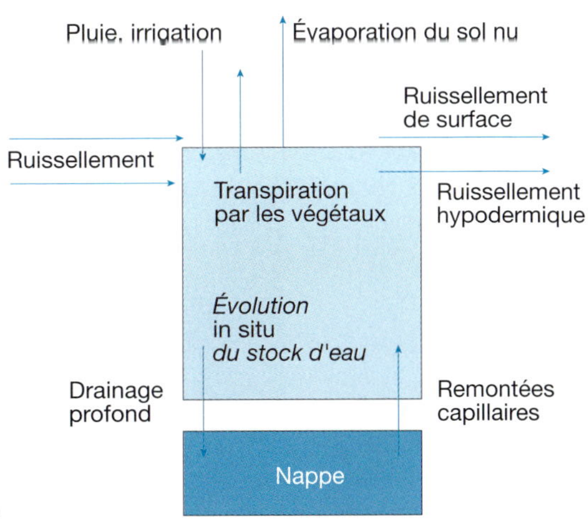

Fig. 3.1. Les flux d'eau dans le sol ; notion de bilan hydrique.

On appelle *bilan hydrique*, l'opération qui consiste à égaler la quantité d'eau qui entre dans le sol (pluie + irrigations + ruissellement + remontées capillaires) avec celle qui en sort (transpiration + évaporation + drainage profond + ruissellement), en tenant compte de la variation de stock de l'eau du sol. Comme dans un bilan comptable, le bilan hydrique doit être équilibré, en l'absence d'erreur de mesure ou d'estimation. En relation avec les efforts internationaux, (Rijks et Seguin, 1998), on a construit ou perfectionné, à l'INRA, divers modèles de bilan hydrique, par exemple : Brisson et Delécolle, 1991 - Cabelguenne *et al.,* 1993 - Leenhardt *et al.,* 1994 - Riou, 1994 - Legros *et al.,* 1996.

L'eau qui atteint la surface du sol (pluie, irrigation, inondation) se partage en différents flux d'importance inégale (fig. 3.1). Dans la partie supérieure du sol, une partie peut circuler latéralement. Il s'agit de *l'eau de ruissellement*. La circulation intervient alors à la surface même du sol ou au sein des horizons supérieurs (ruissellement hypodermique).

L'eau qui échappe au ruissellement, s'infiltre pour partie et pénètre en profondeur, sous l'effet de la gravité et de la succion exercée par le sol. Elle prend alors, très schématiquement, deux formes principales. La première, l'*eau libre* ou *eau de gravité* circule verticalement (parfois latéralement), de manière rapide dans les pores grossiers présents (plus de 50 µm de diamètre) et de façon beaucoup plus lente dans les pores moyens (10 à 50 µm de diamètre). Lorsque cette eau s'enfonce au-dessous de la zone racinaire puis atteint le substratum sous-jacent, elle devient l'*eau de drainage*. On parle aussi d'infiltration profonde. En période humide, cette eau de drainage peut alors alimenter – plus ou moins rapidement selon la porosité des couches tra-

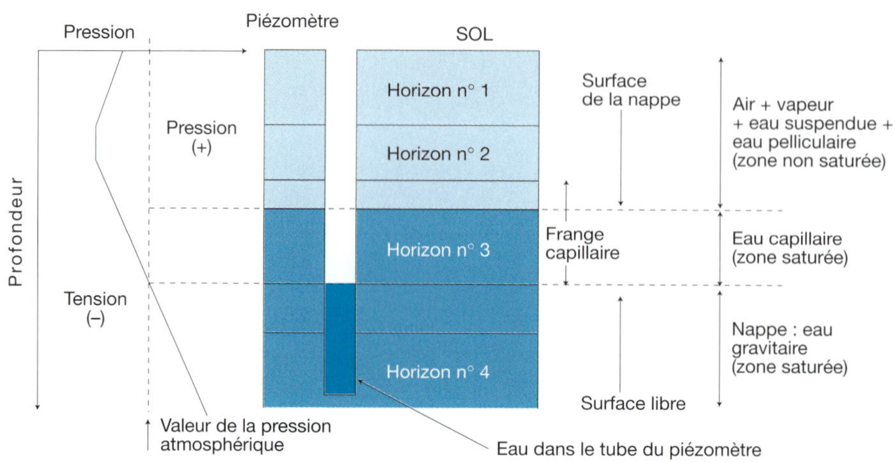

Fig. 3.2. Représentation de l'eau dans le sol et de la nappe (repris d'après Kosuth, 1985).

versées – une *nappe souterraine*. En période sèche, à l'inverse, cette même nappe peut remonter dans le sol et assurer des remontées capillaires contribuant à l'alimentation hydrique de plantes à enracinement profond (fig. 3.2).

Une partie de l'eau ayant pénétré le sol devient l'*eau liée*. Elle est retenue sous l'effet des forces capillaires et dans les pores fins (< 50 µm). L'eau liée, stockée dans le sol, peut cependant être chassée vers le bas, c'est-à-dire vers la nappe, sous l'effet de la pluie. Mais, pour l'essentiel, elle retourne dans l'atmosphère soit directement (évaporation à la surface du sol), soit indirectement (l'eau, extraite par les racines, est ensuite « transpirée »). On retrouvera, dans d'autres chapitres, la notion d'EvapoTranspiration Potentielle (ETP) ou réelle (ETR).

En théorie, il faudrait ajouter à cela l'eau qui va demeurer dans les tissus de la plante. Mais celle-ci représente une quantité négligeable par rapport à l'eau qui est évapotranspirée. Autrement dit, l'efficacité de l'eau pour assurer la fabrication de tissus végétaux, son efficience, disent les spécialistes, est très faible.

Grâce à sa grande capacité de stockage, le sol régule le cycle de l'eau. Il met en réserve l'eau des pluies et la restitue, plus tard, aux rivières ou à l'atmosphère. Il laisse aux plantes le temps d'exploiter l'eau stockée et limite le ruissellement ainsi que le risque d'inondation. Le sol de limon du bassin parisien, déjà évoqué, peut emmagasiner jusqu'à 300 ou 400 mm d'eau sur une épaisseur de 1,50 m. Dans beaucoup de cas, ceci permet d'alimenter les blés d'hiver, jusqu'à leur maturité, sans irrigation.

Dans ce chapitre nous allons d'abord montrer comment l'eau est retenue par le sol et se déplace en son sein. Ensuite, nous présenterons les relations entre l'eau et le sol à l'échelle du bassin versant ou de la petite région naturelle. Enfin, nous observerons les grandes formes de déséquilibre du système sol/eau (sécheresse, hydromorphie) et leurs conséquences. L'exposé des faits sera l'occasion de mettre en évidence la contribution de l'INRA à la compréhension des mécanismes en cause. Mais le lecteur n'oubliera pas que d'autres organismes, en particulier le CIRAD, le CEMAGREF, le CNRS, l'IRD (ex. ORSTOM) et l'Université, ont largement contribué à faire avancer les questions traitées.

Notions de base concernant l'eau dans le sol *

La rétention de l'eau par le sol

Les sols ont des densités apparentes voisines de 1,3-1,6 alors que les minéraux qu'ils renferment ont des densités proches de 2,4 ou 2,6. Ceci indique que la moitié environ du sol est constituée de vides occupés, suivant les circonstances, par de l'air ou de l'eau. L'ensemble constitue un réservoir où les racines des plantes prélèvent l'eau, l'oxygène et les éléments nutritifs indispensables à leur survie et à leur croissance (fig. 3.3).

* Mériaux, 1979 ; Calvet, 1988 ; Hillel, 1989 ; Chamayou et Legros, 1989 ; Musy et Souter, 1991.

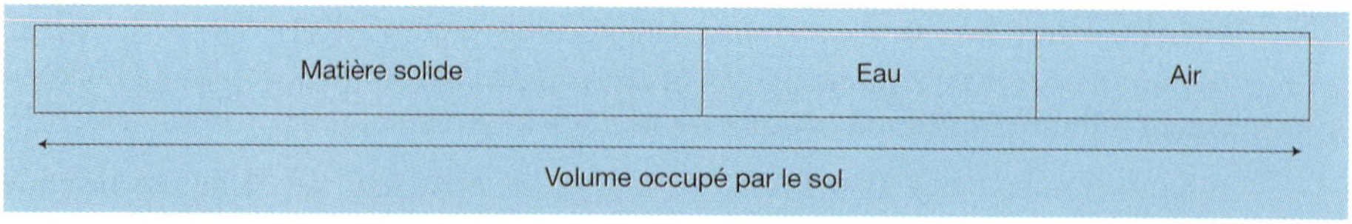

Fig. 3.3. Le sol, mélange de matière solide, d'eau et d'air.

Quand la densité apparente augmente, la quantité d'eau que le sol peut retenir diminue. Quand l'air est totalement chassé par l'eau, on dit que le sol est saturé. Dans certains sols très organiques (tourbes, sols à allophanes sur roches volcaniques), la quantité d'eau retenue peut représenter jusqu'à trois fois le poids de matière solide présente. Dans les sols hydromorphes, la place réservée à l'air est très faible toute l'année.

Lors de la dessiccation, le sol se rétracte et perd d'abord un volume identique au volume d'eau qu'on lui retire. Puis, à partir d'une certaine teneur en eau, le volume du sol diminue moins que proportionnellement. L'eau qui s'en va est alors remplacée par de l'air (*point d'entrée d'air*). De nombreuses études fines ont été faites sur ce sujet, notamment par des chercheurs de l'INRA (Tessier, 1994). Au champ, lors de la dessiccation, des fentes de retrait peuvent apparaître. Dans les vertisols (sols gonflants), cela peut aller jusqu'à fissurer les murs des maisons qui se trouvent dessus (Wilding et Tessier, 1988) !

Quelques mesures essentielles

La quantité d'eau présente dans un échantillon ou *teneur en eau du sol* peut être mesurée de manière simple : la terre est pesée d'abord humide puis séchée dans une étuve à 105 °C. La différence entre poids humide et poids sec permet de calculer la teneur en eau. Mais cette méthode est destructive (l'échantillon est extrait du milieu naturel). Au contraire, d'autres méthodes permettent une caractérisation *in situ*. Elles font appel à des appareillages plus ou moins sophistiqués.

L'énergie avec laquelle l'eau est retenue par le sol est également mesurable. Elle est équivalente à une pression (généralement négative), exprimée en bars ou en kilopascals (kPa). On peut aussi la représenter par la hauteur d'eau correspondante. Le pF est le logarithme décimal de cette hauteur d'eau exprimée en cm. Ainsi, à très peu de choses près, 1 bar équivaut à 100 kPa, à 1 000 cm d'eau et représente un pF de 3.

Au champ, on emploie des tensiomètres qui sont des capteurs directs de la pression de l'eau du sol au contact d'une bougie poreuse. L'inconvénient majeur de la méthode est qu'elle peut être employée seulement pour des succions ne dépassant pas la pression atmosphérique (en valeur absolue). Ainsi, les tensiomètres ne mesurent-ils pas la pression de l'eau lorsque le sol s'assèche fortement, notamment lorsque l'on s'approche du point de flétrissement des plantes (16 atmosphères, voir plus loin).

Au laboratoire, on mesure la teneur en eau d'échantillons de sol non remaniés, placés sur une plaque poreuse et soumis à des pressions d'air de 1 kPa à 1 600 kPa. Une autre approche consiste à utiliser un dispositif spécial, dit « bac à sable », qui va exercer sur un échantillon de sol non perturbé une succion contrôlée. Cette méthode est beaucoup plus précise aux très faibles succions. Son inconvénient est que la teneur en eau de l'échantillon s'équilibre très lentement avec la succion qui est exercée, si bien que certaines mesures demandent un temps considérable (plusieurs semaines). La méthode de Wind a les mêmes objectifs. Dans ce cas, l'échantillon de sol est équipé de tensiomètres. Il est par ailleurs posé sur une balance si bien que l'on connaît, en continu, la déperdition d'eau.

Au bout du compte, il est possible de construire la courbe reliant teneur en eau et succion ; elle est traditionnellement appelée « *courbe psi* (ψ) *de téta* (θ) ». *La forme de cette courbe (fig. 3.4) dépend de différents paramètres mais surtout de la texture du sol considéré : sable, limon, argile* (Assouline et Tessier, 1998).

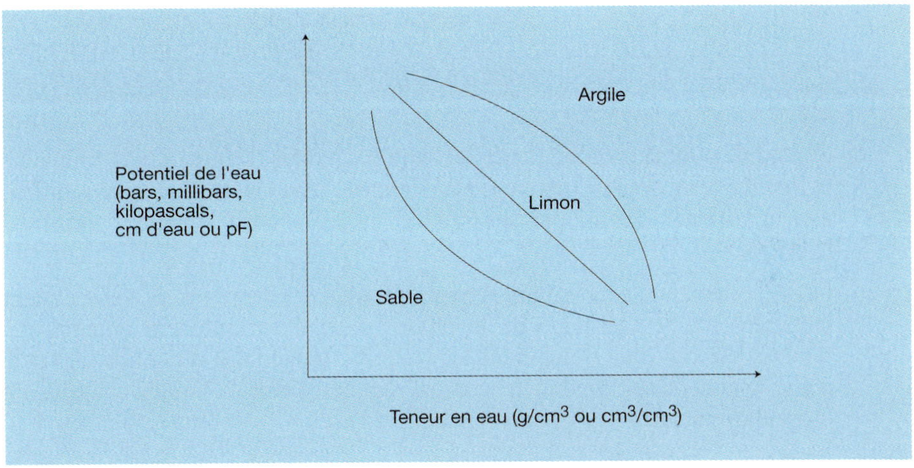

Fig. 3.4. Représentation schématique de la relation entre teneur en eau et potentiel correspondant.

La forme de chacune des courbes varie légèrement avec la manière dont elle est obtenue : humidification progressive d'un échantillon sec ou dessèchement de plus en plus fort d'un échantillon préalablement saturé. On dit qu'il y a *hystérésis*. Le phénomène est lié à la façon dont l'eau entre ou sort des pores du sol. Mais, dans tous les cas, l'eau est retenue d'autant plus fortement qu'elle est en faible quantité. Par ailleurs, même si les courbes ont une allure continue, il est utile de les diviser sur la base de teneurs en eau caractéristiques en relation avec les possibilités d'extraction des plantes (tabl. 3.1).

Les divisions proposées sont un peu arbitraires mais néanmoins pratiques. L'eau utilisable par les plantes, appelée *Eau Utile*, correspond à la quantité : $W_{cr} - W_{pf}$. Suivant le type de sol, cela représente de 15 à 30 grammes pour 100 grammes de terre. Mais, au champ, il faut raisonner en volume (eau

Tableau 3.1. Teneurs en eau caractéristiques pour les plantes.

Concepts	Symbole	Définition
Saturation	W_{sat}	Dans le sol saturé, tous les pores sont remplis d'eau, sauf ceux qui constituent des vésicules fermées ; l'eau est libre et s'égoutte naturellement sous l'influence de la pesanteur ; la succion nécessaire pour extraire l'eau est nulle ou proche de zéro.
Capacité de rétention	W_{cr}	Le sol est ressuyé ou, si on préfère égoutté (2 ou 3 jours au champ) ; la succion vaut entre 0,05 et 1,0 atmosphère suivant la nature du sol (pF 1,7 à 3,0). Les pores supérieurs à 50 µm sont vides.
Point de flétrissement	W_{pf}	L'eau qui reste dans le sol devient trop difficile à extraire pour les plantes ; elles flétrissent sans récupération possible ; la succion vaut alors 16-18 atmosphères environ (pF 4,2). Les pores supérieurs à 0,2 µm sont vides.
Humidité à l'air	W_{air}	L'eau du sol est en équilibre avec la vapeur d'eau de l'air. La succion peut atteindre 1 000 atmosphères ; la teneur en eau de l'échantillon est le plus souvent inférieure à 3 %, en poids.

disponible pour la profondeur de sol explorée par les racines). On définit alors la *Réserve Utile* (RU). Lorsque la RU s'épuise, l'eau est de plus en plus difficilement extraite du sol par les racines et les plantes subissent un stress hydrique.

On s'est demandé si, aux faibles hydratations, les propriétés de l'eau étaient modifiées par le voisinage de la phase solide électriquement chargée. La réponse est oui mais seulement à proximité immédiate du solide. Au-delà d'une épaisseur correspondant à deux couches d'eau, le liquide n'a plus de propriétés particulières (Bourrié *et al.*, 1983).

Comme il est difficile de mesurer les teneurs en eau à différents niveaux de succion, on essaie de prédire ces teneurs à partir de caractéristiques plus facilement mesurables (teneur en matière organique, en argile, masse volumique, etc.). Le lien se fait par des *fonctions de pédo-transfert* (Bastet *et al.*, 1998). Ce sont, en fait, des corrélations plus ou moins empiriques. Par exemple, on prédit la teneur en eau à 1 bar en fonction de la teneur de l'échantillon en argile et en matière organique.

Dynamique de l'eau dans le sol vu comme un milieu continu

La vitesse d'écoulement de l'eau dans un sol saturé peut être mesurée facilement au laboratoire. Un dispositif adéquat maintient une épaisseur d'eau de quelques cm au-dessus d'un échantillon de sol posé sur une grille, de telle manière que l'eau qui traverse puisse être évacuée vers le bas. Cela conduit à la loi de Darcy :

$$Q = K_s \cdot S \frac{H}{L}$$

avec Q quantité d'eau écoulée, S la section considérée (ex. : 100 cm^2), H l'épaisseur d'eau au-dessus de la grille (y compris l'épaisseur de sol) et L l'épaisseur de sol. K_s est alors un coefficient interprété comme la *conductivité hydraulique à saturation*.

La valeur de K_s peut aussi être obtenue au champ par différentes méthodes.

La loi de Darcy a été généralisée pour s'appliquer au transfert d'eau en milieu non saturé. Au champ, la conductivité hydraulique correspondante est obtenue en examinant la vitesse de transfert entre deux horizons voisins dont les teneurs en eau sont différentes, au moins au départ. On obtient alors une courbe du type suivant (fig. 3.5) :

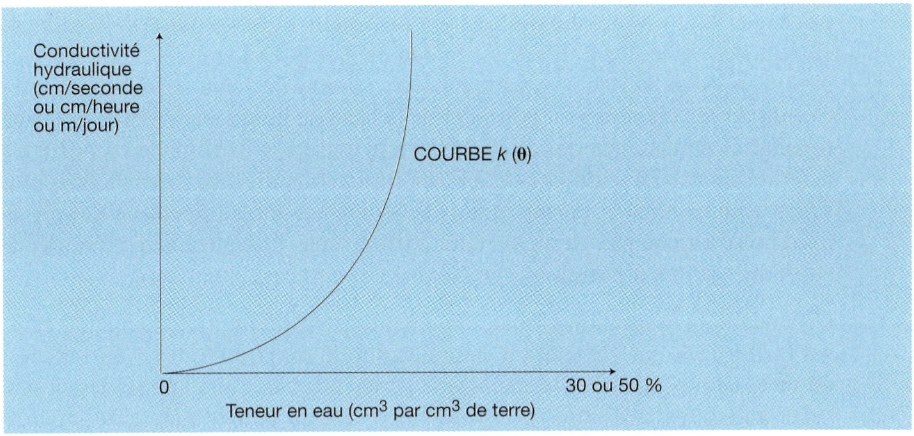

Fig. 3.5. Relation entre conductivité hydraulique et teneur en eau.

La conductivité hydraulique décroît très vite lorsque la teneur en eau diminue. En effet, les pores les plus gros se vident les premiers quand le sol s'assèche. Or, plus les pores assurant le transfert de l'eau sont petits, plus la résistance à l'écoulement est affirmée et plus cet écoulement est lent. Lorsque le sol est ressuyé et que la capacité de rétention est atteinte, les transferts d'eau vers le bas deviennent très faibles. Le sol retient alors l'eau efficacement, au profit des plantes, bien qu'il corresponde à une sorte de réservoir dont manque le fond !

En fait, la loi de Darcy sert à calculer une vitesse d'écoulement apparente. Par exemple, si la porosité efficace (correspondant à des vides interconnectés assurant l'écoulement de l'eau), mesurée sur une section horizontale de sol, est de 25 %, la vitesse réelle moyenne de l'eau dans les pores ouverts est évidemment 4 fois la valeur de K_s donnée par la loi de Darcy. Le sol n'est donc pas un milieu continu, sauf dans des modélisations simplificatrices ! En fait, pour bien comprendre comment circule l'eau dans le sol, en particulier pour déterminer le rôle des fissures et de différents types d'écoulements préférentiels, il faut développer des approches plus fines.

Dynamique de l'eau dans le sol vu comme un milieu discontinu

Des chercheurs ont examiné le rôle des discontinuités de grandes tailles (fissures inter-agrégats, galeries d'origine biologique) au sein desquelles s'écoule rapidement une bonne partie de l'eau libre. On a étudié aussi les vides plus fins correspondant à la porosité des mottes de terre (abondance, taille, forme et connectivité des pores) afin de relier ces caractères morphologiques à la perméabilité mesurée par ailleurs (Hallaire *et al.*, 1997).

Pour simuler les transferts d'eau, on utilise l'ordinateur et différents modèles (Hayot et Lafolie, 1993 ; Lafolie et Hayot, 1993 ; Di Pietro, 1996). On a longtemps privilégié une approche mathématique basée sur des équations différentielles. On tend maintenant à s'appuyer sur des « éléments finis » pour privilègier une « approche discrète ». Concrètement, le profil de sol est divisé en couches minces parallèles ou même en petits éléments formant réseau, d'où le nom de certains modèles. La circulation de l'eau est étudiée entre chacun de ces éléments ou couches sur la base de quelques règles simples de transfert. La puissance de calcul de l'ordinateur permet alors de reconstituer le mouvement global du liquide à l'échelle du sol entier. Cette approche, plus simple et plus réaliste, permet mieux de simuler le fonctionnement de sols de morphologies complexes présentant, par exemple, une alternance d'horizons de perméabilités différentes.

Cependant, la fissuration globale du sol et la porosité interne de chaque agrégat terreux varient en relation avec l'évolution de l'humidité et en fonction du temps. La porosité est donc à géométrie variable. C'est là une des principales difficultés de toutes ces approches. C'est un peu comme si les spécialistes de la sécurité routière devaient, un jour de week-end, prévoir la capacité globale de transfert de toutes les routes qui joignent Paris à Marseille, en sachant que chacune des voies de circulation pourrait s'élargir avec la densité du trafic mais aussi se rétrécir si on la sollicitait trop longtemps. En outre, les véhicules (l'eau !) auraient le droit de rouler plus ou moins vite en fonction de différents paramètres, dont la proximité et la nature des accotements. Le problème n'est pas très simple !

Outre l'INRA, de nombreux laboratoires, en France ou à l'étranger, ont fait progresser ces questions.

Le pouvoir épurateur du sol

Si l'on déverse à la surface d'un terrain un effluent liquide ou une boue comprenant divers types de résidus, le sol va exercer une triple action :

– les pores du sol sont suffisamment fins pour ne pas laisser passer les éléments grossiers en suspension (action de filtre) ;

– les argiles et la matière organique du sol vont retenir (adsorber) de façon systématique les cations introduits dans le milieu, ceux utiles pour les plantes mais aussi les polluants ; en revanche les anions, les nitratres en particulier, sont mal retenus et peuvent être entraînés vers les nappes (seuls quelques sols acides riches en oxydes et hydroxydes tels que sols tropicaux, ou andosols sur basalte, retiennent bien les anions) ;

– les micro-organismes du sol, bactéries et champignons, vont s'attaquer aux produits déversés même peu décomposables. Ces produits sont lentement détruits et leurs constituants sont réincorporés dans la biomasse microbienne. Après quoi, différents éléments (tout particulièrement l'azote stocké) seront minéralisés facilement (mort et décomposition rapide des micro-organismes) et récupérés par les racines pour assurer la croissance des plantes.

On peut donc utiliser les sols pour éliminer différents types de déchets agricoles, urbains ou industriels. L'eau ressortant du champ d'épandage est exempte de matières en suspension et parfois de bonne qualité biochimique. Mais, il faut rester extrêmement prudent. La capacité d'épuration du sol est limitée. Elle peut être débordée par des apports trop considérables, notamment des déchets d'élevage (lisier en particulier). Il y a alors pollution de la nappe et/ou des eaux superficielles (cas de l'azote). Par ailleurs, lorsque les polluants introduits sont très bien retenus et ne ressortent pas (cas des métaux lourds des boues de stations d'épuration), il faut se demander s'il est convenable de contaminer ainsi les sols que nous allons transmettre aux générations futures...

Relations sol/eau à l'échelle des bassins versants

Une partie de l'eau de pluie ruisselle en surface ou bien circule dans les couches supérieures des sols pour ressortir plus loin et rejoindre les ruisseaux et rivières. Les conséquences du phénomène peuvent être considérables et doivent être précisément évaluées. Les risques intéressent : l'appauvrissement des sols en cations, leur mauvais réapprovisionnement en eau, leur érosion éventuelle, la pollution par transfert des particules solides et des éléments qui y sont associés (phosphore, pesticides, éléments traces métalliques), le colmatage des barrages par des eaux boueuses, l'inondation possible de villes et villages, le déversement de coulées boueuses sur les routes ou les habitations.

Les bassins versants expérimentaux

L'hydrologie de surface s'est largement développée en zone tropicale et intertropicale grâce aux travaux de l'ORSTOM. En France, les recherches sont le fait de beaucoup d'organismes qui ont longtemps travaillé en faible concertation. Actuellement, au contraire, la coordination est mieux assurée (GIP Hydrosystème, PNRH, etc.). L'outil de base des études d'hydrologie est le Bassin Versant de Recherche Expérimentale (BVRE). Les BVRE sont « instrumentés » de manière à suivre les différents types de transferts avec, dans le cas idéal, à la fois :

– des postes météorologiques pour mesurer la pluviométrie, l'ETP, le rayonnement, la température de l'air et du sol ;

– des dispositifs pour suivre, en continu, la pression et la teneur en eau du sol et, éventuellement, la hauteur des nappes ;

– des collecteurs et simulateurs de pluie pour déterminer la proportion d'eau qui ruisselle en surface à l'échelle de quelques mètres carrés ;

– des limnigraphes pour mesurer les volumes d'eau à la sortie du bassin versant et, si possible, à l'échelle de 2 ou 3 sous-bassins versants emboîtés ;

– des équipements pour prélever automatiquement les eaux du ruisseau à intervalle régulier et analyser ainsi leur composition chimique ;

– des centrales d'acquisition pour conserver temporairement les données puis les renvoyer automatiquement par satellite sur des lieux de stockage adéquats ;

– des techniques de traçage, de façon à déterminer les chemins de circulation d'une eau déterminée. Pour des recherches sur des volumes limités, il est possible de colorer l'eau à la fluorescéine ou au bleu de méthylène (Diab *et al.*, 1988). Mais on peut aussi aborder des problèmes quantitatifs. Par exemple, après une averse, l'eau que l'on trouve à l'exutoire est-elle constituée par de l'eau de pluie (il y a alors ruissellement superficiel) ou bien correspond-elle à de l'eau antérieurement contenue dans le sol et que l'arrivée d'une eau nouvelle a chassé ? La méthode la plus classique consiste à déterminer la teneur en oxygène 18 de chaque eau et à examiner l'évolution à l'exutoire du rapport $^{18}O/^{16}O$. Le suivi, dans le temps, minute par minute, des quantités d'eau qui passent à l'exutoire est une autre façon de répondre, approximativement, à la même question (décomposition de l'hydrogramme de crue). La comparaison des méthodes a été faite (Ribolzi *et al.*, 1996).

L'INRA est associé aux recherches en hydrologie de surface. Quelques bassins versants sont étudiés :

Le bassin de Roujan, Vallée de la Peyne (Hérault)

Situé en zone méditerranéenne, largement couvert de vignes, il intéresse les marnes et molasses du Miocène et de l'Aquitanien. La pluviométrie, extrêmement irrégulière, varie suivant les années de 450 à 1 400 mm. Il sert à étudier le ruissellement et le devenir des pesticides (Voltz *et al.*, 1997).

Le Bassin du Coët Dan (Naizin, Morbihan)

Établi et géré par le CEMAGREF de Rennes, il donne lieu aussi à des études INRA. Il comprend à la fois une zone de champs ouverts et une partie en bocage. La partie basse, très humide, est occupée par des prairies permanentes, des bois et des friches. Ce bassin est localisé dans des schistes briovériens. La pluviométrie moyenne annuelle est de 713 mm. Il est utilisé pour étudier le fonctionnement des zones humides et l'influence des agrosystèmes sur la qualité de l'eau.

Les bassins versants de Tavau-et-Ponséricourt (Aisne) et *Nampont* (Somme)

Situés dans des régions humides (800 et 1 000 mm d'eau/an), ils sont constitués de sols fragiles qui manquent de cohésion (sables) ou bien sont particulièrement riches en limons et argile. Ils ont pour objet l'étude du ruissellement et de l'érosion en grande culture.

Les bassins versants du Léman (Haute-Savoie)

Il s'agit de petits bassins séparés ou emboîtés (Foron, Redon, Mercube) intéressant une bonne partie de la rive sud du Léman. Situés au contact des dépôts calcaires des nappes de charriage du Chablais et des cailloutis de l'ancien glacier du Rhône, ils servent spécifiquement à l'étude du transfert des polluants agricoles et ménagers vers le lac Léman, spécialement le phosphore (*cf.* tome 2, article de G. Barrouin).

Quelques résultats obtenus à l'INRA et concernant les BVRE

La consommation en eau de la vigne en zone méditerranéenne

La vigne est une plante économe et bien adaptée aux climats secs. En été, sa consommation journalière en eau ne dépasse pas 4 mm (Trambouze, 1996). En sol profond, il faut une grande sécheresse pour qu'apparaissent de légers signes de stress hydrique.

Le bilan hydrologique global du bassin versant de Roujan, en milieu méditerranéen, s'établit comme l'indique le tableau 3.2 (Voltz *et al.* , 1997).

Tableau 3.2. Flux annuels du bassin versant de Roujan (région de Béziers).

	du 1/10/92 au 30/9/93	du 1/10/93 au 30/9/94	du 1/10/94 au 30/10/95
ETP (mm)	945	948	1 059
Pluie moyenne (P en mm)	758	956	578
Lame ruisselée (L en mm à l'exutoire)	208	326	209
R = Infiltrée/ETP = (P-L)/ETP (en %)	58	66	35

Le rapport R, dans ce tableau, indique approximativement dans quelle proportion une culture, non irriguée et transpirant comme un gazon, aurait ses besoins satisfaits. Seule la vigne, qui a la réputation d'être moitié moins exigeante en eau que beaucoup de cultures, peut assurer une production correcte dans un tel milieu méditerranéen. La supprimer, comme certains le recommandent pour résorber les excédents de vins, revient à la remplacer par des cultures irriguées. À vouloir tarir l'excès de vin, on pourrait bien en venir à manquer d'eau !

Le ruissellement

Les inondations touchant régulièrement le Midi de la France sont parfois catastrophiques (Nîmes, le 3 octobre 1988 ou Vaison-la-Romaine, le 22 septembre 1992,...). Elles montrent, s'il en était encore besoin, l'importance du ruissellement en zone méditerranéenne. Les surfaces artificiellement imperméabilisées jouent localement un rôle important dans le phénomène, mais les terrains agricoles ou naturels sont le plus souvent en cause car ils couvrent l'essentiel de la surface du territoire.

Les différents facteurs du ruissellement ont été étudiés. L'un des plus importants est la fermeture de la couche de surface des sols cultivés sous l'action de la pluie (battance). L'infiltration de l'eau s'en trouve affectée (Fiès *et al.*, 1996). Par ailleurs, l'eau ne peut guère s'infiltrer dans des sols déjà saturés par de fortes pluies antérieures. L'absence de végétation intervient également. Pris séparément, ces facteurs n'ont pas souvent une influence décisive. Mais, considérés ensemble, ils caractérisent des surfaces potentiellement ruissellantes corrélées avec les volumes de terre érodés.

Les études menées dans le BVRE du Roujan permettent de mieux caractériser le ruissellement, d'en définir les causes et de proposer des moyens pour le réduire. Suivant la pente, l'humidité du sol, l'état de surface et suivant l'intensité des précipitations, la proportion d'eau de pluie qui ruisselle varie de 0 % à 60 % voire plus, dans cette zone méditerranéenne (Andrieux *et al.*, 1996 ; Léonard et Andrieux, 1998). En revanche, en Bretagne (BVRE du Naizin), l'eau ruisselée en haut de versant s'infiltre le plus souvent avant d'atteindre le bas de la pente, à l'exception des fortes averses orageuses de printemps et d'été. En hiver, lorsque le sol est saturé, l'eau ruisselle généralement sur tout le versant ; les produits dissous ou charriés mécaniquement atteignent l'exutoire.

De telles observations permettent d'introduire la notion de *facteurs d'échelles :* le phénomène étudié à une échelle donnée, par exemple le mètre carré, parait-il plus important ou plus limité si on l'étudie à une autre échelle, par exemple l'ha ? En divisant les volumes ruisselés ou les quantités de matières transférées par la surface de mesure et en comparant ensuite les chiffres obtenus, on peut déterminer si le facteur d'échelle est, ou non, plus grand que un (Le Bissonnais *et al.*, 1996).

Pour passer du constat à la prévision, des modèles de ruissellement ont été construits. Les uns concernent des échelles très fines (m^2). Ils font intervenir la *rugosité* de surface. Celle-ci est liée à des irrégularités (mottes, brindilles, etc.) limitant l'écoulement latéral de l'eau. La rugosité est simulée (Bertuzzi *et al.*, 1995) et en même temps mesurée sur le terrain en utilisant le laser et la photographie. Elle est prise en compte dans des modèles fins faisant appel à la méthode des gaz sur réseau (Garcia-Sanchez *et al.*, 1996). D'autres types de modélisation sont développés à l'échelle du bassin versant (Moussa *et al.*, 1998).

Mais, répartir l'eau de pluie entre une fraction qui ruisselle et une autre qui s'infiltre est encore simplifier la réalité. Une partie de l'eau reste stockée à la surface du sol, pendant un certain temps, et forme des flaques, plus ou moins connectées entre elles. C'est la détention superficielle. Elle est étudiée en confrontant modélisation et approche expérimentale. Elle représente jusqu'à 4 mm de pluie, ce qui est important. Par ailleurs, une partie de l'eau de pluie est interceptée par les végétaux et retourne ensuite directement à l'atmosphère. Sous forêt, cela correspond à 2 ou 3 mm d'eau, en début de chaque averse.

Le fonctionnement hydrologique global

Estimer, en un lieu donné, les différents termes du bilan hydrique (ruissellement, infiltration, drainage profond, transpiration des plantes, évaporation de la partie nue du sol) est une première étape. Il faut ensuite reconstituer le fonctionnement hydrologique global du bassin versant. Pour cela, on divise ce bassin en petites surfaces dans lesquelles on évalue chacun des termes du bilan hydrique (*modélisation distribuée*). Ces surfaces sont souvent arbitraires et de forme carrée. Mais un effort est fait pour diviser les bassins versants en unités fonctionnelles en définissant celles-ci sur la base de leur topographie, de leur couverture végétale, de leur position relative les unes par rapport aux autres et de leur relations avec les lignes de circulation préférentielle de l'eau, y compris les fossés de drainage (Jetten *et al.*, 1996 ; Lagacherie *et al.*, 1997). On simule alors le fonctionnement du bassin entier avec quelques hypothèses sur les conditions de transfert de l'eau d'une maille à l'autre.

L'approche par mailles implique beaucoup de calculs. En plus, il est difficile de donner une bonne valeur à chacun des paramètres importants intervenant dans la simulation. Le modèle doit donc être calé sur des mesures faites à l'exutoire (sortie du bassin), ceci pour une période déterminée. On est alors en mesure de prédire ce qui va se passer lors des épisodes pluvieux futurs si leur durée et leur intensité sont données ou mesurées. On comprend l'intérêt d'une telle prévision de l'hydrogramme de crue pour définir le risque d'inondation. Différents types de modèles ont été construits dans cette optique, par exemple : TOPMODEL de Lancaster (U. K) ou MODSUR de l'ORSTOM. L'INRA a testé ces modèles (Gascuel-Odoux *et al.*, 1994 ; Bruneau *et al.*, 1995) et en a établi d'autres.

La dénitrification dans les zones humides naturelles

Les zones humides contribuent à la dénitrification naturelle (Curmi *et al.*, 1997) et jouent donc un rôle utile sur la qualité des eaux des bassins versants agricoles. A Naizin, en Bretagne, on a mesuré des vitesses effectives de dénitrification atteignant jusqu'à 0,5 kg d'azote par ha et par jour. Cette valeur est certes très inférieure à la vitesse potentielle, déterminée lorsque les micro-organismes sont placés en conditions non limitantes, mais le pouvoir d'autoépuration du milieu reste important à l'échelle annuelle. Le mécanisme est le suivant : la dénitrification, c'est-à-dire le passage de NO_3^- à NO_2^- puis N_2 intervient dans un milieu où l'oxygène se met à manquer. Les micro-organismes sont responsables de ces transformations chimiques. Suivant les sols, les saisons de l'année et la nature des composés du fer présents à un moment donné, les oxydes de fer peuvent être ou non sollicités avant les oxydes d'azote. Interviennent en particulier les « rouilles vertes », oxydes de fer connus en milieu artificiel et qui viennent d'être identifiés dans les sols (Trolard *et al.*, 1996).

En période de pluie, l'eau est abondante et riche en oxygène, car venant du ciel. Dans ces conditions, la dénitrification n'intervient pas, même si les sols sont saturés. La dénitrification reste donc le fait d'eaux stagnantes (bas fonds). A Roujan, on a d'ailleurs constaté que le potentiel-rédox (teneur en oxygène) était statistiquement plus faible dans les dépressions (Bouzigues *et al.,* 1997). Comme les marais consomment de l'oxygène pour la minéralisation de leurs matières organiques, ils ont un pouvoir dénitrifiant particulièrement bon en période chaude et sèche. Globalement, plus les sols d'un bassin versant sont hydromorphes (morphologie liée à l'excès d'eau), moins on trouve de nitrates à l'exutoire (Mérot et Durand, 1995). À l'inverse, les horizons profonds et strictement minéraux des sols, ne dénitrifient guère, faute de carbone pour assurer le métabolisme microbien.

Le pouvoir dénitrifiant est limité par le fait qu'en période de pluie, l'écoulement est constitué en partie seulement d'une eau ayant subi le processus de dénitrification. Le reste représente des eaux courantes qui n'ont pas stagné suffisamment pour s'appauvrir en oxygène. *A fortiori,* le drainage des zones humides de bas de pente, qui réduit au minimum le temps de transit de l'eau, diminue en même temps la capacité de ces zones à dénitrifier. La préservation des zones humides a donc un intérêt qui dépasse la seule conservation de la flore et de la faune. C'est un moyen de lutter contre la pollution des eaux par les nitrates. Mais rien n'est simple : l'oxyde d'azote, N_2O, qui peut être relâché vers l'atmosphère avec N_2, est un gaz à effet de serre...

Les dépressions humides limitent aussi la pollution phosphatée des rivières car les particules véhiculant des phosphates y sédimentent à cause de la réduction de la vitesse du courant.

Les transferts de pesticides

Lorsque la proportion d'eau ruisselée est forte, il y a un risque d'entraînement latéral des produits phytosanitaires nouvellement appliqués. De premières investigations, réalisées en milieu méditerranéen (Lennartz *et al.*, 1997), montrent que la proportion de diuron et de simazine (herbicides) perdus par ruissellement à la sortie d'une parcelle représente moins de 3 % des doses appliquées annuellement. La fuite de ces produits, au-delà du bassin versant, est encore plus faible et représente moins de 1 %. La première pluie suivant les traitements est responsable de l'essentiel des transferts vers l'exutoire, soit 60 ou 80 % de la quantité de produits phytosanitaires perdus dans l'année. Ce rôle de la première pluie est constaté aussi en pays de Caux en suivant le devenir de l'isoproturon (Lecomte *et al.*, 1997).

En l'état actuel des connaissances, on pense que les pesticides sont peu exportés par les eaux de ruissellement. De plus, ils se dégradent naturellement à la surface du sol car ils sont conçus pour cela. Reste le risque de la pollution des nappes, car leur concentration instantanée dans l'eau est parfois considérable.

Spatialisation régionale du fonctionnement hydrique

Les outils de la généralisation

La connaissance du fonctionnement hydrique de petits bassins expérimentaux est surtout utile si on peut la généraliser aux grands bassins versants pris en compte par les Agences de l'eau. La généralisation passe par l'utilisation de différents types d'outils.

La cartographie des sols

La connaissance des sols, de leurs propriétés générales (texture, structure, perméabilité, réserve en eau, marques d'excès d'eau) et de leur environnement (pentes, roches, etc.) aide à mieux cerner le fonctionnement hydrique d'un milieu et aussi à organiser l'irrigation (Bornand et Favrot, 1998). Par exemple, sur les pentes, les sols de l'amont ont un comportement différent des sols de l'aval (Mathurin *et al.*, 1998). De nombreux auteurs ont souligné l'intérêt d'une *stratification pédologique* (découpage selon la carte des sols) pour interpréter la variabilité des résultats des mesures concernant des paramètres hydriques. En même temps, l'étude de la géographie des sols sert à bien situer les observations qui sont faites par rapport à l'éventail des cas observables dans le secteur. C'est le problème de la représentativité des mesures (Favrot *et al.*, 1996).

La capacité de stockage en eau des sols a été évaluée à l'échelle nationale et a donné lieu à l'édition d'une carte de synthèse.

L'utilisation des fractales

Une des voies de la généralisation est d'examiner si un petit BVRE est, au plan de son fonctionnement et de sa variabilité interne, une sorte d'image en réduction du grand. On examine cette question au travers de la notion de « fractale » (Moussa et Bocquillon, 1996).

L'utilisation des modèles numériques de terrain

Les caractéristiques du relief (pentes, taille des bassin de réception de l'eau) sont essentielles pour expliquer le fonctionnement hydrique d'un secteur déterminé. Or, les Modèles Numériques de Terrain (MNT), produits en particulier par l'Institut Géographique National, donnent l'altitude en chaque nœud d'une grille tracée virtuellement sur le terrain. Ils sont donc utilisables pour calculer le parcours des filets d'eau qui ruissellent, si leur précision est suffisante. En conséquence, des études ont été faites pour comparer la précision de plusieurs d'entre eux fabriqués par télédétection ou relevés photographiques ou encore travaux de terrain. Avec ces MNT, il devient possible de prédire la localisation des sols hydromorphes de façon à étendre à toute une région des observations faites localement. Comme les sols hydromorphes sont nécessairement dans les bas fonds, l'exercice peut paraître trivial. En réalité, il permet de relier finement, pour une série de jours pris à titre d'essai, la position topographique (élévation au-dessus de l'exutoire) avec la teneur en eau des horizons de surface, ceci sur plusieurs centaines de points d'observation (Crave et Gascuel-Odoux, 1997).

L'utilisation de la télédétection micro-onde

Par des méthodes adaptées (Chanzy *et al.*, 1995), on sait déduire l'humidité du sol, sa température, son évaporation et parfois son évapotranspiration des informations fournies par la télédétection (Haboudane *et al*, 1996). L'alliance des spécialistes du sol, de la télédétection et de la bioclimatologie permet donc d'examiner le fonctionnement hydrique global de régions entières. Cela a été fait au Sahel (Calvet *et al.*, 1996). Une des difficultés majeures est représentée par le lissage des hétérogénéités, la méthode ayant une faible *résolution*.

Quelques résultats récents

Rôle de l'homme dans le fonctionnement hydrique

En perturbant le fonctionnement hydrique du milieu et en dénudant les sols pendant de longues périodes, l'homme peut déclencher le ruissellement. Par exemple, les traces de roues d'un engin agricole peuvent servir d'amorce à un ruissellement qui va devenir catastrophique (Roo *et al.*, 1996). En fait, les phénomènes d'érosion sont devenus préoccupants dans les régions de grande culture (King, 1993). De plus, ils sont parfois très rapides. Sur pente, un sol qui s'est formé en un million d'années peut être détruit en un siècle, un an ou même quelques jours ! À l'échelle des durées intéressant l'homme, le sol est un bien non renouvelable qui doit être protégé.

Il est donc nécessaire d'étudier précisément l'influence de l'homme sur le fonctionnement hydrique du milieu en relation avec la façon dont celui-ci est exploité : type de culture, état de surface du sol, organisation des drains et fossés (Marofi *et al.*, 1998).

Variabilité spatiale du bilan hydrique

Les plus complets des modèles de bilan hydrique évoqués en introduction comprennent un compartiment « plante ». Le végétal est considéré comme une sorte de pompe utilisant l'eau du sol pour la « transpirer ». Plus précisément, on simule la croissance des racines pour déterminer sur quelle profon-

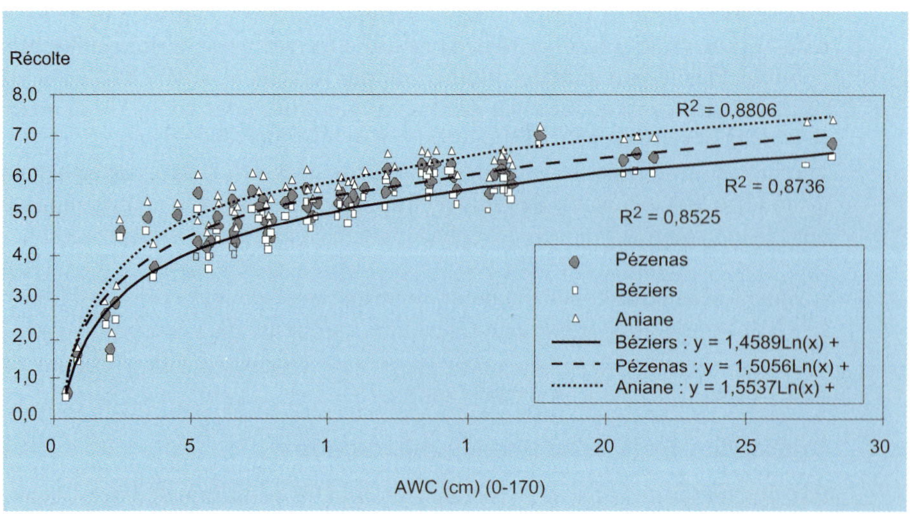

Fig. 3.6. Récolte de blé d'hiver simulée sans irrigation sur des sols dont la réserve utile peut atteindre 30 cm d'eau, d'après Wassenaar, et al., 1999. Chaque point représente la moyenne obtenue sur 7 cycles végétatifs (1977-1984) pour les microclimats de Pézenas, Béziers et Aniane (Hérault).

deur le sol livre ses réserves en eau et on simule la croissance des feuilles pour établir la surface transpirante. La plante valorise l'énergie solaire, forme des glucides et constitue une récolte (matière verte, grains, fruits, etc.) dans la mesure ou elle satisfait ses besoins en eau. Le modèle ainsi établi (voir par exemple : Cabelguenne *et al.*, 1993 ; Leenhardt *et al.*, 1994 ; Legros *et al.*, 1996) doit être validé en comparant ses résultats avec ceux que l'on obtient, dans la nature, sur des parcelles expérimentales. Au bout du compte, on dispose d'un outil utilisable dans différents contextes. En particulier, on a examiné comment varieraient les rendements de différentes cultures dans l'hypothèse d'un changement climatique affectant la température et la pluviométrie. Par ailleurs, il est intéressant de comparer les changements de récolte prévus avec la variabilité actuelle des rendements. Cette variabilité actuelle est due à la diversité des climats régionaux, à l'hétérogénéité des sols et à la variation de la pluviométrie d'une année sur l'autre… sans compter les modifications des pratiques culturales. A cause de cette variabilité, les conséquences du changement climatique annoncé peuvent être masquées localement, tout en modifiant les moyennes régionales des rendements agricoles à obtenir.

On sait déjà qu'un même changement climatique aura des conséquences négatives ou positives en fonction du milieu qu'il affecte.

Formation et dynamique des nappes du sol

L'étude de la dynamique des nappes d'eaux profondes relève des hydrogéologues et des ingénieurs chargés des captages pour l'irrigation agricole ou la consommation humaine. Mais le partage qui se fait, au niveau du sol, entre évapotranspiration, ruissellement et infiltration retentit directement sur la vitesse d'alimentation de la nappe sous-jacente. De plus, la qualité de l'eau profonde est tout à fait fonction des sols qu'elle traverse pendant son transfert jusqu'à la nappe.

La vitesse de transfert de l'eau dans le sol

Pour bien comprendre les phénomènes de pollution qui affectent le milieu naturel, il faut connaître la vitesse de transfert de l'eau dans les sols naturels.

L'approche privilégiée utilise des marqueurs isotopiques. L'un des plus importants est le tritium libéré dans l'atmosphère, et donc dans les eaux de pluie, par les essais nucléaires qui ont culminé en 1963. On a suivi, par exemple, la vitesse avec laquelle ce tritium, véhiculé par l'eau, s'enfonce dans la craie de l'est du bassin de Paris. On a trouvé de 30 à 100 cm/an avec une moyenne de 70 cm (Vachier et Dever, 1990). Dans les altérites et sols des versants du Naizin, en Bretagne, la vitesse de transfert de l'eau est plus rapide, de l'ordre de 20 cm par mois. Quant à l'eau d'Evian, elle est transférée, encore plus vite, sur des fortes pentes, au travers de niveaux fluvio-glaciaires très perméables. Il lui faut environ 25 ans pour parcourir approximativement 3 km, en circulation oblique, soit 30 cm par jour. Au total, les vitesses de déplacement sont faibles : les roches meubles et les sols ne transfèrent pas l'eau comme le ferait le chenal d'une rivière !

L'eau récupérée dans les sources est donc généralement ancienne. Depuis son arrivée à la surface du sol sous forme de pluie, plusieurs mois, années et parfois siècles se sont écoulés. La durée est, à elle seule, un puissant moyen d'épuration, les micro-organismes pathogènes ne résistant pas longtemps aux conditions qui prévalent dans les sols.

Les différents types de milieux et leur fonctionnement hydrique

Il existe en France toutes sortes de situations :

En milieu granitique ou cristallophyllien, les sols sont généralement sableux et perméables. En revanche, ils reposent sur des roches massives et imperméables. La circulation de l'eau se fait préférentiellement de manière latérale et superficielle. Les bas fonds sont hydromorphes avec des sources petites et nombreuses. Les eaux, qui restent très près de la surface, sont très exposées à une pollution rapide et généralisée, par exemple par des nitrates. Les exemples types d'un tel fonctionnement hydrique et des risques afférents sont la Bretagne et le Massif Central. Le bassin du Naizin est représentatif de ces milieux.

En milieu calcaire fissuré (karst), l'eau s'infiltre rapidement à des profondeurs importantes. Elle circule dans des fissures et des galeries de grandes dimensions et alimente ici ou là des résurgences. La pollution, lorsqu'elle existe, a souvent un caractère localisé, accidentel et rapide. Par exemple, elle est liée à des infiltrations sous une décharge. Sont dans ce cas de fonctionnement hydrique, une partie de la Bourgogne, le Jura, les Grands Causses, etc.

En milieu sédimentaire comprenant des couvertures épaisses de roches meubles, des nappes d'eau importantes peuvent se constituer. Leur vitesse de contamination par les polluants venus depuis la surface est très lente (voir ci-dessus). Mais les dégâts, s'ils existent, peuvent perdurer pendant un temps considérable à supposer que la situation soit réversible (épuration naturelle, pompage des eaux polluées ou vidange de celles-ci vers les sources). Ainsi donc, la pollution, lorsqu'elle affecte les régions correspondant à ce type de fonctionnement hydrologique, passe souvent inaperçue pendant des années tandis que se fabrique, sous les pieds des habitants concernés, une sorte de terrible bombe à retardement.

L'épuisement des nappes

La vitesse d'alimentation des nappes étant faible, il y a un risque de consommer l'eau plus vite qu'elle ne s'accumule. L'exemple le plus classique est celui de la nappe des sables de l'Albien, à 600 m sous Paris (de Marsily, 1995). Cette nappe, alimentée par l'affleurement de la couche aquifère dans le département de l'Yonne, contient une eau captive, en charge. Au siècle dernier, la pression y était de 70 bars (équivalent à 700 mètres d'eau). A Paris, l'eau jaillissait donc en surface par des puits artésiens. Aujourd'hui, il faut la pomper, de plus en plus profond, au fur et à mesure que la pression diminue. Des études sont faites pour déterminer dans quelle mesure l'agriculture intensive pratiquée dans le bassin de Paris laisse subsiter temporairement des excès d'eau suffisants pour provoquer un drainage à la base du sol et réalimenter la nappe. Suivant les cas, on procède en privilégiant les mesures au champ (Bruand *et al.*, 1997) ou bien en simulant le bilan hydrique du système sol-plante-atmosphère pour évaluer les hauteurs d'eau drainées (Ould *et al.*, 1997).

Sans multiplier les exemples, on peut citer aussi celui de la *Coachella Valley,* en Californie, dans un secteur subdésertique où la pluie représente 80 mm/an. En 1888, les premiers colons bénéficièrent de puits artésiens et d'une eau claire. Quelques années plus tard, il leur fallut pomper car leurs prélèvement avaient été trop importants. À partir de 1934, la nappe étant épuisée, ils eurent le choix entre partir où faire venir chez eux les eaux boueuses du Colorado. Ils choisirent la seconde solution, construisirent un canal de 256 km de long avec tous les problèmes de pompage et de décantation que l'on peut imaginer...

L'eau du sol est une matière précieuse et rare qu'il faut savoir économiser.

L'exemple du milieu méditerranéen

Des études ont été entreprises récemment dans la vallée de la Peyne, autour du Bassin de Roujan, pour mieux cerner le fonctionnement des nappes d'eau superficielles (Tassinari, 1998). Les résultats obtenus conduisent à réviser l'image que l'on a d'un milieu méditerranéen supposé sec :

– comme il pleut là autant qu'à Paris, mais d'une manière plus concentrée dans le temps (hivers très arrosés), pratiquement tous les sols contiennent des nappes d'eau dès lors qu'ils ont une certaine épaisseur ;

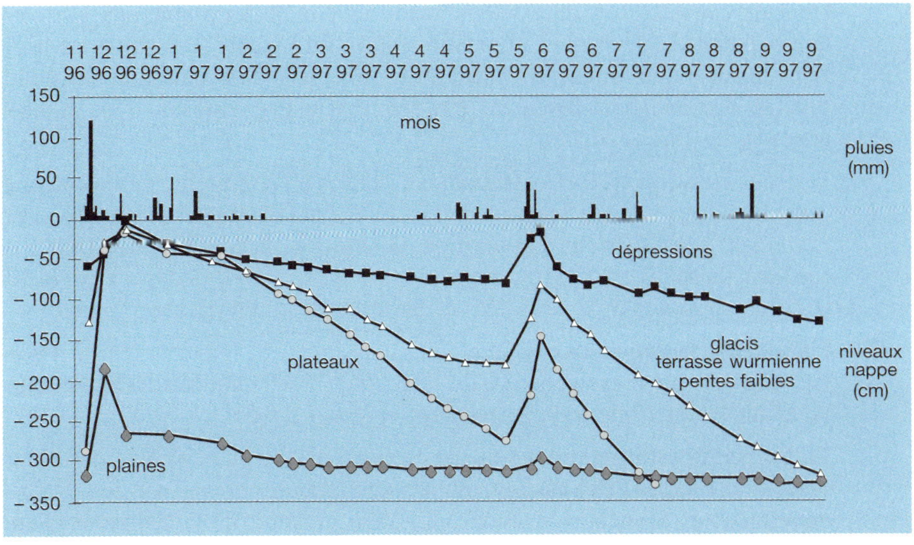

Fig. 3.7. Evolution du niveau des nappes dans la vallée de la Peyne de novembre 1996 à septembre 1997. A l'exception de la station représentative des plaines, l'eau remonte jusqu'en surface l'hiver. Au printemps, la descente de la nappe est plus ou moins rapide en fonction de la position topographique (Tassinari, 1998).

– presque partout les nappes remontent jusqu'en surface l'hiver, même sur les coteaux ; seules les plaines alluviales, avec des sols profonds et un système de drainage naturel rapide (le cours d'eau), échappent à cette saturation temporaire par l'eau ;

– comme les événements pluvieux sont brutaux, les nappes remontent à une vitesse considérable. Elles redescendent plus ou moins rapidement au printemps à cause du drainage latéral et de la forte consommation en eau des plantes. La figure qui précède illustre ces observations.

Au total, il faut voir le milieu méditerranéen comme régulièrement saturé d'eau d'une manière discrète, rapide, presque totale mais très temporaire. Dans un tel contexte, il n'y a guère de déficit en oxygène (la pluie en apporte) et les sols montrant des traces de réduction du fer sont plutôt rares.

Les dysfonctionnements du système sol/eau

L'excès d'eau dans les sols (hydromorphie)

Les sols hydromorphes ont, comme leur nom l'indique, une morphologie fortement influencée par un excès d'eau provoquant un déficit en air et donc en oxygène. Cela se traduit par des processus de réduction du fer et du manganèse (en période humide) ou d'oxydation (en période d'assèchement). À l'état oxydé, le fer se concentre sous forme de taches rouilleuses, d'enduits noirs (souvent en association avec le manganèse), de nodules de différentes formes (« plombs de chasse ») et de différentes tailles (1 à 50 mm), voire à l'état de cuirasses très dures. Sous forme réduite, le fer donne aux horizons une couleur uniformément bleutée, verdâtre ou grisâtre. Par suite, les horizons du sol soumis alternativement à des processus d'oxydation et de réduction, se reconnaissent aisément par leur bariolage, associant des traînées grises et des taches ocreuses.

D'autres constituants (sels, carbonates), visibles à l'oeil nu ou au microscope, constituent aussi des indicateurs de l'excès d'eau (Bouzigues *et al.*, 1997). En examinant la profondeur d'apparition, la nature et le contraste des taches et couleurs du sol, il est ainsi possible, en période sèche, de déduire l'origine et la durée approximative de l'excès d'eau intervenant en période humide.

Par ailleurs, le déficit en oxygène a des conséquences importantes sur l'activité microbienne et sur la nature des processus biochimiques et géochimiques affectant les horizons engorgés (Favrot et Vizier, 1995).

En France, la saturation des sols par l'eau résulte le plus souvent de la présence d'une nappe apparaissant, en période humide, perchée sur des couches imperméables. Mais la saturation peut aussi provenir de la remontée d'une nappe phréatique permanente en milieu alluvial, de la présence d'une lame d'eau en surface (submersion) ou encore d'imbibitions capillaires, dans le cas de sols argileux à porosité fine. Elle peut être ponctuelle (mouillères) ou généralisée spatialement (fig. 3.8).

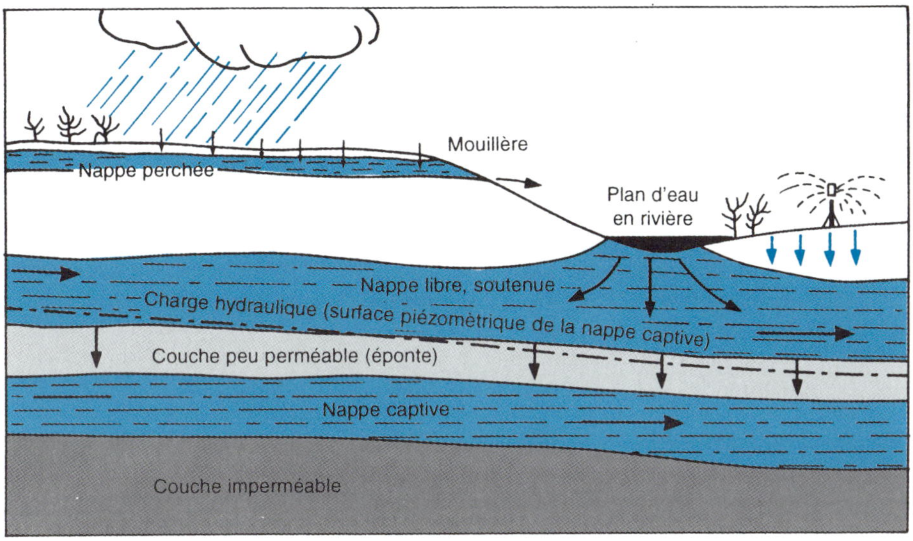

Fig. 3.8. Différents types de nappes et leur mode de recharge (d'après Kosuth, 1985).

Le tassement par les engins mécaniques favorise l'hydromorphie en réduisant l'espace poral et en limitant la circulation de l'air et de l'eau au sein du sol. Ce dernier reste alors humide plus longtemps. D'un autre côté, le maintien d'un fort degré d'humidité facilite le réarrangement des particules du sol sous l'effet de pressions, même modérées, ce qui augmente encore le tassement. De plus, la réduction du fer change les propriétés physiques et électriques des argiles (Stucki et Tessier, 1991 ; Favre *et al.*, 1998). Enfin, des processus microbiens interviennent pour la transformation d'illite-vermiculite en montmorillonite de dégradation (Berthelin, 1982).

Dans une situation de ce type, la portance est considérablement diminuée ce qui nuit à la « traficabilité ». Lorsque la saturation en eau affecte durablement les premiers horizons du sol (entre 0 et 40/50 cm), le nombre de jours utilisables pour les travaux agricoles devient insuffisant. Les itinéraires techniques sont affectés. C'est l'une des raisons impliquant le recours au drainage (*cf.* p. 171). L'autre raison est évidemment que l'hydromorphie empêche les racines des plantes de s'alimenter convenablement en oxygène. Les rendements agricoles sont diminués.

Sur le plan biochimique, la saturation d'un sol, notamment par submersion (en rizière par exemple), entraîne d'abord et momentanément le développement de populations microbiennes aérobies qui, en se multipliant, consomment rapidement l'oxygène disponible. Ensuite, le milieu devient de plus en plus anoxique : le potentiel d'oxydo-réduction décroît (tabl. 3.3). Il y a alors développement de bactéries anaérobies facultatives, puis de bactéries anaérobies strictes. Ces micro-organismes, par des processus dits de respiration anaérobie, utilisent alors divers composés minéraux NO_3^-, Mn^{4+}, Fe^{3+}, SO_4^{2-}, CO_2) comme accepteurs d'électrons. il y a donc successivement, avec l'accentuation de l'anaérobiose : réduction des nitrates, puis du manganèse manganique, puis du fer ferrique en fer ferreux, puis des sulfates en sulfures et enfin réduction du gaz carbonique avec production de méthane (gaz des marais à l'origine des « feux follets »). Simultanément, certains composés organiques présents dans le sol subissent des phénomènes de fermentation, avec production de divers métabolites (alcools, acides carboxyliques, méthane, etc.), production d'hydrogène et de gaz carbonique (tabl. 3.3). Mais globalement, l'hydromorphie inhibe plutôt la minéralisation de la matière organique, laquelle tend alors à s'accumuler. L'exemple extrême est celui des tourbes, sols entièrement organiques formés en présence d'une nappe permanente non oxygénée.

Tableau 3.3. Relation entre potentiel redox (Eh), réduction des éléments minéraux du sol et processus biochimiques (d'après Berthelin, 1982).

Eh initial du sol (V)	Transformations observées	Processus biochimiques
	disparition d'O_2	respiration aérobie
+ 0,6 à + 0,5	disparition des nitrates	respiration anaérobie
+ 0,6 à + 0,4	formation de Mn^{2+}	*idem*
+ 0,6 à + 0,3	formation de Fe^{2+}	*idem*
0 à – 0,19	formation de S^{2-}	*idem*
– 0,15 à – 0,22	formation de H_2	fermentation
– 0,15 à – 0,19	formation de CH_4	*idem*

Le manque d'eau

Le manque d'eau a les conséquences que l'on sait sur les plantes (cf. p. 137). Mais il affecte aussi les sols. Les ions libérés en solution, lors des périodes humides, ne sont pas évacués vers le bas car il n'y a pas de drainage profond. Ils se concentrent sur place, précipitant sous forme de sels qui s'accumulent, année après année. Les espèces minéralogiques en cause sont extrêmement nombreuses. Le carbonate de calcium ($CaCO_3$), le gypse ($CaSO_4$, $2H_20$), le chlorure de sodium (NaCl) et le carbonate de sodium (Na_2CO_3) sont les plus typiques. Parmi elles, seules les plus solubles (les deux dernières en particulier) sont susceptibles de se retrouver en quantité suffisante, dissoutes dans l'eau du sol, pour perturber, de différentes manières, la physiologie des plantes. En revanche, le carbonate de calcium ou *calcaire* est assez peu soluble. Il n'affecte pas très fortement le développement des plantes. Ce n'est pas un « sel » au sens que l'agronome peut donner à ce terme.

Le phénomène de salinisation est renforcé lorsque l'on se met à cultiver la terre car l'évapotranspiration est accrue. Les précipitations salines augmentent alors, en particulier à la surface du sol. L'irrigation accroît généralement le phénomène car, dans les régions concernées, les eaux utilisées sont souvent médiocres et apportent beaucoup de sels. Le remède contre la salinisation consiste d'abord à utiliser assez d'eau pour dessaler partiellement le sol, en le lavant en quelques sorte. En effet, l'eau d'irrigation, même médiocre, reste moins salée que l'eau de la solution du sol. Comme il faut économiser l'eau, rare dans les zones arides, les *irrigations lessivantes* sont précisément calculées. Mais, la méthode chasse les sels vers la nappe tout en faisant remonter cette dernière. Le sol risque alors la stérilisation complète. Il faut donc drainer en même temps que l'on irrigue, chose parfois difficile à faire admettre, en pays sec, par les autorités concernées !

En Avignon, un logiciel de géochimie appliqué à l'étude de la qualité des eaux a été mis au point en collaboration avec l'ORSTOM et avec le CIRAD (Vallès et de Cockborne, 1993 ; Lopez *et al.*, 1996). Cela permet de prévoir la distribution verticale des précipitations de minéraux et la distribution des sels dissous en fonction du climat et des conditions d'exploitation du sol. Ceci n'est qu'un début. La question est en effet très complexe puisqu'il s'agit de simuler à la fois des transferts d'eau, de solutés et les interactions minéraux/solutions. Ceci implique une approche thermodynamique (modèle dit couplé). Pour calibrer ce type de modèle, il faut déterminer les conditions géochimiques de solubilisation/précipitation des multiples composés minéraux potentiellement présents. On ne peut donner ici la liste des réalisations. Pour tester et améliorer les modèles, des travaux ont été réalisés sur des sites situés en Algérie, Chili, Espagne et Niger.

La désertification

Le manque d'eau complet (naturelle ou d'irrigation) entraîne la disparition de la plupart des plantes. Ce n'est pas sans conséquence sur le sol. La matière organique de celui-ci disparaît par minéralisation sans qu'un retour de carbone soit assuré par la transformation de résidus végétaux nouveaux. La terre perd aussi son eau résiduelle. Or les films d'eau très minces constituent normalement, entre les particules solides, un puissant ciment (forces de différentes natures physiques et chimiques). Privés de matière organique et d'eau, les agrégats terreux perdent toute cohésion et se décomposent en particules élémentaires de sable, limon et argile. Le sol devient alors très sensible à l'érosion éolienne qui emporte les particules les plus fines en laissant sur place sables et cailloux. Dans les savanes, on voit ainsi se former des taches de désertification dont le sol se détruit et devient impropre à supporter ultérieurement toute végétation. Voilà pourquoi le Sahara qui, on le sait, porta des forêts, est devenu si sableux !

La lutte contre la désertification passe par un emploi judicieux des eaux disponibles.

Conclusion

De nombreux travaux ont été menés concernant l'eau et le sol. D'une part, ils ont permis d'établir des bilans précis concernant les flux d'eau et de déterminer, dans une grande diversité de situations, les proportions d'eau évaporées, stockées, ruisselées à l'échelle de la parcelle ou transférées aux exutoires. D'autre part, ils ont permis d'analyser les cheminements, les vitesses de transfert et les temps de résidence des différentes sortes d'eaux dans les compartiments du milieu naturel.

Ceci a exigé l'utilisation de méthodes qui sont maintenant bien maîtrisées et constituent aujourd'hui une panoplie d'outils prête à servir à l'étude de différents problèmes de pollution (nitrates, phosphates, pesticides, etc.).

Mais les recherches continuent dans le sens d'une meilleure intégration des aspects physiques, chimiques et énergétiques concernant l'eau. Par exemple, si l'eau quitte le sol en s'évaporant, c'est bien parce qu'elle reçoit la quantité d'énergie (calories) qui lui permet de passer à l'état gazeux. Il est donc clair que pour bien comprendre le fonctionnement de l'eau dans le sol et pour bâtir les modèles correspondants, il faut réaliser un couplage entre les transferts hydriques, thermiques et gazeux. C'est évidemment difficile et des progrès restent à faire, d'autant que les transferts gazeux à étudier ne se limitent pas à la vapeur d'eau ; ils intéressent aussi l'azote (N_2O et N_2) et le CO_2. On débouche donc sur des problèmes d'environnement (effet de serre).

En dépit des acquis, il n'est pas encore possible de prédire totalement le fonctionnement hydrique de matériaux dont toutes les caractéristiques physiques et chimiques sont pourtant connues ou accessibles à la mesure. Il faut encore avancer dans ce domaine, compte tenu de l'économie de temps et d'effort qui en résulterait.

Par ailleurs, si le fonctionnement hydrique de bassins versants élémentaires est maintenant bien cerné, il faut encore perfectionner les méthodes permettant de généraliser les résultats acquis au niveau de grands bassins versants et de petites régions naturelles.

C'est au prix de toutes ces avancées que le fonctionnement hydrique des sols sera mieux appréhendé, que les transferts de solutés seront mieux compris, que l'eau précieuse sera économisée en agriculture et que les pollutions pourront être plus souvent évitées ou maîtrisées.

Références bibliographiques

Ouvrages de synthèse

Calvet R. (Ed.), 1988. *Études sur les transferts d'eau dans le système sol-plante-atmosphère.* INRA Éditions, Versailles, 362 p.

Chamayou H. et Legros J.P., 1989. *Les bases physiques, chimiques et minéralogiques de la science du sol.* Collection : Techniques vivantes, ACCT, CILF, PUF, 593 p.

Duchaufour, 1997. *Abrégé de pédologie*. Masson, 291 p.

Gras R., 1988. *Physique du sol pour l'aménagement*. Masson, Paris, 415 p.

Hillel D., 1988. *L'eau et le sol. Principes et processus physiques.* PEDASUP, 288 p. INRA, 1979.

Marsily (de) G., 1995. *L'eau.* Collection Dominos, Flamarion 127 p.

Musy A. et Souter M., 1991. *Physique du sol*. Collection Gérer l'Environnement n° 6, Presses Polytechniques et Universitaires romandes, 335 p.

Pedro G. et Kilian J. (Ed.), 1986. *Sols et eaux. Acquis et perspectives de la recherche agronomique française en zone intertropicale*. Séminaire de la banque mondiale, Washington, 183 p.

Riou Ch. (coord.), 1995. Le programme valorisation et protection des ressources en eau (1992-1995). Tome 1. Valorisation des ressources en eau : résultats. 262 p. Tome 2. Protection des ressources en eau : résultats. 318 p. INRA-Bordeaux.

Articles

Andrieux P., Louchart X., Voltz M. et Bourgeois T., 1996. Déterminisme du partage infiltration-ruissellement sur parcelles de vigne en climat méditerranéen. *In Contribution des eaux souterraines au fonctionnement des hydrosystèmes, conséquences pour la gestion*. Editions BRGM, 7-11.

Assouline S. et Tessier D., 1998. A conceptual model of the soil water retention curve. *Water resources research,* vol. 34, 2, 223-231.

Bastet G., Bruand A., Quetin P., Cousin I., 1998. Estimation des propriétés de rétention en eau des sols à l'aide de fonction de pédotransfert (FPT). Une analyse bibliographique. *Étude et Gestion des Sols,* 5, 1, 7-28.

Berthelin J., 1982. Processus microbiens intervenant dans les sols hydromorphes en région tempérée. Incidence sur la pédogenèse. *Pédologie,* XXXII, 3, 313-328.

Bertuzzi P., Garcia-Sanchez L., Chadoeuf J., Guerif J., Goulard M., Monestiez P., 1995. Modelling surface roughness by a boolean approach. *European Journal of Soil Science,* vol. 46, 2, 215-220.

Bornand M. et Favrot J.C., 1998. Études pédologiques préalables à l'irrigation. *In : Traité d'irrigation,* Lavoisier, 173-191.

Bourrie G., Tessier D., Pedro G., 1983. Considération sur les phénomènes d'altération dans les systèmes à eau liée. *Sci. Géol. Mém.,* 71, 25-33.

Bouzigues R., Ribolzi O., Favrot J.C. et Valles V., 1997. Carbonate redistribution and hydrogeochemical processe in two calcareous soil with groundwater in a Mediterranean environment. *European Journal of Soil Science,* 48, 201-211.

Brisson N., 1989. Modèle de simulation de la culture du soja et de son fonctionnement hydrique. Thèse Paris-Grignon, 90 p.

Bruand A., Greuzot G., Quetin P., Darthout R., Raison L., Courtemanche P. et Gaillard H., 1997. Variabilité de la recharge de la nappe de Beauce. *Étude et Gestion des Sols,* 4, 4, 229-245.

Bruneau P., Gascuel-Odoux C., Robin P., Merot P., Beven K., 1995. Sensitivity to space and time resolution of a hydrological model using digital elevation data. *Hydrological Processes,* vol. 9, 69-81.

Cabelguenne M., Jones C.A. and Williams J.R., 1993. Utilisation du modèle EPIC pour la recherche de stratégies optimales d'irrigation dans l'hypothèse de ressources en eau limitées. Application au maïs dans le Sud-Ouest de la France. *C.R. Acad. Agric. Fr.,* 79, 4, 73-84.

Calvet J.C., Chanzy A., Wigneron J.P., 1996. Surface temperature and soil moisture retrieval in the Sahel from airborne multifrequency microwave radiometry. *IEEE transactions of Geoscience and Remote Sensing* (USA), vol. 34, 2, 588-600.

Chanzy A., Bruckler L., Perrier A., 1995. Soil evaporation monitoring : a possible synergism of microwave and infrared remote sensing. *Journal of Hydrology,* vol. 165, 1-4, 235-259.

Crave A. et Gascuel-Odoux C., 1997. The influence of topography on time and space distribution of soil surface water content. *Hydrological Processes,* vol. 11, 203-210.

Curmi P., Bidois J., Bourrie G., Cheverry C., Durand P., Gascuel-Odoux C., Germon J.C., Hallaire V., Henault C., Jaffrezic A., Merot P., Trolard F., Walter C., Zida M., 1997. Rôle du sol sur la circulation et la qualité des eaux au sein de paysages présentant un domaine hydromorphe. *Étude et gestion des Sols,* 4, 2, 95-114.

Di Pietro L., 1996. Application of a lattic-gas numerical algorithm to modelling water transport in fractured porous media. *Transport in porous media,* vol. 22, 3, 307-325.

Diab M., Merot Ph., Curmi P., 1988. Water Movement in a Glossaqualf as Measured by Two Tracers. *Geoderma,* 43, 143-161.

Favre F., Tessier D., Boivin P., 1998. Clay mineralogy and related properties of irrigated soils in middle valley river of Senegal. Actes 16e congrès mondial de science du sol, Montpellier, symposium n° 4.

Favrot J.C., Isberic C., Kosuth P., Zimmer D., 1996. Secteurs de référence et connaissance du milieu physique : sols, climats, ressources en eau. *C. R. Acad. Agri. Fr.,* 82, 5, 37-54.

Fies J.C., Castelao Gegunde A.M., 1996. Modélisation de l'espace poral des croûtes de surface sous l'action des pluies et conséquences sur l'infiltrabilité. *Agronomie,* vol. 16, 6, 367-379.

Garcia-Sanchez L., Di Pietro L., Germann P.F., 1996. Lattice-gas approach to surface runoff after rain. *European Journal of Soil Science,* vol. 47, 453-462.

Gascuel-Odoux C., Hubert-Moy L., Robin P., Walter C., 1994. Quelle échelle est pertinente pour définir les paramètres de fonctionnement d'un modèle hydrologique en milieu agricole intensif ? Prog. CNRS : Méthodes, modèles et théories. Rapport final de contrat, 47 p.

Haboudane D., Chanzy A., Calvet J.C., Wigneron J.P., Bonn F., 1996. Radiométrie micro-onde dans le cas de couverts végétaux partiels : estimation de la teneur en eau du sol. *Canadian Journal of Remote Sensing,* vol. 22, 2, 208-217.

Hallaire V., Curmi P., Widiatmaka, 1997. Morphologie de la porosité et circulation préférentielle en saturé. Cas des horizons d'un système pédologique armoricain. *Étude et gestion des sols,* 4, 2, 115-126.

Hayot C. et Lafolie F., 1993. On-dimentional solute transport modelling in aggregated porous media. 2. Effects of aggregate size distribution. *Journal of Hydrology,* vol. 143, 1-2, 85-107.

Jetten V., Boiffin J., de Roo A., 1996. Defining monitoring strategies for runoff and erosion studies in agricultural catchments : a simulation approach. *European Journal of Soil Science,* 47, 579-592.

King D., 1993. Ruissellement et érosion des terres limoneuses de grande culture. *Aménagement et Nature,* 111, 34-36.

Kosuth P., 1985. Vocabulaire de l'hydraulique du drainage agricole. *Études du CEMAGREF,* 524, 39 p.

Lafolie F. et Hayot C., 1993. On-dimentional solute transport modelling in aggregated porous media. 1. Model description and numerical solution. *Journal of Hydrology,* vol. 143, 1-2, 63-83.

Lagacherie P., Cazemier D.R., van Gaans P.F.M., Burrough P.A., 1997. Fuzzy k-means clustering of fields in an elementary catchment and extrapolation to a larger area. *Geoderma,* 77, 197-199.

Le Bissonnais Y., Benkhadra H., Gallien E., Eimberck M., Fox D., Martin P., Douyer C., Ligneau L., Ouvry J.F., 1996. Genèse du ruissellement et de l'érosion diffuse sur sol limoneux : analyse du transfert d'échelle du m^2 au bassin versant élémentaire agricole. *Géomorphologie, relief, processus, environnement,* 3, 51-64.

Lecomte V., Le Bissonnais Y., Renaux B., Couturier A., Ligneau L., 1997. Érosion hydrique et transfert de produits phytosanitaires dans les eaux de ruissellement. *Cahiers Agricultures,* 6, 175-183.

Leenhardt D, Voltz M., Rambal S., 1994. A survey of several agroclimatic soil water balance models with reference to their spatial application. *European Journal of Agronomy,* 4 (1), 1-14.

Legros J.P., Leenhardt D., Voltz M. et Cabelguenne, 1996. Scientific basis of Euro-ACCESS-II. *In : Euro-ACCESS*, publication de la DGXII des Communautés Européennes, 19-34.

Lennartz B., Louchart X., Voltz M., Andrieux P., 1997. Diuron et Simazine Losses to Runoff Water in Mediterranean Vineyards. *J. Environ. Qual,* 26, 1493-1502.

Leonard J. et Andrieux P., 1998. Infiltration characteristics of soils in mediterranean vineyards in Southern France. *Catena,* 32, 209-223.

Lopez P.L., Auque L.F., Mandado J., Valles V., Gimeno M.J., 1996. Aplication de la modelizacion geoquimica al estudio de sistemas salinos continentales : la laguna de La Playa (Zaragoza, Espana). *Revista de la Academia de Ciencias de Zaragoza*, 51, 209-220.

Marofi S., Bouzigues R., Moussa R., Voltz M., 1998. Dynamic of water exchanges between ditches and shallow groundwater in a mediterranean catchment. Congrès Mondial de Science du Sol, Montpellier, 7 p.

Mathurin Z., Curmi P., Hallaire V., Grimaldi M., 1998. Dynamique de l'eau à l'échelle de l'averse le long d'une toposéquence (France) : rôle de l'organisation du sol. Congrès Mondial de Science du Sol, Montpellier, 7 p.

Meriaux S., 1979. *Le sol et l'eau.* 1 : Pédologie 2 : Constituants et propriétés du sol. Par Bonneau et Souchier, Masson, 266-312.

Merot P. et Durand P., 1995. Assessing the representativity of catchments according to their size from hydrochemical observations. *In : Effects of Scale on Interpretation and Management of Sediment and Water Quality. IAHS Publ.,* 226, 105-112.

Moussa R. et Bocquillon C., 1996. Fractal analyses of tree-like channel networks from digital elevation model data. *Journal of Hydrology,* 187, 157-172.

Ould M., Bruand A., Bruckler L., Bertuzzi P., Guillet B., Raison L., 1997. Estimating Long-Term Drainage at Regional Scale Using a Deterministic Model. *Soil Sci. Soc. Am. J.,* 61, 1473-1482.

Ribolzi O., Valles V., Bariac T., 1996. Comparison of hydrograph deconvolutions using residual alkalinity chloride and oxygen 18 as hydrochemical tracers. *Water Resources Research,* vol. 32, 4, 1051-1059.

Rijks D. et Seguin B., 1998. Crop water balance calculation. *In :* Agrometeorological applications for regional crop monitoring and production assessment. European Commission, EUR 17735 EN, 57-65.

Riou Ch., 1994. Le déterminisme climatique de la maturation du raisin. Coll. Un système d'information agronomique pour la CEE. Centre Commun de Recherche de la CEE, 319 p.

Roo (de) A.P., Wesselin C.G., Ritsema C.J., 1996. LISEM : a single-event physically based hydrological and soil erosion model for drainage basins. I. Theory, input and output. *Hydrological Processes,* vol. 10, 1107-1117.

Tassinari C., 1998. Contribution à l'étude des sols méditerranéens (Languedoc, France) : Caractérisstaion de leurs nappes et de leurs indicateurs morphologiques associés. Thèse ENSA, Montpellier, 155 p. + annexes.

Tessier D., 1994. Rôle de l'eau sur les propriétés physiques du sol. *Sécheresse,* (3), vol. 5, 143-150.

Trambouze W., 1996. Caractérisations et éléments de modélisation de l'évapotranspiration réelle de la vigne à l'échelle de la parcelle. Thèse. ENSAM-INRA, 191 p.

Trolard F., Abdelmoula M., Bourrié G., Humbert B. et Genin J.M.R, 1996. Mise en évidence d'un constituant de type « rouilles vertes » dans les sols hydromorphes. Proposition de l'existence d'un nouveau minéral : la fougérite. *C. R. Acad. Sci. Paris, t.* 323, série II a, 1015 à 1022.

Stucki J.W., Tessier D., 1991. Effects of iron oxidation state on the texture and structural order of Na-nontronite gels. *Clays and Clay Minerals,* vol. 39, 2, 137-143.

Vachier P. et Dever L., 1990. Qualité des eaux de recharge de la nappe et pratiques agricoles en pays de craie. Cas de la Champagne. *In : Nitrates, Agriculture, Eau,* R. Calvet, ed., international Symposium 1990. INRA, Paris, 251-256.

Valles V. et de Cockborne A.M., 1993. Elaboration d'un logiciel de géochimie appliquée à l'étude de la qualité des eaux. Numéro spécial Qualité de l'eau, 4, 27-31.

Voltz M., Moussa R., Andrieux P., 1997. Flux d'eau et de polluants en milieu méditerranéen viticole. Séminaire INRA : Le programme « Valorisation et Protection des ressources en eau ». Bilan 1992-1995, INAPG, Paris, 28-29 janvier 1997, résumé.

Wilding L., Tessier D., 1988. Genesis of vertisols : shrink-swell phenomena. *In :* Vertisols : their distribution, properties, classification and management. Wilding et Puentes Ed., p. 55-81.

Wassenaar T., Lagacherie Ph., Legros J.P., Rounsevell M., 1999. Modelling wheat yield responses to soil and climate variability at the regional scale. *Journal of Climate Research* (sous presse).

L'eau et la biosphère

Gérard Guyot

Dans la biosphère, l'eau joue un double rôle. Comme chacun le sait, elle est tout d'abord nécessaire à toute forme de vie. Elle est le constituant pondéralement le plus important des végétaux et des animaux puisqu'elle représente plus de 80 % de leur poids. C'est le milieu dans lequel ont lieu la quasi-totalité des processus biologiques. Elle joue ainsi le rôle de transporteur, de solvant et d'agent de réactions chimiques. Les plantes vasculaires (plantes cultivées, arbres forestiers) sont des végétaux qui dépérissent rapidement si leur teneur en eau diminue de 15 à 20 % par rapport à sa valeur habituelle, contrairement aux mousses et aux lichens. Aussi, une bonne alimentation hydrique est-elle la condition nécessaire à leur développement et à leur survie.

Mais l'eau joue également un rôle important grâce à sa forte chaleur latente de vaporisation. Il faut en effet, 2,45 Mégajoules ($2{,}45 \times 10^6$ Joules) pour évaporer 1 kg d'eau (1). Ainsi, au niveau de la plante, l'évaporation de l'eau permet-elle d'évacuer une partie importante de l'énergie reçue du Soleil et de réguler notamment la température des feuilles. Par ailleurs, au niveau de l'ensemble du globe terrestre, les phénomènes d'évaporation et de condensation de l'eau sont un élément essentiel des transferts d'énergie dans l'atmosphère qui conditionnent la répartition des climats.

La chaleur latente de solidification ↔ fusion de l'eau (331 kJ/kg), bien qu'étant 7,4 fois plus faible que sa chaleur latente de vaporisation est cependant relativement grande (2) ; aussi joue-t-elle également un rôle important au niveau climatique. En effet, elle permet le stockage d'importantes « quantités de froid » dans les glaciers des zones montagneuses et surtout dans les calottes polaires, qui affectent la circulation générale de l'atmosphère.

Climats et microclimats

Au-dessus des zones planes et homogènes, on observe seulement une variation des facteurs climatiques en fonction de l'altitude. On a ainsi une stratification verticale des conditions climatiques qui, à chaque niveau, résultent de l'équi-

(1) Pour évaporer 1 kg d'eau à la température de 20 °C, il faut 7,3 fois plus d'énergie que pour élever sa température de 20 à 100 °C.

(2) Il faut autant de chaleur pour faire fondre 1 kg de glace à 0 °C que pour chauffer 1 kg d'eau de 0 à 80 °C.

libre qui s'établit entre les différents échanges énergétiques, eux-mêmes affectés par les caractéristiques de la surface terrestre. Lorsque la situation météorologique est stable, une telle stratification des facteurs climatiques est observée au-dessus de grandes surfaces homogènes telles que les océans, les grands lacs, les déserts, les surfaces couvertes de neige ou de glace ou les grandes zones couvertes de végétation homogène (forêts, savanes…).

Cependant, les surfaces continentales ne sont généralement pas homogènes. Les hétérogénéités de la surface induisent alors des modifications des échanges énergétiques (flux de chaleur et d'évaporation), ce qui se traduit par une variation locale des facteurs climatiques.

En agriculture, le terme climat est généralement utilisé pour décrire les variables de l'environnement atmosphérique dans lequel sont placées les cultures. Il s'agit là en fait du microclimat à l'échelle de la parcelle. En climatologie on peut définir trois échelles imbriquées (fig. 4.1) :

– *l'échelle du climat régional* dont la distance caractéristique est 100 km en zone de plaine et 10 km en zone de montagne ;

– *l'échelle du topoclimat* dont la distance caractéristique est 10 km en zone de plaine et 1 km en zone de montagne ;

– *l'échelle du microclimat* dont la distance caractéristique est la centaine de mètres en zone de plaine et la dizaine de mètres en zone de montagne.

Des microclimats à des échelles encore plus fines peuvent être définis : à l'intérieur d'un couvert végétal (phytoclimat), au niveau d'une plante ou même d'un organe…

Les grands traits du climat en un lieu donné dépendent de la circulation générale de l'atmosphère associée à des facteurs géographiques qui sont par ordre d'importance :

– la répartition des terres et des mers ;

– les courants marins ;

– l'orientation des masses continentales et les traits majeurs du relief.

Dans les zones montagneuses, le relief affecte non seulement la répartition des précipitations en fonction de l'orientation des versants, mais également la température qui décroît en moyenne de 0,65 °C par 100 m de dénivelé.

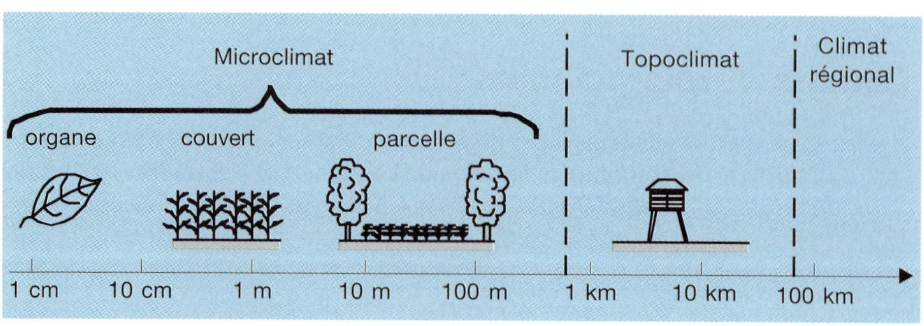

Fig. 4.1. Les échelles d'espace caractéristiques des climats.

Les topoclimats et microclimats résultent des modifications du climat général par les éléments locaux du paysage qui produisent une certaine hétérogénéité de la surface terrestre : zones de transition entre les étendues d'eau et les surfaces continentales (zones côtières), entre différents types de végétation (cultures basses et forêt ; sol nu et cultures couvrantes ; surfaces irriguées et surfaces sèches...), présence d'obstacles qui modifient la vitesse du vent au voisinage du sol (relief, brise-vent), présence d'étendues d'eau mineures (lacs, étangs, rivières)...

Transferts hydriques dans le *continuum* sol-plante-atmosphère

Dans le cycle de l'eau au champ, différentes entités peuvent être considérées : le sol, les plantes et l'atmosphère. Du point de vue des transferts hydriques, elles constituent un ensemble dans lequel les processus mis en œuvre pour la circulation de l'eau sont interdépendants, comme les maillons d'une chaîne. Cet ensemble est communément appelé le *continuum* sol-plante-atmosphère (CSPA) dans lequel l'eau est présente sous forme liquide, vapeur et parfois solide (neige, glace).

Le potentiel hydrique

Dans le CSPA l'eau circule entre deux points à condition qu'il existe entre eux une différence de potentiel hydrique Ψ. Celui-ci traduit l'effet des différentes forces de liaison (osmotique, capillaire, d'imbibition...) existant entre les molécules d'eau et les constituants du sol ou de la plante. Il peut être défini de façon schématique comme l'énergie fournie par unité de masse

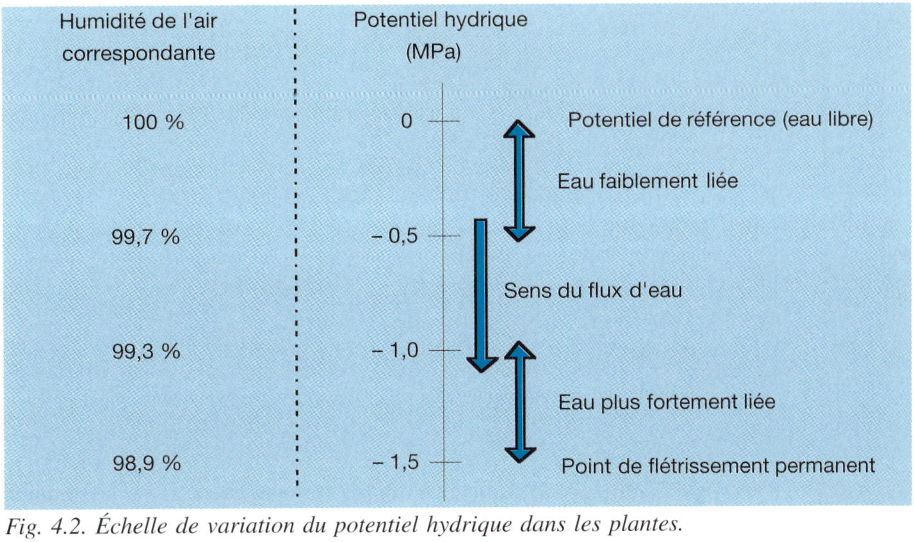

Fig. 4.2. Échelle de variation du potentiel hydrique dans les plantes.

d'eau, située en un point du système, pour la faire passer de l'état d'eau libre à celui d'eau liée à la même température.

Le potentiel ainsi défini a une valeur négative, car il faut fournir de l'énergie au système pour extraire l'eau. Cette énergie est généralement exprimée sous forme d'une pression (car la pression a la même dimension qu'une énergie par unité de volume). L'unité recommandée sur le plan international pour exprimer les potentiels hydriques est le mégapascal (MPa) en remplacement du bar (avec 1 MPa = 10 bars). La figure 4.2 donne l'échelle de variation du potentiel hydrique dans les plantes. Il varie de zéro (eau libre) à – 1,5 ou – 1,6 MPa au point où le flétrissement des tissus végétaux par perte d'eau est irrécupérable.

Circulation de l'eau dans le CSPA

La plante, par l'étendue de ses ramifications aussi bien dans le sol que dans l'atmosphère, et par les interactions permanentes, que ses mécanismes physiologiques entretiennent entre ses constituants aériens et souterrains, est à la fois le moteur et le régulateur des mouvements de l'eau entre le sol et l'atmosphère.

La circulation de l'eau à l'intérieur du CSPA s'effectue à travers différents milieux qui se succèdent (fig. 4.3) :

– écoulement de l'eau du sol vers les racines ;

– absorption par les racines ;

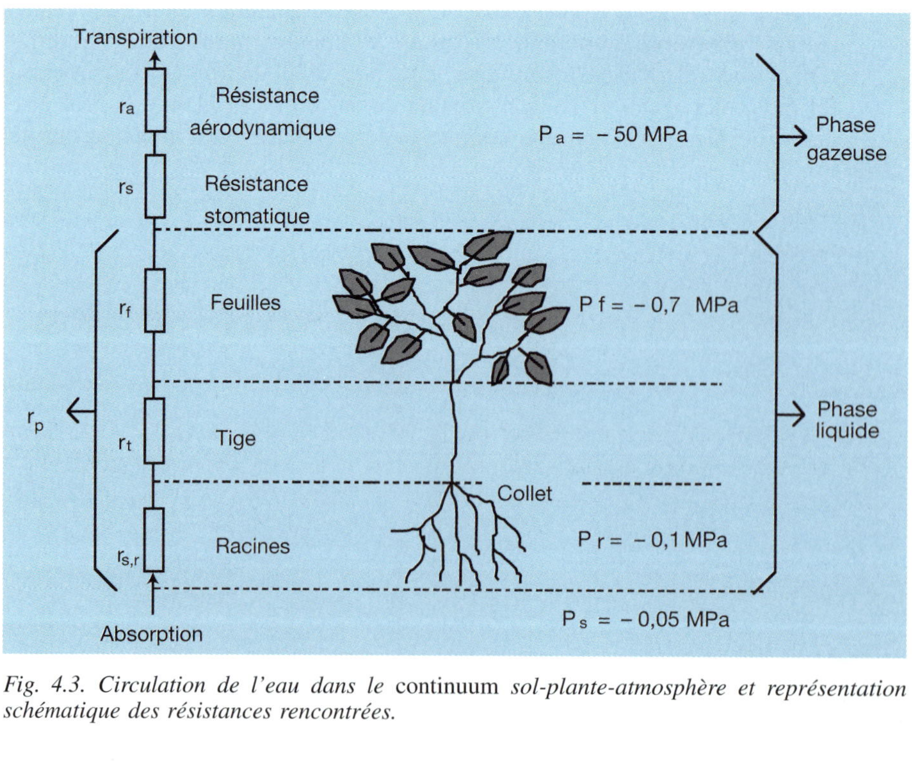

Fig. 4.3. Circulation de l'eau dans le continuum *sol-plante-atmosphère et représentation schématique des résistances rencontrées.*

– transfert de l'eau des racines vers les parties aériennes par le système conducteur de la sève brute (vaisseaux et trachéides du xylème) ;

– diffusion à travers les espaces intercellulaires et les stomates des feuilles (pores de l'épiderme par lesquels s'effectuent les échanges gazeux) ;

– diffusion de la vapeur d'eau dans l'atmosphère.

En général les quantités d'eau transpirées à l'échelle de la journée sont voisines de celles qui sont absorbées par les racines (3). Dans ces conditions, le flux d'eau F dans le CSPA peut être décrit schématiquement, par analogie avec un courant électrique, comme le quotient d'une différence de potentiel hydrique ΔP par une résistance r aux transferts hydriques :

$$F = \Delta P / r \tag{1}$$

En appliquant cette équation dans les différentes parties du CSPA, on fait alors apparaître les résistances élémentaires qui affectent les transferts d'eau. Ainsi, les résistances qui sont opposées au transfert de l'eau en phase gazeuse au niveau des stomates des feuilles, sont 50 à 100 fois plus élevées que celles que rencontre le flux d'eau dans la plante. Cela montre ainsi que les stomates sont situés à un endroit stratégique pour réguler les échanges hydriques des plantes.

Bilan hydrique des cultures

Les différents termes du bilan hydrique

A un instant donné, la variation du stock d'eau ΔS de la partie du sol explorée par les racines est égale à la différence entre les apports et les pertes. Les apports sont constitués principalement par les précipitations P et par l'irrigation I. Les pertes sont dues tout d'abord à l'eau évaporée à partir du sol et « transpirée » par les plantes dont la somme constitue ce que l'on appelle l'évapotranspiration réelle ETR. À ces pertes, il faut ajouter le drainage D vers la nappe phréatique et le ruissellement de l'eau à la surface R. Ces deux derniers termes peuvent éventuellement changer de signe et constituer un apport en fonction des conditions locales (remontée de la nappe, accumulation de l'eau de ruissellement). L'équation du bilan hydrique peut ainsi s'écrire :

$$\Delta S = P + I - ETR \pm D \pm R \tag{2}$$

Les deux facteurs importants du bilan hydrique qui dépendent du climat, sont les précipitations et l'évapotranspiration. Le drainage et le ruissellement dépendent des caractéristiques du sol, du volume des précipitations et de la topographie. Enfin, l'irrigation est un facteur qui est contrôlé par les agriculteurs.

(3) En réalité, il existe un décalage dans le temps entre la perte d'eau par les feuilles et l'absorption par les racines. ce déphasage entraîne une diminution de la teneur en eau de la plante durant les premières heures de la matinée et une réhydratation durant l'après-midi et la soirée.

Les précipitations

Pour la plus grande partie du monde, les précipitations représentent la source principale d'eau pour la production agricole. Elles sont caractérisées par trois principaux paramètres : leur volume, leur intensité et leur fréquence qui varient selon les lieux, les jours, les mois et aussi les années. La connaissance exacte de ces trois caractéristiques est essentielle pour planifier l'utilisation des précipitations par l'agriculture et éventuellement prévoir une irrigation de complément.

Les précipitations s'évaluent en hauteur d'eau équivalente (mm) sur une période donnée (exemple : mm par an, par mois, par jour ; 1 mm de précipitation représente 10 m^3 par ha, ou 1 litre ou 1 kg par m^2).

Cheminement des eaux de pluie

Comme le montre la figure 4.4, le cheminement des eaux de pluie est relativement complexe. Avant que la pluie ne vienne frapper la surface du sol une partie s'évapore dans l'air et cela d'autant plus qu'il est plus chaud et plus sec. Cette évaporation, qui n'est pas mesurable, se traduit par un abaissement de la température de l'air et une élévation de son humidité jusqu'à la saturation si les précipitations parviennent au sol.

Une fraction de la pluie peut être interceptée par la végétation et retenue par les feuilles à partir desquelles elle peut s'évaporer. Cette fraction interceptée est élevée en début d'averse et diminue ensuite. En effet, les feuilles captent une quantité d'eau maximum qui varie entre 0,1 à 0,2 mm pour un gazon, 3 mm pour une forêt tempérée et 10 mm pour une forêt tropicale dense ; si la pluie excède cette valeur, le supplément d'eau s'écoule alors vers le sol et la fraction interceptée (quotient de la pluie interceptée par la pluie totale) diminue progressivement. Pour une culture basse qui capte au maximum 1 mm (blé) elle devient négligeable dès que la hauteur d'eau reçue est supérieure à 20 mm au cours d'un épisode pluvieux (la fraction interceptée est alors inférieure à 5 %).

Lorsque l'eau frappe le sol, une partie s'infiltre, une autre peut stagner en surface et une dernière peut éventuellement ruisseler. L'eau qui stagne en surface peut finir par s'infiltrer dans le sol et/ou s'évaporer. Cette stagnation de l'eau peut résulter des phénomènes de battance [(4)] de la surface du sol et peut éventuellement induire des phénomènes d'asphyxie du système racinaire des plantes, lorsqu'elle correspond à la saturation du sol.

De son côté, le ruissellement représente une perte locale d'eau qui peut être associée à des phénomènes d'érosion, si la surface du sol n'est pas protégée par une couverture végétale.

L'eau qui s'infiltre dans le sol sert tout d'abord à reconstituer les réserves en eau de la couche explorée par les racines. Lorsque celle-ci est saturée, on

(4) Battance des sols : destruction de la structure de la couche superficielle du sol par l'action mécanique des gouttes de pluie. Les éléments fins bouchent alors les pores ce qui entraîne l'apparition de flaques d'eau et d'une croûte lors du dessèchement.

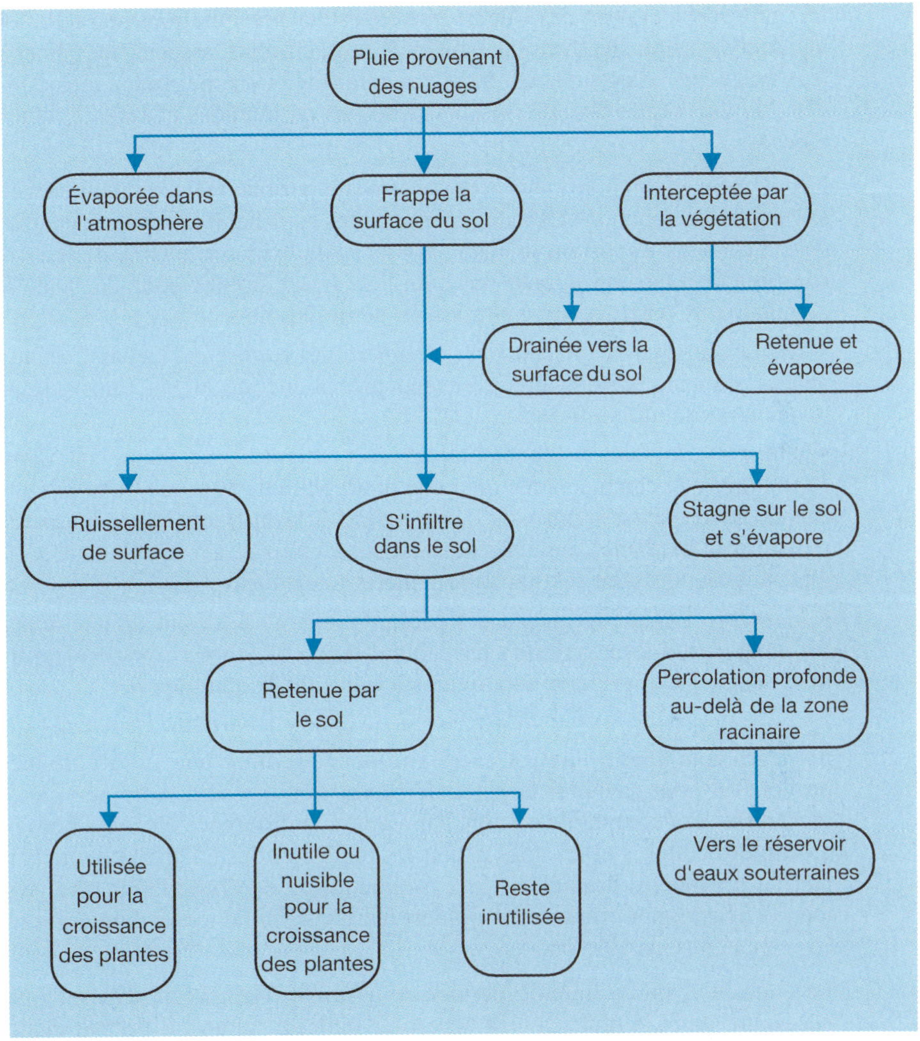

Fig. 1.1. Cheminement des eaux de pluie.

observe alors une percolation profonde nécessaire à la réalimentation des nappes phréatiques. La percolation profonde entraîne également les composés solubles accumulés dans la couche superficielle du sol comme les nitrates ou le sel dans les régions arides. Elle participe également au lessivage de la matière organique accumulée près de la surface.

Variabilité des précipitations

Les précipitations sont des données climatiques très variables dans l'espace et dans le temps. Cependant, les variations qui peuvent être observées dépendent du type de climat : elles sont faibles en climat tempéré océanique ou en climat équatorial alors qu'elles sont très grandes dans tous les climats arides ou semi-arides.

La seule considération des valeurs moyennes des précipitations annuelles ou mensuelles a une signification limitée. Il faut, en effet, associer les pluies à leur fréquence d'occurrence et à leur intensité. Cela permet d'introduire deux notions : celle d'années normales, sèches ou humides et celle de pluies efficaces.

Les données pluviométriques acquises sur une période suffisamment longue, et rangées en fonction des valeurs croissantes sont habituellement réparties dans 5 classes comportant le même nombre d'individus. Chacune des classes constitue ce que l'on appelle un quintile qui représente donc 20 % de la population. A partir de ces quintiles, on définit les années :

- *sèches :* lorsque le niveau des précipitations reçues est dépassé quatre années sur cinq, c'est-à-dire avec une probabilité de 80 %. Elles correspondent au quintile inférieur ;
- *normales :* lorsque les précipitations sont atteintes une année sur deux, c'est-à-dire que chaque année on a une probabilité de 50 % d'atteindre cette valeur. Cette valeur « normale » correspond à la moyenne (ou plus précisément à la médiane) annuelle ou mensuelle calculée sur une longue série d'années (30 ans pour les statistiques météorologiques) ;
- *humides :* lorsque le niveau des précipitations n'est atteint qu'une année sur cinq, c'est-à-dire avec une probabilité de 20 %. Elles correspondent au quintile supérieur (valeurs supérieures à celles du 4e quintile).

Le concept d'année sèche est utilisé pour savoir si, à l'échelle mensuelle, une irrigation complémentaire est nécessaire pour produire une culture donnée ou non, ou pour savoir si la perte de production qui sera entraînée par la sécheresse sera acceptable ou non. Par ailleurs, la différence entre les besoins en eau des cultures et les apports par les précipitations en année sèche permet de prévoir les besoins en eau maximum lors de l'installation d'un système d'irrigation. Cette information est nécessaire si l'on veut dimensionner correctement l'installation.

Le concept d'année humide permet de savoir si l'irrigation sera toujours nécessaire ou si la pluie pourra alimenter seule la culture. Il permet également de savoir si l'installation de systèmes de drainage ou d'évacuation de l'eau en excès est nécessaire.

Par ailleurs, pour dimensionner les ouvrages d'évacuation des eaux de ruissellement et connaître les risques d'érosion, il est nécessaire d'analyser la fréquence d'occurrence de très fortes précipitations sur des périodes aussi longues que possible puisque ce sont des phénomènes peu fréquents.

Pluies efficaces

Les pluies qui arrivent au sol ne sont pas toutes utiles ou souhaitables, selon leur moment de déclenchement, leur intensité et leur volume. Cette constatation a amené les différents utilisateurs à introduire la notion de pluie efficace. Comme leurs préoccupations sont différentes, le concept de pluie efficace n'a pas de définition unique et peut recouvrir des phénomènes qui n'ont pas de relations entre eux.

Du point de vue de l'agriculteur, au niveau d'un champ, la pluie efficace est celle qui est utile ou utilisable pour la croissance des cultures. Elle peut donc être définie comme la fraction de la pluie qui est effectivement interceptée par la végétation et/ou stockée dans l'épaisseur de sol explorée par les racines et qui est utilisée pour alimenter l'évapotranspiration du système sol-plante. Une certaine quantité de l'eau reçue peut être perdue par ruissellement ou percolation profonde. En revanche, pour un hydrologue cette eau perdue correspond à la pluie efficace qui permet de recharger les nappes profondes et d'alimenter les émissaires d'un bassin versant.

Pour le responsable de l'irrigation d'un périmètre, une pluie efficace sera celle qui lui permettra d'économiser un ou deux arrosages. La même pluie qui tombera sur une zone en jachère pourra également être considérée comme efficace dans la mesure où elle contribuera à la reconstitution du stock d'eau du sol qui sera utilisé par la culture suivante.

Le ruissellement dépend de l'intensité et de la durée des précipitations, de leur espacement dans le temps, des caractéristiques du sol (texture, structure), de la pente du terrain et de la couverture végétale. Il peut provoquer l'érosion du sol et transporter des particules minérales et organiques vers les cours d'eau. Dans les zones agricoles la charge en phosphore et éventuellement en pesticides des eaux superficielles est ainsi essentiellement liée au ruissellement.

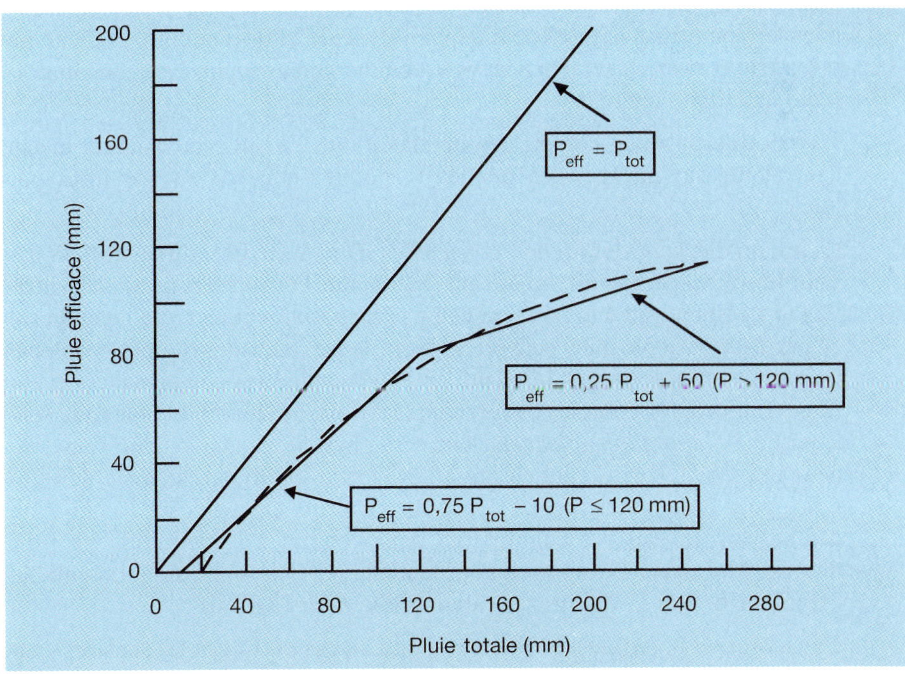

Fig. 4.5. Exemple d'ajustement de relations empiriques linéaires entre les pluies totales et les pluies efficaces (ajustées statistiquement à une courbe continue).

La percolation profonde dépend du stock d'eau initial du sol, de sa capacité de rétention et de la profondeur du système racinaire de la couverture végétale. Elle peut également être considérée comme utile pour l'agriculteur si elle permet par exemple le lessivage du sel en excès dans certain sols. Mais elle peut également avoir des effets néfastes si elle s'accompagne d'un lessivage des nitrates qui peuvent rendre l'eau des nappes impropre à la consommation.

Au niveau d'une parcelle agricole, la mesure des pertes d'eau par ruissellement et par percolation est relativement complexe et coûteuse. Elle ne peut donc pas être effectuée en routine dans toutes les stations météorologiques d'un réseau d'observation. C'est pourquoi différentes formules empiriques ont été mises au point pour estimer les pluies efficaces. Dans les plus simples, on suppose l'existence d'une relation linéaire entre les précipitations efficaces et les précipitations totales. Les ajustements statistiques sont généralement effectués pour deux classes différentes de précipitations, car il est évident que lorsque les pluies dépassent une certaine valeur, les pertes par ruissellement deviennent plus importantes (fig. 4.5).

L'évapotranspiration des couverts végétaux

On appelle évapotranspiration (*ET*) d'un couvert végétal le phénomène combiné de perte en eau par transpiration des plantes du couvert et par évaporation directe de l'eau du sol et des surfaces d'eau libre. Il correspond au phénomène physique du passage de l'eau de l'état liquide à l'état gazeux dans les conditions naturelles. Il dépend donc de la disponibilité de l'eau au niveau du couvert végétal et nécessite, comme on l'a vu plus haut, une importante quantité d'énergie.

L'évapotranspiration, comme les précipitations, s'évalue en hauteur d'eau équivalente sur une période donnée (exemple : mm par an, par mois, par jour).

La notion d'*évapotranspiration potentielle* (*ETP*) a été introduite en 1948 par Thornthwaite, géographe américain. Selon lui, l'évapotranspiration potentielle correspondrait à la perte en eau par *évaporation* directe de l'eau du sol et par *transpiration* d'un couvert végétal dense, bien développé, en pleine croissance et surtout bien alimenté en eau. Comme les connaissances théoriques ont progressé depuis ces premiers travaux, on sait maintenant que seul le terme *d'évaporation potentielle* a un sens physique et que la définition donnée pour l'*ETP* correspond en fait à l'évapotranspiration maximale de référence pour un couvert végétal donné. Les travaux entrepris sur l'estimation des besoins en eau des cultures ont ainsi conduit à la définition de trois termes différents : l'évaporation potentielle *EP*, l'évaporation potentielle théorique *EP** et l'évapotranspiration réelle *ETR* (fig. 4.6).

L'évaporation potentielle (*EP*) correspond au cas où toutes les surfaces évaporantes d'un couvert végétal sont recouvertes d'eau et donc à saturation. Cette grandeur correspond donc à un concept théorique et représente les possibilités maximales d'évaporation dans des conditions climatiques données. Ce cas limite ne peut se rencontrer dans les conditions naturelles que durant une période relativement courte (évaporation de l'eau libre déposée

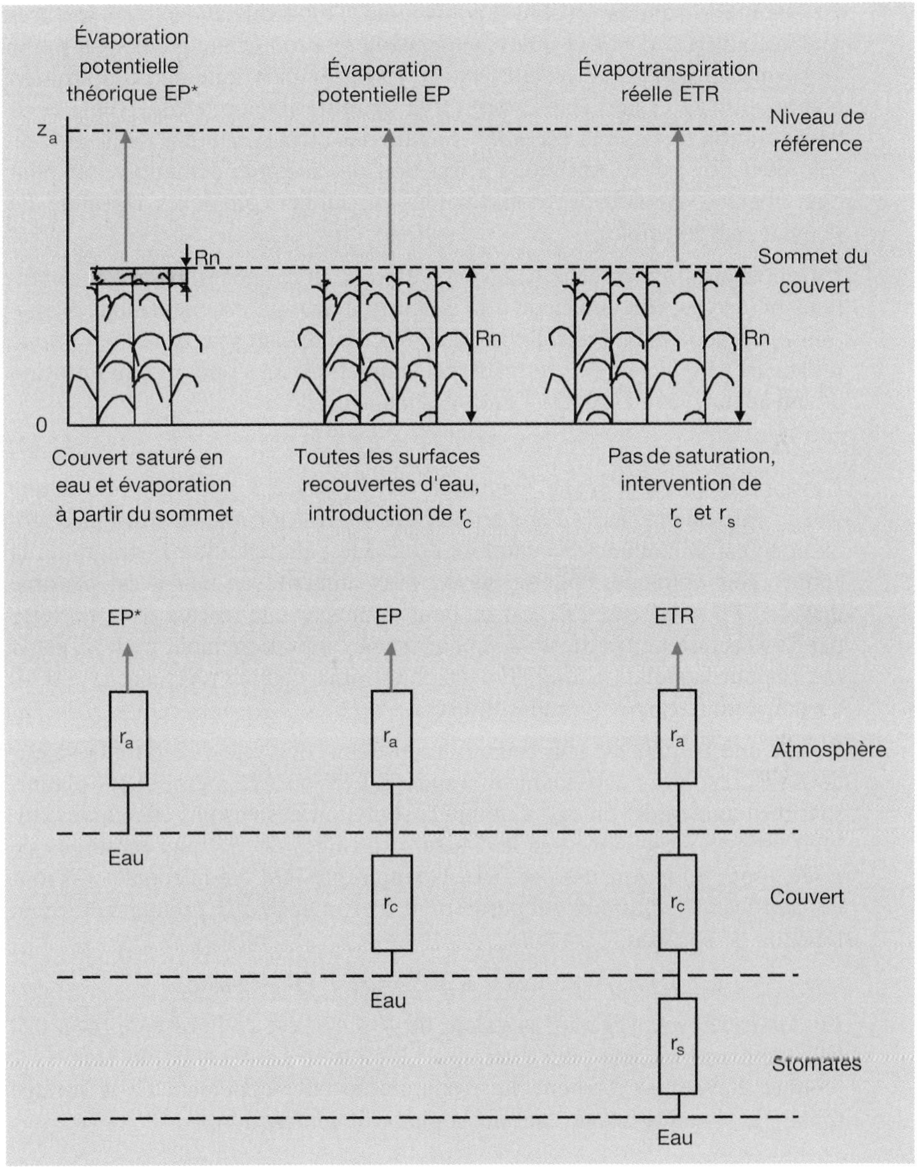

Fig. 4.6. Représentation schématique de l'évaporation potentielle théorique EP, de l'évaporation potentielle EP et de l'évapotranspiration réelle ETR. La partie inférieure donne les schémas équivalents avec l'intervention des différentes résistances.*

sur les feuilles) après une pluie, une forte rosée ou une irrigation par aspersion. La diffusion de la vapeur d'eau à partir des feuilles rencontre alors deux résistances : la résistance r_c à l'intérieur du couvert (fonction de sa hauteur et de la distribution des surfaces foliaires) et la résistance r_a dans l'air qui surmonte le couvert (fonction de la vitesse du vent et du brassage de l'air lié à la « rugosité » du couvert). La valeur maximum de l'évaporation potentielle est atteinte lorsque la résistance r_c est nulle, c'est-à-dire lorsque les surfaces sont recouvertes d'eau et que l'évaporation se produit uniquement à partir de la surface supérieure du couvert. Cette valeur théorique de l'évaporation potentielle (EP^*) ne dépend que de la quantité d'énergie disponible pour l'évaporation de l'eau et est indépendante des caractéristiques de la surface. Elle peut donc être exprimée en fonction des facteurs climatiques et peut être calculée à l'aide de formules plus ou moins complexes (formule de Penman, par exemple).

L'évapotranspiration réelle (ETR) correspond au cas général dans les conditions naturelles. Elle est égale à la quantité d'eau qui est réellement évapotranspirée au niveau d'une culture. Les feuilles ne sont plus mouillées et une résistance supplémentaire, la résistance stomatique r_s, s'oppose à la diffusion de la vapeur d'eau (fig. 4.6). On doit donc avoir :

$$EP^* \geq EP \geq ETR \qquad (3)$$

L'évapotranspiration réelle maximale (ETR_M ou ET_M) correspond à une valeur particulière de l'ETR d'un couvert végétal lorsque sa résistance stomatique est minimale. Cela suppose donc que l'alimentation hydrique de la culture soit optimale. Pour un gazon bien alimenté en eau il est possible d'avoir $EP^* \approx EP \approx ETR_M$ car on peut estimer que la résistance (r_c) offerte par sa structure au transfert de vapeur d'eau est pratiquement nulle. C'est la raison pour laquelle l'ETR_M d'un gazon est prise comme référence et a servi à caler les différentes formules utilisées.

Lorsqu'une culture est peu couvrante en début de cycle végétatif, la valeur de ETR_M est alors nettement inférieure à EP^* ou EP, même si les plantes sont bien alimentées en eau. Comme l'estimation des besoins en eau des cultures irriguées est basée sur les valeurs calculées de EP^* ou mesurées de ETR_M pour un gazon, des coefficients empiriques ont été introduits. Ce sont les coefficients culturaux qui permettent d'estimer l'ETR_M d'une culture en fonction de son état.

$$ETR_M \text{ (culture)} = K \cdot EP^* = K' \cdot ETR_M \text{ (gazon)} \qquad (4)$$

En début de cycle végétatif la valeur de K ou K' est de l'ordre de 0,4 à 0,5. Elle augmente ensuite pour atteindre 1,0 (culture basse) à 1,1 ou même 1,2 (culture élevée) au moment du maximum de développement de la surface foliaire et diminue ensuite durant la phase de maturation.

Bilan hydrique des forêts

Pour pouvoir s'implanter, les forêts nécessitent des ressources en eau relativement abondantes. Ainsi, à l'échelle de la Terre, les zones occupées naturellement par les forêts reçoivent-elles, en moyenne deux fois plus d'eau que celles qui correspondent aux autres formations végétales. Les forêts sont donc amenées à avoir un effet important sur le régime hydrologique des bassins versants.

Forêts et précipitations

Des expériences effectuées à la fin du siècle dernier tendaient à montrer que les forêts augmentaient de près de 20 % le volume des précipitations reçues à l'échelle régionale. Mais les comparaisons à partir desquelles ces résultats avaient été obtenus n'étaient généralement pas valables (différences d'altitude, d'orientation des pentes... entre sites boisés et non boisés). Les travaux récents montrent que ces effets sont beaucoup plus limités et l'on admet actuellement que pour les régions tempérées, les grandes zones boisées n'induisent pratiquement pas d'accroissement des précipitations annuelles par rapport aux zones cultivées situées dans les mêmes conditions, compte tenu de la précision avec laquelle ces mesures sont effectuées.

Dans les zones tropicales humides, les déboisements de grande ampleur semblent s'accompagner d'une réduction des précipitations. En effet, lorsque la forêt dense est remplacée par des cultures annuelles sur de grandes surfaces, l'évapotranspiration à l'échelle régionale est réduite pour plusieurs raisons :

– les *cultures annuelles ne couvrent pas la surface* du sol en permanence et ont une profondeur d'enracinement moins importante que les forêts ;

– les *précipitations* sont moins bien interceptées et peuvent plus facilement ruisseler ;

– la *quantité d'énergie solaire* captée par une culture basse est plus faible que par une forêt. En effet, l'albédo (fraction de l'énergie solaire réfléchie) d'une culture basse et dense (prairie) est de l'ordre de 20 % alors que celui d'une forêt irrégulière avec des trous et des sous-étages peut n'être que de 10 %.

Ainsi, la quantité d'eau émise dans l'atmosphère par une végétation basse est plus faible que celle qui est émise par une forêt et en revanche, la quantité de chaleur absorbée par l'évaporation de l'eau étant plus faible, la température de l'air est alors plus élevée. Des modifications importantes de la couverture végétale sur une zone étendue peuvent alors affecter la circulation atmosphérique et induire des changements dans le régime des précipitations. Il faut noter en effet qu'à l'exception des climats très continentaux (Asie centrale) les océans fournissent près de 80 % de l'eau atmosphérique. Ainsi des simulations ont été faites pour prévoir quel serait, par exemple, l'effet de la déforestation complète de l'Amazonie. Les résultats montrent que l'on pourrait avoir dans cette région une augmentation de la température de l'air de 1 à 3 °C et une diminution des précipitations annuelles supérieure à 25 % couplée à une augmentation de la durée de la saison sèche. Il faut noter toutefois que cette étude se place dans le cas extrême d'une déforestation totale avec des sols dégradés et une couverture végétale basse et discontinue. Cependant, malgré une baisse importante, la pluviométrie annuelle resterait légèrement supérieure à 1 800 mm, ce qui est suffisant pour permettre la reconstitution d'une végétation forestière sans doute floristiquement différente, mais capable d'avoir de nouveau une évapotranspiration importante à condition toutefois que l'érosion ne détruise pas de façon irrémédiable la couche arable du sol.

Le cycle de l'eau en forêt

Interception des précipitations par les forêts

Comparativement à une végétation basse l'effet majeur d'une forêt sur le cycle de l'eau est dû à l'interception des précipitations par les éléments du couvert (peuplement principal, sous-étage, strate arbustive et strate herbacée, litière). Celle-ci peut atteindre jusqu'à 3 mm pour un peuplement à couvert fermé dans les zones tempérées et 10 mm dans les forêts denses des zones tropicales humides. Pour un même couvert forestier, la fraction des précipitations interceptées est plus forte pour des petites averses intermittentes que pour des pluies fortes et continues. En effet, l'eau captée par les éléments végétaux peut s'évaporer entre deux averses. L'interception peut ainsi représenter une fraction importante des précipitations annuelles notamment dans les zones tempérées : 25 à 50 % chez les résineux, 15 à 30 % chez les feuillus. Dans les zones tropicales, comme les précipitations sont plus abondantes ou plus intenses, la fraction des pluie interceptée par le couvert est plus faible. La fraction des précipitations qui est susceptible de pénétrer dans la sol est donc sensiblement plus faible sous une forêt que sous un couvert végétal bas.

Dans les régions où les brouillards sont fréquents : zones côtières ou montagneuses, la forêt peut capter 30 à 50 % de plus d'eau que des zones dégagées. Dans certains cas la condensation des brouillards peut ainsi permettre à la forêt de se maintenir (Californie) ou alors être suffisante pour que les pertes par interception des pluies puissent être négligées (Hawaï, République tchèque…). En revanche, les dépôts de rosée sur les forêts sont du même ordre de grandeur qu'en terrain découvert (0,2 à 0,5 mm) et ont donc un effet mineur sur le bilan hydrique.

La répartition de la neige et son maintien sur le sol sont également fortement affectés par les forêts. Ce sont les résineux à couvert dense (sapin, épicéa...) qui interceptent le plus la neige. S'il est difficile d'évaluer les effets du stockage de la neige sur les couronnes et la contribution de son évaporation, en revanche, le rôle de protection du manteau neigeux est très important. En effet, sous une forêt la neige fond plus lentement et permet ainsi une meilleure infiltration de l'eau de fusion dans le sol. Dans les zones tempérées, le manteau neigeux peut ainsi persister jusqu'à trois semaines de plus qu'en terrain découvert. L'implantation de forêts dans des bassins versants permet ainsi de contrôler la durée de la couche neigeuse et de mieux répartir dans le temps l'eau disponible en aval.

Infiltration de l'eau dans le sol

Sous une forêt la capacité d'infiltration du sol est plus élevée qu'en terrain découvert. En effet, la litière atténue fortement les effets mécaniques de gouttes d'eau qui tendent à détruire la structure de la couche superficielle du sol et favorisent les phénomènes de battance. De plus, l'activité des différents organismes vivants (microfaune, racines) a pour effet d'augmenter la porosité et de stabiliser la structure du sol.

Par ailleurs, les humus forestiers qui résultent de la décomposition de la litière ont une bonne perméabilité et également une capacité de stockage de l'eau relativement importante. Cependant ces caractéristiques varient avec le degré d'humidité initial. Ainsi, après une longue période de sécheresse, les humus de résineux sont très hydrophobes et constituent une couche imperméable pour les premières précipitations. En revanche, lorsqu'ils sont humides ils retiennent beaucoup d'eau alors que les humus de feuillus sont beaucoup moins hydrophobes lorsqu'ils sont secs mais retiennent beaucoup moins d'eau.

Évapotranspiration des forêts

L'évapotranspiration des forêts est en général plus élevée que celle des formations basses. Par exemple, le rapport entre l'évapotranspiration réelle d'une prairie et celle d'une forêt dans les mêmes conditions, est égal à environ 0,9 dans les régions humides et passe à 0,7 en climat sec.

La plus forte évapotranspiration des forêts est due à plusieurs phénomènes :

– le maintien d'une couverture du sol et d'une surface foliaire généralement supérieures à celles des zones avec une végétation basse ;

– une meilleure interception de l'énergie solaire par les différentes strates du couvert. Les forêts qui captent le mieux l'énergie solaire sont celles de conifères car elles présentent une surface irrégulière qui favorise la captation du rayonnement ;

– des échanges énergétiques par brassage de l'air (turbulence) plus efficaces à cause de l'irrégularité de leur surface supérieure ;

– la possibilité d'évaporation directe de l'eau interceptée. Par exemple, à l'échelle annuelle, pour une forêt de pins sylvestres, la transpiration des plantes représente environ 54 % de l'évapotranspiration, l'évaporation des précipitations interceptées 40 % et celle du sol 6 % ;

– un système racinaire plus profond qui exploite mieux les réserves en eau du sol.

Rôle régulateur de la forêt

La forêt en interceptant une fraction importante des précipitations, limite la quantité d'eau qui atteint le sol. L'amélioration de l'infiltration de l'eau dans le sol limite le ruissellement de surface et l'érosion. Enfin l'évapotranspiration plus élevée d'un couvert forestier réduit la quantité d'eau qui peut être drainée vers les nappes profondes. La combinaison de ces différents facteurs amène la forêt à jouer un rôle régulateur du bilan hydrologique. Le ruissellement de surface étant réduit, le temps que met l'eau pour atteindre l'émissaire d'un bassin versant est plus important. Les débits de crue sont ainsi plus faibles et plus étalés dans le temps. Par ailleurs, la réduction du ruissellement de surface entraîne une réduction de l'érosion et les rivières transportent moins de sédiments, ce qui réduit également l'effet dévastateur de certaines crues.

Bilan hydrique et télédétection

L'évapotranspiration réelle de couverts végétaux peut être estimée à partir de leur rayonnement infrarouge thermique mesuré par des satellites équipés de capteurs adaptés. En effet, tous les objets émettent du rayonnement infrarouge thermique dont l'intensité augmente proportionnellement à la puissance quatrième de leur température absolue.

La température radiative d'un couvert végétal est fonction de ses échanges énergétiques. Au cours de la journée, l'énergie est apportée par le rayonnement solaire et le rayonnement infrarouge thermique de l'atmosphère, desquels il faut retrancher le rayonnement solaire réfléchi et le rayonnement émis par le sol et la végétation (fig. 4.7). La résultante des échanges énergétiques par rayonnement est appelée le rayonnement net *Rn*. Celui-ci est compensé par les pertes dues au flux d'eau évaporé (*ETR*), au flux de chaleur (F_h) échangé avec l'air (convection) et au flux de chaleur (F_s) qui pénètre dans le sol (fig. 4.8).

Le flux de chaleur équivalent au flux d'eau évaporé est égal au produit de *ETR* par la chaleur latente de vaporisation de l'eau *L*. Le flux de chaleur par convection dans l'air est proportionnel à l'écart (T_s – T_a) entre la température radiative d'un couvert végétal et la température de l'air T_a. Par ailleurs, lorsque le sol est couvert de végétation, le flux de chaleur dans le sol peut pratiquement être négligé car il est en général très faible comparativement aux autres flux (fig. 4.8). On peut donc écrire pour un couvert végétal :

$$Rn = L{\cdot}ETR + A(T_s - T_a) \qquad (5)$$

d'où l'on déduit :

$$T_s - T_a = \frac{Rn - L\,.\,ETR}{A} \qquad (6)$$

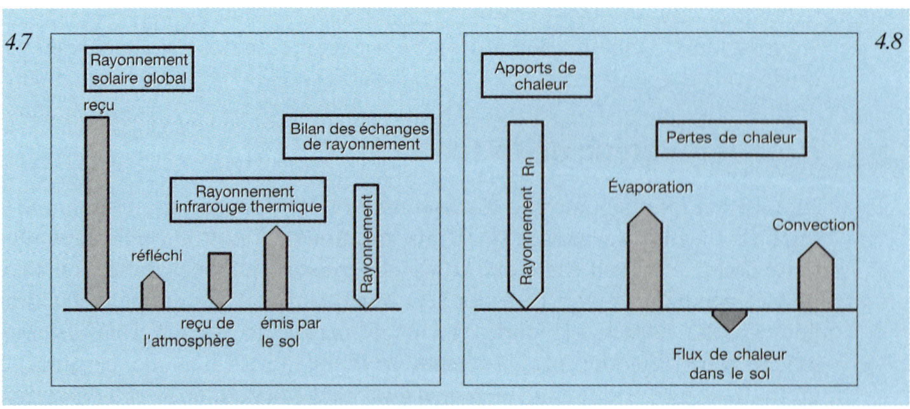

Fig. 4.7. Représentation schématique du bilan des échanges d'énergie par rayonnement au niveau de la surface terrestre (sol ou végétation).

Fig. 4.8. Représentation schématique du bilan des échanges d'énergie au niveau de la surface terrestre.

Ainsi, pour un niveau donné des apports d'énergie par rayonnement (*Rn* constant) l'écart ($T_s - T_a$) est essentiellement fonction de l'évapotranspiration réelle (*ETR*) de la zone considérée. Cet écart est d'autant plus grand que l'évaporation est plus faible. Ainsi, dans une zone donnée, plus les cultures « évaporent » et plus leur température s'abaisse par rapport à celle de l'air. C'est là le principe de l'estimation de *ETR* par télédétection.

Les satellites permettent de déterminer la température radiative de la surface terrestre T_s. La température T_a est obtenue par interpolation des données du réseau d'observation météorologique au sol, étant entendu que la variabilité spatiale de la température de l'air est beaucoup plus faible que celle de la température de surface. L'erreur qui est commise sur l'estimation de la température de l'air est de l'ordre de ± 1 °C. Elle doit être comparée à la variabilité de T_s qui est souvent supérieure à ± 10 °C.

Le rayonnement net est soit déterminé à partir de mesure du rayonnement solaire au sol, soit estimé à partir d'images de satellites qui permettent de connaître la couverture nuageuse à un instant donné.

Cette méthode permet d'estimer l'évapotranspiration réelle à l'échelle journalière avec une incertitude de l'ordre de ± 1 mm ainsi que l'ont montré les travaux effectués notamment par l'INRA dans la basse vallée du Rhône et en Afrique sahélienne. Elle est utilisée pour étudier le bilan hydrique à l'échelle régionale, car les informations thermiques sont fournies par les satellites météorologiques qui ont une résolution spatiale relativement faible (carrés de 1 km de côté pour NOAA-AVHRR, carrés de 5 km de côté à l'équateur pour Météosat).

L'avantage de cette approche est de permettre la prise en compte de la variation spatiale de l'évapotranspiration ainsi qu'une observation systématique dans le temps. Un suivi permanent permet par exemple de délimiter les zones affectées par une sécheresse, d'estimer la diminution de production qui peut en résulter, de fournir un seuil d'alarme pour les risques d'incendies de forêt...

Conclusion

La bonne connaissance des transferts d'eau dans le continuum sol-plante-atmosphère à différentes échelles d'espace conduit à des applications pratiques très importantes telles que la satisfaction des besoins en eau des plantes, l'optimisation de l'irrigation, la prévision des rendements, la détection et l'évaluation de la sévérité de sécheresses ou encore l'analyse de l'impact de l'activité humaine sur l'environnement climatique (déforestation par exemple). La connaissance précise des mécanismes qui interviennent à l'échelle du microclimat est essentielle pour pouvoir décrire ceux qui interviennent aux échelles supérieures : topoclimat, climat régional ou climat global. En effet, les concepts développés et validés au niveau du microclimat peuvent être élargis ou peuvent servir de base pour des schémas beaucoup plus réalistes de modélisation des échanges énergétiques entre la surface terrestre et l'atmosphère. C'est pourquoi la connaissance du bilan hydrique (et plus particulièrement du terme d'évaporation) est un objectif commun aux recherches effectuées dans les domaines de l'agrométéorologie, de l'hydrologie et de la météorologie/climatologie.

Références bibliographiques

Aussenac G., 1996. Forêt et eaux : relations entre écosystèmes forestiers et ressources en eau, *INRA mensuel, les Dossiers*, 12, 18-23.

Cruiziat P., 1991. L'eau et les cultures, *Techniques agricoles*, 1165-6, 1-26.

Cruiziat P. et M.T. Tyree, 1990. La montée de la sève dans les arbres, *La Recherche*, 220 (21), 406-414.

Dastane N.G., 1977. Précipitations efficaces, *Bull. FAO Irrigation et Drainage*, 25, 94 p.

Doorenbos J. et W.O. Pruitt, 1975. Les besoins en eau des cultures, *Bull. FAO Irrigation et Drainage*, 24, 198 p.

Guyot G., 1997. *Climatologie de l'environnement*, collection Enseignement des Sciences de la Vie, Masson Paris, 505 p.

Riou C., Bonhomme R., Chassin P., Neveu A. et Papy F., 1997. *L'eau dans l'espace rural. Production végétale et qualité de l'eau*, collection Mieux comprendre, INRA Editions, Versailles, 411 p.

Seguin B., J.P. Lagouarde et M. Savané, 1991. The assessment of regional crop water conditions from meteorological satellite thermal infrared data, *Remote Sens. Environ.*, 35, 141-148.

Les zones humides

Claude Chevallier

Introduction

Face aux menaces que les activités humaines font peser sur les milieux naturels, la société contemporaine se fixe aujourd'hui des objectifs de préservation environnementale. Parmi ceux-ci, la conservation des *zones humides* apparaît comme l'une des priorités. Cela tient à l'importance du patrimoine qu'elles constituent et des fonctions qu'elles assurent, mais aussi à l'ampleur de leur dégradation et de leur disparition au cours de ces dernières décennies.

Cette prise de conscience se développe en réaction contre les transformations profondes que subissent les milieux naturels ou ressentis comme tels. L'évolution récente de l'espace rural en est une bonne illustration. En effet, les systèmes agraires actuels, conçus essentiellement en fonction du marché, sont de moins en moins conditionnés par le contexte local qu'ils transforment en fonction de leurs objectifs particuliers de production. L'accroissement considérable des moyens techniques et financiers mis à la disposition de l'agriculture permet de s'affranchir de la plupart des contraintes historiques et naturelles, ainsi, par exemple, du parcellaire ancien par le remembrement, des excès d'eau par le drainage, du déficit hydrique par l'irrigation etc. Les courants environnementalistes dénoncent ce mode de développement considéré comme trop dépendant du court terme économique aux dépens des grands équilibres écologiques, voire économiques à plus long terme. Ils se cristallisent sur les transformations les plus radicales des paysages et font naître, par contre-coup, des concepts nouveaux qui, peu à peu, deviennent opératoires en terme d'aménagement rural.

Il en est ainsi de la *notion de zone humide* qui s'est élaborée progressivement, depuis une trentaine d'années, tandis que se réduisaient des milieux remarquables comme les prairies humides, les tourbières, les marais, les étangs, les bras morts de rivière etc. Ce concept recouvre des milieux diversifiés, chacun, jusque là, fortement identifié dans les représentations locales mais ne bénéficiant pas d'une reconnnaissance commune. La prédominance de l'objectif d'assèchement dans la plupart des aménagements qui leur ont été appliqués leur a conféré une unité nouvelle liée au caractère humide qu'on cherchait à maîtriser. L'émergence d'une telle notion, sur laquelle se développent les politiques de protection aux échelles mondiale, européenne et nationale, s'accompagne et se nourrit à la fois d'un accroissement des connaissances dans les principaux domaines suivants : typologies, fonctionnement écologique, fonctions économiques, histoire et évolutions, implications culturelles, sociales, juridiques, fiscales.

Définitions et typologies

L'extrême diversité des milieux concernés par le caractère humide a probablement été l'une des raisons de leur régression, car elle rend difficile, pour des acteurs locaux impliqués dans des démarches d'aménagement sur des espaces restreints et particuliers, de percevoir le rôle des milieux qu'ils transforment dans des fonctionnements écologiques plus larges et plus complexes et donc de prendre en compte, à leur niveau, des préconisations de conservation établies de manière globale. C'est pourquoi un grand nombre de travaux ont été conduits, depuis une vingtaine d'années, pour établir une caractérisation descriptive et fonctionnelle. Cette étape est un préalable indispensable pour constituer des inventaires, puis proposer des actions de préservation concrètes et bien comprises. Cependant elle pose de nombreuses difficultés.

En effet le terme de zone humide, dont le sens commun est facilement accessible, est difficile à définir scientifiquement, parce qu'il recouvre des espaces de transition entre les milieux terrestres et aquatiques. La délimitation dans l'espace de zones terrestres en fonction d'un taux d'humidité et/ou d'une présence d'eau superficielle se heurte à la complexité et à la diversité des systèmes écologiques dominés par le caractère humide. L'eau, douce ou salée, peut y être présente à l'état libre, à la surface du sol ou non, de façon permanente ou temporaire ; les surfaces concernées peuvent être continues ou, au contraire en mosaïque, avec des structures soit massives soit linéaires sur des espaces étendus ou en lisière d'autres milieux. Ces différents états peuvent se trouver combinés dans des unités géographiques complexes. Il en résulte des définitions assez générales. L'une d'entre elles, établie dans le cadre de la Convention de RAMSAR, signée en février 1971, est la plus fréquemment citée sur le plan international. Elle reprend et précise les définitions déja proposées par le projet MAR/UNESCO (1973), puis par l'UICN :

« Toutes zones de marais, marécages, tourbières, ou eaux libres, qu'elles soient naturelles ou artificielles, permanentes ou temporaires, que l'eau soit stagnante ou courante, douce, saumâtre ou salée, incluant les zones d'eaux marines littorales, dont la profondeur ne dépasse pas six mètres à marée basse. »

Plus récemment, la définition adoptée en France dans la Loi sur l'eau (1992) est plus restrictive et permet une différenciation plus nette vis-à-vis des écosystèmes marins et fluviaux :

« On entend par zone humide les terrains exploités ou non, habituellement inondés ou gorgés d'eau douce, salée ou saumâtre de façon permanente ou temporaire ; la végétation, quand elle existe, y est dominée par des plantes hygrophiles pendant au moins une partie de l'année. »

Sur la base de ces définitions, diverses typologies ont pu être établies en associant des critères géographiques (intérieurs, continentaux, artificiels), hydrologiques (salinité, pH), pédologiques, floristiques. Ainsi, peut-on citer :

- en France, la typologie de Leduc (1979) puis de Servan (1980)* ;
- en Europe, la typologie établie dans le cadre du programme CORINE (inventaire des sites européens d'intérêt écologique) ;
- aux USA, la typologie de Cowardin reprise par Turner (1992)*.

---

* Cités dans *Comité Interministériel de l'Évaluation*, 1995.

Dans le rappport d'évaluation sur les zones humides françaises établi en 1994 par le Commissariat général au Plan et par le Comité interministériel de l'évaluation des politiques publiques, le classement suivant tiré de Turner (1992) est donné comme le plus général :
- marais d'eau douce intérieurs,
- marais salés intérieurs,
- tourbières,
- toundras,
- marécages à arbustes,
- marécages boisés,
- prairies humides, plaines alluviales et autres habitats fluviaux,
- marais salés côtiers,
- mangroves,
- marais d'eau douce côtiers.

Inventaire succinct

Dans le rapport précédemment cité (Comité interministériel, 1994), l'évaluation des zones humides françaises, menées par voie d'enquête auprès d'experts locaux, fournit une très bonne représentation de la situation nationale en 1994. L'inventaire des zones étudiées, bien que non exhaustif, permet en particulier de situer l'importance relative des principaux types de zones humides en nombre et en surface (tabl. 5.1). Quatre-vingt-sept zones humides d'importance majeure y sont répertoriées.

L'évaluation de la surface totale des zones humides françaises demeure très délicate pour les raisons exposées précédemment (présence souvent temporaire et morcellée du caractère humide). Des valeurs indicatives sont cependant proposées :

– *3 millions d'hectares* (Comité interministériel sur l'évaluation des politiques publiques, 1994) ;

– *1,6 million d'hectares* pour les zones humides à vocation agricole (ONC, 1987).

Tableau 5.1. Importance relative des principaux types de zones humides (D'après enquête 1994 pour l'évaluation des politiques publiques sur les zones humides)

	Nombre de zones évaluées	Surface totale des milieux humides
Littoral atlantique	22	373 200
Littoral méditerranéen	8	152 230
Massifs à tourbière	10	40 500
Plaines intérieures	14	198 150
Vallées alluviales	22	372 400
Total	**76**	**1 136 480**

Quelles que soient les bases typologiques utilisées, les inventaires mettent en exergue les grosses unités unanimement reconnues (tabl. 5.2). Ce mode de présentation est légitime dans la mesure où ces grands ensembles jouent, par effet de masse, un rôle prédominant dans les fonctions des zones humides et méritent donc d'être sauvegardés en priorité. Cependant ces inventaires globaux ne doivent pas masquer la place tenue par la multitude des petites surfaces dispersées sur le territoire (étangs, mares, forêts humides, tourbières). De ce point de vue, il est intéressant de relever l'écart entre la surface totale citée précédemment (3 millions d'hectares) et celle des grands ensembles inventoriés en 1994 (1,1 million d'hectares tabl. 5.1). Dans l'élaboration d'une politique de préservation, il est important de garder à l'esprit que plus de 50 % des surfaces humides sont sans doute justiciables de mesures particulières adaptées au caractère diffus de leur présence.

Tableau 5.2. Aperçu géographique des principales unités territoriales humides françaises

Type de zone humide	Localisation des plus grandes unités
• **Zones humides côtières**	
Vasières littorales	Estuaires de Vilaine, Loire, Charente, Gironde. Baies de Somme, des Veys, du Mont-Saint-Michel, de Bourgneuf. Golfes du Morbihan, de Porto. Bassin d'Arcachon
Marais du littoral atlantique	Marais du Cotentin, de Brière, Marais breton, poitevin, saintongeais, girondin
Étangs et lagunes du littoral méditerranéen	Camargue, étangs et salins du Languedoc, du Roussillon
• **Zones humides continentales**	
Plaines et plateaux	Champagne humide, Sologne, Brenne, Dombes
Vallées alluviales	Vallées de la Meuse, de l'Allier et Loire, du Haut Rhône, Val de Saône, Ried alsacien, Landes de Gascogne, Barthes de l'Adour, Eyre
Massifs à tourbières	Massif du Jura, Alpes du Nord

Histoire et évolution récente

En dehors des vastes vasières de l'Atlantique, les zones humides qui occupent une place principale dans les préoccupations de conservation de la nature sont paradoxalement des espaces profondément transformés par les activités humaines. Ce constat met d'emblée la connaissance historique au cœur de la réflexion sur leur protection.

Les zones humides, des milieux façonnés par l'homme

Par le passé, elles ont sans cesse été modifiées et aménagées, à la fois pour tirer profit de leurs fortes potentialités naturelles, mais aussi, pour maîtriser les crues ainsi que les risques sanitaires que ces espaces réputés insalubres étaient supposés entretenir.

Dès le Moyen Âge, sous l'impulsion des monastères, de grands travaux sont entrepris pour développer les productions agricoles, piscicoles et salicoles. Dans les Marais de l'Ouest et en Camargue, des ensembles complexes de canaux, fossés, vannages et modelés de terrain sont mis en place entre terres hautes et schorre après endiguement à la mer et le long des fleuves. Ils sont conçus, soit pour permettre un assainissement par gravité vers les eaux marines en jouant sur les marées et fournir des surfaces asséchées propres à la mise en culture et au pâturage, soit pour maîtriser les entrées d'eaux salées à partir des étiers jusqu'aux réservoirs à poissons et aux salines. Les zones non asséchées sont vouées à la chasse et à la pêche.

A la même époque (Xe siècle) des aménagements hydrauliques permettent de créer dans la Brenne des lacs et des étangs piscicoles, de même que deux siècles plus tard dans la Woëvre puis dans les Dombes où ces plans d'eau sont gérés en assec/évolage (alternance d'assèchement pour la culture et de mise en eau pour la pêche).

Au fil des siècles et des vicissitudes historiques, ces aménagements connaissent des périodes d'abandon puis de reprise ou de transformation. Le XVIIe siècle sous l'impulsion de Henri IV et grâce à l'aide technique des Hollandais (Bradley) voit se développer une nouvelle phase intense d'aménagement sous forme de poldérisation (Marais de l'Ouest) ou d'assainissement de vallées fluviales (Barthes de l'Adour). Cette période correspond à l'apogée de la production salicole. Le XVIIIe et le XIXe siècles, en revanche, sont marqués par des assèchements importants. Sous l'époque révolutionnaire, un bon nombre d'étangs et de lacs, propriétés aristocratiques ou ecclésiastiques, est asséché et mis en culture (Brenne, Dombes). L'époque napoléonienne connaît une nouvelle période d'aménagement tandis que des efforts d'asséchement se poursuivent tout au long du siècle (assainissement et plantation des Landes sous Napoléon III, par exemple) puis dans la première moitié du XXe siècle (poldérisation de la baie du Mont-Saint-Michel).

Ces aménagements laissent dans le paysage rural une forte empreinte qui témoigne de l'ampleur des travaux passés. Cependant, leur interprétation est souvent difficile en raison de la qualité de leur intégration dans le milieu naturel et de la complexité de leurs réutilisations successives. En effet, l'histoire des zones aménagées est jalonnée par une suite de réaffectations, des salines aux bassins piscoles ou conchylicoles, des terres cultivées aux herbages (XIXe siècle). Cependant, jusqu'au XXe siècle, quel que soit l'usage visé, chaque aménagement hydraulique, compte tenu des moyens techniques disponibles, ne fait que créer une juxtaposition nouvelle entre la terre et l'eau pour constituer un milieu humide original où se trouvent associés intérêt économique et richesse biologique.

Les zones humides, des milieux menacés par l'homme

L'explosion des moyens techniques après la Seconde Guerre mondiale et la forte intégration économique des activités a totalement bouleversé le rapport entre l'homme et son environnement proche. Le milieu naturel n'est plus, alors, considéré que sous l'angle de paramètres techniquement maîtrisables en vue d'un profit économique immédiat, détaché des spécificités locales et des implications environnementales. Les conséquences sur les zones humides en sont une régression spectaculaire.

Les causes sont nombreuses et diversifiées. Certaines sont localisées : emprises industrielles et portuaires, urbaines et touristiques, voies de communication, canalisation des cours d'eau et aménagements hydrauliques divers, exploitations minières (gravières, tourbières). D'autres touchent les zones humides de manière étendue : le drainage pour la mise en culture et éventuellement l'exploitation forestière. Enfin, des causes indirectes interviennent de façon diffuse : dégradation de la qualité des eaux de surface par des apports d'origine agricole, domestique ou industrielle.

C'est ainsi que les vasières de l'estuaire de la Seine sont passées de 130 à 30 km^2 en un siècle, celles de l'estuaire de la Loire de 140 à 90 km^2 en 30 ans.

Dans les marais atlantiques, la progression du drainage entre 1980 et 1992 a inversé le rapport culture/prairie (fig. 5.1). Ces zones majoritairement en prairie il y a 20 ans sont aujourd'hui cultivées à 77 % (43 000 ha) pour le marais poitevin et à 42 % pour le marais rochefortais (5 800 ha). Une telle transformation résulte du contexte très favorable des années 1980 pour les productions céréalières (soutien des prix, progrès techniques, subventions publiques au drainage) conformément à la politique agricole nationale du moment (Loi d'orientation agricole de 1980 privilégiant la maîtrise de l'eau, puis Schéma d'aménagement des Marais de l'Ouest de 1981 organisant l'aide publique au drainage). Ce processus d'intensification a été stoppé net par la réforme de la Politique Agricole Commune de 1992 (disparition du soutien des prix) combinée à l'arrêt des subventions au drainage sous la pression environnementaliste et au choix de l'année 1991 comme année de référence pour les surfaces primables. Cette phase d'aménagement intense a abouti à une modification profonde du caractère humide des marais atlantiques en

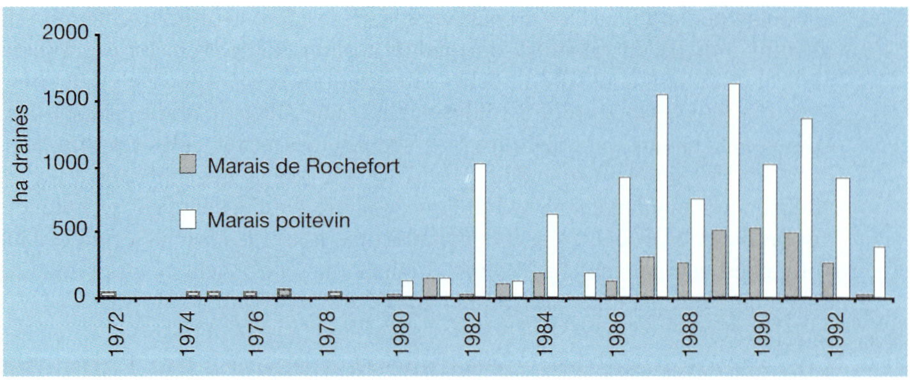

Fig. 5.1. Progression du drainage dans les marais de l'ouest entre 1972 et 1992 (Selon I. Joulié 1994, d'après enquêtes et données ASARHA)

réduisant de façon drastique les surfaces de prairie plus ou moins humide ainsi que le linéaire de fossés, compte tenu de l'agrandissement considérable des parcelles élémentaires.

Les zones humides des milieux gérés par l'homme

La plupart des zones humides ont, ainsi, été transformées par des aménagements qui visaient, soit leur assèchement, donc leur banalisation et leur disparition, soit leur exploitation en tant que telles pour des productions liées à la présence de l'eau. Dans ce dernier cas, les modifications du milieu ont été si profondes qu'elles ont rendu le maintien du caractère humide totalement tributaire des aménagements et des modes de gestion hydraulique mis en place.

Si l'examen historique montre que les aménagements anciens et actuels répondent en général au même objectif, à savoir maîtriser le caractère humide au profit d'un secteur d'activité, il met également en évidence une évolution des modalités de gestion.

Dans le cas des aménagements anciens, la répartition spatiale et temporelle sol/eau est modifiée mais le caractère humide demeure présent au sein de la zone transformée. Un milieu nouveau est créé où l'interface sol/eau, bien qu'artificielle, constitue un biotope riche et original. Le maintien de l'activité implique l'entretien des aménagements. L'activité dominante intègre alors dans son propre fonctionnement, le fonctionnement hydraulique de la zone humide dont elle est dépendante, mais la *gestion collective* qui s'y exerce assure la pérennité du caractère humide. L'élevage traditionnel dans les Marais de l'Ouest témoigne, par exemple, de ce mode de gestion.

En revanche, dans les aménagements récents, la *gestion individuelle* est privilégiée ; cette évolution est favorisée par les moyens techniques disponibles, notamment la possibilité de mobiliser facilement des sources d'énergie sur place (électrification) pour évacuer les eaux excédentaires. Il y a alors juxtaposition d'espaces et dissociation de leur gestion. A la périphérie des espaces individualisés, la gestion du caractère humide est assurée par la collectivité ou par d'autres acteurs pour d'autres objectifs. Le développement des secteurs drainés dans les mêmes Marais de l'Ouest illustre cette tendance actuelle.

A l'exception de quelques unes d'entre elles, jusqu'alors peu perturbées par les activités humaines (certaines vasières ou tourbières par exemple), la plupart des zones humides subsistantes apparaissent ainsi comme des composantes des systèmes socio-économiques qui les aménagent et les exploitent ; à ce titre elles se trouvent dépendantes des modes de gestion qui leur sont appliqués.

Usages, fonctions, espace : les éléments de la gestion

La prédominance des interventions humaines sur le fonctionnement naturel, telle qu'elle vient d'être présentée, montre l'importance des enjeux lorsque sont faits des choix d'aménagement et de gestion des zones humides. Ceux-ci sont à évaluer à la fois sur le plan écologique, en terme de préservation des *fonctions* des écosystèmes humides, et sur le plan socio-économique, en terme de valorisation de la zone par des *usages* réellement bénéfiques pour la collectivité.

En se fondant sur l'exemple des écosystèmes fluviaux, pour lesquels se manifestent de plus en plus fréquemment des dysfonctionnements clairement imputables à des aménagements ou des usages hydrologiquement mal maîtrisés sur les bassins versants (crues hivernales, assèchements estivaux, crises dystrophiques), il apparaît indispensable que de telles analyses se réfèrent à l'ensemble des espaces et des acteurs concernés. En effet, les modalités de gestion d'une zone humide résulte généralement des objectifs particuliers d'acteurs ou de secteurs d'activité dominants sur un territoire bien délimité ; en revanche, le caractère humide visé par cette gestion est inclus dans un écosystème plus vaste ; il y remplit des fonctions écologiques à des échelles spatiales différentes de celle du territoire géré, qui peuvent concerner d'autres activités et donc d'autres modes de gestion. Face à une telle complexité, l'accroissement des connaissances scientifiques sur le fonctionnement écologique des zones humides ainsi que sur les effets et les déterminants des modes de gestion mis en œuvre permettra seul de progresser vers une intégration harmonieuse des préoccupations économiques et environnementales. L'analyse spatialisée des phénomènes écologiques et socio-économiques devient, dans ce domaine, un outil d'étude privilégié. L'ampleur des espaces concernés par les principales ressources et fonctions des zones humides démontre la nécessité, dans toute problématique de gestion, de ne pas les considérer comme des entités restreintes à leurs seules limites géographiques. Quelques-unes des principales ressources offertes par les zones humides, présentées ci-après, illustrent ces implications spatiales.

Eaux de surface

Les eaux présentes dans les zones humides sont généralement en relation avec un bassin versant, un réseau hydrographique, ou des eaux marines. Elles s'y accumulent en raison de particularités topographiques (dépression pour les étangs, platitude pour les marais et les plaines alluviales) et pédologiques (imperméabilité du sol) ; elles se déversent dans le milieu extérieur lorsque les capacités de stockage de la zone humide sont atteintes, lors de forts épisodes pluvieux, par exemple. Cette disponibilité en eau, souvent gérée pour un usage particulier, est ainsi un élément d'un système hydrographique beaucoup plus vaste, à l'échelle duquel elle peut assurer, selon le type de zone humide, des fonctions hydrauliques essentielles : réapprovisionnement des nappes, écrêtage des crues ou au contraire soutien des débits d'étiage.

Flore et flux de matière

Les connaissances scientifiques récentes montrent l'importance des flux nutritifs des zones humides vers les fleuves et les zones côtières (éléments minéraux et matière organique) et soulignent, là encore, leur intégration dans des fonctionnements écologiques de grande échelle. Ainsi, les flux issus des marais côtiers apparaissent comme essentiels à la productivité secondaire des milieux estuairiens (mollusques, crevettes, poissons, oiseaux) dont une grande partie présente un intérêt économique majeur (conchyliculture, pêche, gibier d'eau). Ils résultent d'une des plus fortes productivités primaires connues. Des productions de 20 voire 40 t/ha/an de matière sèche sont avancés pour ces zones de schorre.

Les zones humides en relation avec les systèmes fluviaux peuvent, à l'inverse, assurer une fonction d'épuration. C'est le cas des zones de marais doux à macrophytes émergés (roselières à phragmites), également à très forte productivité ou des ripisylves. Elles réduisent la turbidité des eaux en piégeant les matières en suspension et limitent les phénomènes d'eutrophisation en dégradant les matières organiques, en incorporant dans leur biomasse les éléments nutritifs pléthoriques et en induisant des processus de dénitrification.

Faune

L'ichtyofaune et l'avifaune offrent les exemples les plus évidents de l'intégration des zones humides dans des écosystèmes larges. Dans le cas des anguilles, qui accomplissent pour leur reproduction des migrations de plusieurs milliers de kilomètres en mer, les zones humides littorales jouent un rôle essentiel de communication entre milieu humide doux et milieu marin. Il en est de même pour les oiseaux d'eau migrateurs (anatidés, limicoles) qui viennent des zones septentrionales pour hiverner dans les zones humides européennes ou y transiter avant de gagner des zones humides plus méridionales. La relation stricte entre le caractère humide du milieu littoral et sa fréquentation par les migrateurs montre la vulnérabilité d'un fonctionnement écologique large à des interventions humaines localisées (transformations du milieu et de sa capacité pour l'accueil et la nutrition, exploitations abusives telles que la pêche à la civelle). Une autre illustration du rôle des zones humides dans des systèmes plus vastes est fournie par l'exemple des frayères à poisson ou par celui des espaces nécessaires en eau à la nidification de certaines espèces aviennes (Guifettes noires).

Ressources fourragères

Les zones prairiales humides offrent des surfaces herbagères exploitables principalement en pâturage. Elles peuvent présenter des qualités fourragères spécifiques valorisables par des élevages labellisés (moutons de prés-salés sur les herbus de la Baie du Mont-Saint-Michel). Elles permettent aussi des productions décalées vers l'été et l'automne, utiles en complémentarité des prairies sèches (Marais de l'Ouest, Marais du Cotentin) ; elles s'intègrent alors dans un espace de fonctionnement économique (système d'exploitation, système fourrager) qui dépasse celui de la zone humide proprement dite.

Protection

Par les ressources offertes, les fonctions assurées, les valeurs esthétiques et patrimoniales qui leur sont attachées, la préservation des zones humides est hautement justifiable. Les connaissances acquises montrent que ce vœu dépasse le simple parti pris naturaliste, voire passéiste, et répond à une analyse rationnelle des inconvénients majeurs qui résulteraient de leur disparition. Pour y parvenir cependant la principale difficulté est de réduire l'opposition qui se perpétue entre usage et préservation. Cet affrontement traduit avant tout une dissociation dans les échelles de perception entre « l'usager » qui conçoit mal la portée de son acte de gestion à l'échelle collective et « l'écologue » qui constate les contradictions issues de l'addition d'intérêts sectoriels, eux-mêmes entérinés par des politiques publiques incohérentes entre les niveaux local, national et international. L'important arsenal juridique et réglementaire déjà disponible offre des possibilités d'intervention certaines, face à l'urgence des mesures de protection à mettre en œuvre ; cependant son caractère disparate et son manque de spécificité traduit une absence d'organisation et de volonté politique globale vis-à-vis de la préservation des zones humides. Il repose sur une législation nationale et européenne ainsi que sur des engagements internationaux et s'appuie, pour sa mise en œuvre, sur des inventaires.

Le cadre réglementaire

La législation

Elle s'appuie sur les principales dispositions suivantes :

– la loi n° 64-1245 du 10 juillet 1976 relative à la protection de la nature ;

– la directive européenne 79/409/CEE du 2 avril 1979 sur la conservation des oiseaux sauvages ;

– la loi n° 86-2 du 3 janvier 1986 relative à l'aménagement, la protection et la mise en valeur du littoral ;

– la loi n° 92-2 du 3 janvier 1992 sur l'eau ;

– la loi 92/43/CEE du 21 mai 1992 sur la conservation des habitats naturels, de la faune et de la flore sauvage.

Les engagements internationaux

La convention de Ramsar établie en 1971 et ratifiée par la France le 1er octobre 1986 engage les États signataires à conserver le caractère humide sur des sites déclarés d'importance internationale. La France en a actuellement notifié onze. De la même façon, la directive communautaire sur la conservation des oiseaux sauvages du 2 avril 1979 s'appuie sur une délimitation de zones, dites zones de protection spéciales (ZPS), au sein desquelles les États signataires s'engagent à préserver les habitats de l'avifaune. Cette zonation recouvre les espaces qui bénéficient déjà de diverses mesures de conservation.

Les inventaires

Ils n'ont pas force de loi mais fournissent l'essentiel de l'information écologique dans l'élaboration des périmètres de protection (OGAF Environnement, ZPS par exemple) :

– les zones naturelles d'intérêt écologique, floristique et faunistiques (ZNIEFF) ;

– les zones d'importance communautaire pour les oiseaux (ZICO).

Des dispositions concrètes de préservation

Ces dispositions sont en évolution rapide et constante. Depuis la fin de 1997, elles ont été complétées, et une mise à jour continue s'impose. Le point qui est fait ici permettra de voir dans quel sens le législateur envisage d'accroître encore la protection des zones humides.

En matière de conservation

Les *réserves naturelles*, le *Conservatoire de l'espace littoral et des rivages lacustres*, les *Parcs nationaux* participent très efficacement à la protection des zones humides sur des espaces mis hors enjeux économiques. De même, sur des espaces plus restreints, les zones mises en *arrêté de biotope* et les acquisitions effectuées par les *conservatoires régionaux du patrimoine naturel*, par les *départements* au titre de la taxe départementale des espaces naturels sensibles et par un certain nombre d'*associations de protection de la nature* jouent un rôle important. Certaines mesures de protection particulière telles que les *réserves de chasse* et les *sites classés* contribuent également à cette conservation. Enfin, des dispositions communautaires, dans le cadre des directives déja citées, prévoient un soutien financier pour des projets visant la protection des habitats naturels et des espèces d'intérêt communautaire. Il s'agit des projets LIFE (du nom de l'instrument financier d'appui de la politique communautaire de l'environnement), auparavant dénommés ACE puis ACNAT (actions communautaires pour l'environnement et actions communautaires pour la conservation de la nature). Ils s'appliquent aussi largement aux zones humides.

En matière de réglementation sur l'aménagement et l'occupation de l'espace

Les dispositions qui encadrent les actions d'aménagement et d'urbanisme entreprises par les collectivités locales doivent tenir compte des zones naturelles. Ce sont les *schémas directeurs d'aménagement et d'urbanisme* (SDAU) pour les villes et les *plans d'occupation des sols* (POS) pour les communes. Par ailleurs, les actions publiques susceptibles de porter atteinte aux milieux naturels sont, sous certaines conditions, soumis à des *études d'impact* au titre de la loi du 10 juillet 1976 sur la protection de la nature. Force est de constater que ces procédures n'ont pas permis de maîtriser les effets très négatifs d'un certain nombre de projets sur les zones humides. Cependant, dans ce domaine de la planification spatiale, c'est la *loi sur l'eau du 3 janvier*

1992 qui marque une avancée décisive dans la mesure où elle institue, au niveau du bassin-versant, une planification pour l'aménagement et la gestion des eaux avec laquelle doivent être compatibles tous les autres instruments d'aménagement et d'urbanisme ; elle institue des *schémas directeurs d'aménagement et de gestion des eaux* (SDAGE) à l'échelle des bassins complétés à des échelles plus restreintes par des *schémas d'aménagement et de gestion des eaux* (SAGE) ; elle spécifie dans son article 2 la préservation des écosystèmes aquatiques, des sites et des zones humides. Bien qu'encore trop récente pour que ses effets puissent en être totalement appréciés, cette nouvelle loi apparaît comme un instrument très positif pour la préservation des zones humides notamment en les resituant dans le fonctionnement hydrologique global du bassin versant.

En matière de gestion intégrée

Cette démarche vise l'intégration des objectifs de protection du milieu et de développement socio-économique. Elle soutient en particulier les actions entreprises par les *parcs naturels régionaux* (PNR) qui, en mettant en avant la notion de gestion négociée du milieu grâce à l'élaboration d'une charte avec les collectivités locales, sont adaptés à des actions sur des territoires étendus, complexes et soumis à de forts enjeux de développement local. Les 25 PNR existants actuellement sont, pour la plupart, concernés par les zones humides. Leur action est plus ou moins couronnée de succès pour les raisons déja explicitées ; elle peut parfois échouer (PNR du Marais poitevin). D'autres actions directement soutenues aux niveaux national et européen se placent dans la même perspective de gestion intégrée, comme les *opérations groupées d'aménagement foncier environnementales* (OGAF environnement) ; elles consistent en incitations financières contractuelles pour encourager des pratiques agricoles respectueuses de l'environnement. Elles sont mises en application, pour leur plus grande part, dans les zones humides. Une autre action, *les plans de développement durables* (PDD) relevant d'une initiative française et encore expérimentale vise à soutenir des projets de développement intégrant la prise en compte de l'environnement à l'échelle de l'exploitation agricole. Enfin, au-delà de l'institution des SDAGE et des SAGE, la mise en application de la loi sur l'eau, déja citée, s'appuie sur la constitution de *Commissions locales de l'eau* (CLE) qui apparaissent comme des instruments prometteurs de concertation locale et de conciliation entre les objectifs socio-économiques et environnementaux.

Conclusion

La prise de conscience progressive, au sein de la société, des limites de l'exploitation et de la transformation des milieux naturels par l'homme accompagne la longue émergence de la notion de *zone humide*. Cette notion qui recouvre des milieux très diversifiés trouve sa cohérence dans la spécificité des ressources, des fonctions et de la biodiversité attachées aux écosystèmes humides. Son caractère global et sa reconnaissance nouvelle a incité à dresser un état des lieux aussi complet que possible. Or les travaux récemment effectués dans ce but par une instance d'évaluation nationale aboutissent au constat alarmant de leur régression généralisée. Pourtant, le développement des connaissances scientifiques met en évidence l'importance de leurs ressources et de leurs fonctions notamment vis-à-vis de la gestion des eaux de surface.

Face à l'urgence des mesures de protection à mettre en œuvre, les nombreuses dispositions à objectifs environnementaux existantes ne permettent que des interventions disparates et ponctuelles. Par ailleurs, le caractère très transformé des zones humides lie leur devenir aux modes de gestion qui leur sont appliqués par différents secteurs d'activité ; ceux-ci sont peu enclins à prendre en considération le rôle des zones humides au-delà de l'espace géré par leurs soins et opposent l'intérêt économique à la préservation environnementale. La sauvegarde des zones humides exige au contraire que soit pris en compte leur rôle dans un fonctionnement hydrologique large (Bassin versant) ; c'est à cette échelle que les fonctions qu'elles assurent offrent le bénéfice le plus large pour la collectivité et fournissent des arguments d'ordre économique pour leur préservation. Jusqu'à présent les zones humides souffrent d'être perçues sous l'angle de leurs ressources sur des surfaces restreintes plutôt que sous l'angle de leurs fonctions sur des espaces larges (bassin hydrographique, région, continent).

L'effort de recherche pour la compréhension et l'explicitation de ces fonctions est un complément indispensable à celui accompli récemment dans le domaine juridique (loi sur l'eau du 3 janvier 1992) et dans le domaine organisationnel (Plan d'action pour les zones humides, du ministère de l'Environnement en mars 1995, préconisant la mise en cohérence des politiques publiques et le renforcement des outils d'inventaire, de suivi et d'évaluation).

Compte tenu des modifications profondes subies par la plupart des zones humides et de la prédominance des interventions humaines dans leur fonctionnement, c'est par l'adaptation des *modes de gestion* qui leur sont appliqués que leur préservation pourra être assurée, modes de gestion à objectif environnemental pour les espaces à protection forte ou à objectifs mixtes, économique et environnementaux, pour les espaces à fort enjeux de développement local (activités agricoles, aquacoles, voire touristiques). C'est dans ce domaine également que des travaux de recherche peuvent contribuer de façon très significative à la protection des zones humides.

Références bibliographiques

Centre d'étude des systèmes et des technologies avancées, 1986. Terres et eaux. Approches techniques pour conserver et mettre en valeur les zones humides, 244 p.

Comité interministériel de l'évaluation des politiques publiques - Premier ministre - Commissariat général au plan, 1995. Rapport d'évaluation. *La documentation française,* 392 p.

Jequel N., Rouve D., 1983. Marais, vasières, estuaires. *Ministère de l'Environnement, Ouest France,* 64 p.

Joulie I., 1994. Exploitations agricoles et territoire. Les exploitations céréalières des Marais de l'Ouest face à la crise agricole. Typologie et zonation. *Mémoire de DEA*. Institut national de la recherche agronomique, 7 p. + ann.

Leduc J.P., 1979. Définition et rôle des zones humides. *Penn. Ar. Bed.,* 12, 141-152.

Lefeuvre J.C., Chevallier C., Damour L., 1984. La recherche, un préalable à la mise en valeur des Marais de l'Ouest. *Laboratoire d'évolution des systèmes naturels et modifiés,* 21 p.

Ministère de l'Environnement, 1995. Un plan d'action pour les zones humides. *Communiqué de presse,* 5 p.+ann.

Office national de la chasse, 1987. Oiseaux d'eau et zones humides à vocation agricole. Brochure, 27 p.

Les milieux aquatiques

Gérard Balvay, Jean-Pierre Pelletier et Jean-Claude Druart

Dès ses origines, l'homme a exploité l'eau pour ses besoins alimentaires (eau potable, poissons), comme source de matières premières (végétaux pour la construction des huttes, tourbe pour le chauffage), voies de communication et de transport (le bateau ayant existé bien avant la roue), protection contre les animaux et les ennemis.

A ces premiers usages se sont surajoutées au fil des temps d'autres utilisations : pisciculture et pêche professionnelle, production de force motrice et d'hydroélectricité, régulation des débits (soutien des étiages, contrôle des crues), irrigation, ressource en eau potable aisément exploitable (Léman, lac d'Annecy) ou au prix de traitements plus ou moins complexes (Seine), approvisionnement en eau industrielle, refroidissement des centrales nucléaires, utilisations récréatives (baignade, plongée, pêche de loisir, tourisme, nautisme), protection de la nature (faune et flore), fluide d'évacuation des déchets, etc.

Bien que certains milieux aient été conçus et utilisés en fonction d'un usage prioritaire ou unique (barrages hydroélectriques, étangs de pisciculture, canaux), tout domaine aquatique est en général exploité à des fins multiples, complémentaires ou au contraire sources de conflits d'usage plus ou moins importants et parfois délicats à arbitrer.

Diversité des milieux aquatiques

L'hydrosphère représente l'ensemble de l'eau sous toutes ses formes (liquide, solide ou gazeuse), dans l'atmosphère, les eaux continentales de surface et souterraines, les mers et les océans.

La notion de milieu aquatique englobe, dans le domaine continental, des types très variés d'écosystèmes qui comprennent aussi bien des eaux courantes (sources, ruisseaux, torrents, rivières, fleuves et canaux) que des zones humides (marais, tourbières) et des eaux dites stagnantes (mares, étangs, gravières, ballastières, lacs, retenues pour l'irrigation ou la production d'énergie, etc.).

Les eaux souterraines représentent un autre aspect du milieu aquatique : ce sont les nappes alluviales d'accompagnement des cours d'eau et les nappes phréatiques, superficielles ou profondes, exploitées essentiellement comme eau potable (eaux de sources et minérales), thermale, industrielle ou d'irrigation.

La distinction entre eaux stagnantes et eaux courantes va au-delà des simples différences de composition faunistique et floristique. Les eaux courantes sont caractérisées selon leur axe longitudinal (de l'amont vers l'aval) alors que la différenciation au sein d'un milieu stagnant s'effectue essentiellement selon des gradients verticaux, conditionnés principalement par la gravité et la lumière.

Les milieux stagnants sont fréquemment assimilés à des écosystèmes fermés, présentant des échanges limités avec l'extérieur (prédominance des apports d'origine interne ou autochtones) alors que les eaux courantes constituent des systèmes ouverts, fortement soumis aux apports externes (allochtones) qui varient considérablement de la source à l'embouchure en fonction de la nature, de la structure et de l'utilisation du bassin versant.

L'eau courante est un puissant agent érosif, transporteur d'éléments dissous et de matériaux solides dont la taille décroît de l'amont vers l'aval.

Le milieu stagnant constitue au contraire un piège à sédiments fins, jouant en quelque sorte le rôle d'une station d'épuration et d'un décanteur lorsqu'il est situé sur le trajet d'un cours d'eau. Ainsi, les concentrations moyennes annuelles du Rhône à son entrée dans le Léman et à sa sortie à Genève passent respectivement de 213,6 à 22,3 µgP/L pour le phosphore total en 1995 ; pour l'ensemble des affluents étudiés (Rhône inclus), les apports au lac s'élèvent à 1 604 tonnes de P total alors que les exportations ne représentent que 213 tonnes (Orand *et al.*, 1996).

Les eaux courantes (ou lotiques)

Elles sont caractérisées par un gradient amont-aval, la vitesse du courant décroissant depuis la source jusqu'à l'embouchure. La vitesse de l'eau est une caractéristique fondamentale de ces milieux ; elle augmente avec la pente du terrain et diminue avec la rugosité du fond, elle-même d'autant plus faible que les matériaux sont plus fins. Cette vitesse est maximale au milieu du lit et à proximité de la surface, et minimale au niveau des berges et près du fond (couche limite). Elle détermine la composition et la structure de la communauté biologique dont la majeure partie des organismes vit dans la « couche limite », zone d'eau calme au contact du substratum. L'eau courante constitue un agent érosif, de transport et de dépôt de matériaux.

Schématiquement, les eaux courantes peuvent être scindées en grandes zones écologiques :

– en haute et moyenne montagne, les eaux sont généralement froides (< 18 °C en été) et peu minéralisées ; elles présentent un aspect torrentueux favorisant l'oxygénation et hébergent une riche microfaune. Les poissons dominants sont les salmonidés (truites, saumons, ombres, etc.), très exigeants vis-à-vis de la qualité de l'eau. Ce sont des eaux salmonicoles ou de première catégorie, subdivisées en zone à truite (région salmonicole supérieure) et zone à ombre (région salmonicole inférieure) ;

– en plaine, les cours d'eau sont larges, plus ou moins sinueux et relativement lents, avec une température estivale plus élevée (24 à 28 °C) et une minéralisation plus importante. Les grands végétaux aquatiques ou macrophytes (nénuphars, phragmites, potamots, etc.) se développent et participent à l'oxygénation du milieu durant le jour. Mais la nuit, leur respiration ajoutée à celle des organismes animaux et à la consommation permanente d'oxygène par les bactéries, abaisse la teneur en oxygène. D'où des eaux à teneurs très fluctuantes en oxygène dissous ; ce sont des eaux de deuxième catégorie caractérisées par la dominance du peuplement à cyprinidés, avec les zones à barbeau (région cyprinicole supérieure) et à brème (région cyprinicole inférieure), en amont de la zone à flet correspondant à l'estuaire des cours d'eau (Lacroix, 1991).

Les eaux stagnantes (ou lentiques)

Il existe un continuum entre les cours d'eau typiques, à courant plus ou moins rapide selon la pente des terrains, et les eaux dites stagnantes résultant de l'accumulation de l'eau dans une dépression naturelle ou artificielle (mares, étangs, lacs et retenues). Les retenues artificielles constituent un stade intermédiaire entre les rivières à débit continu et les plans d'eau à renouvellement lent des eaux.

A la différence des eaux courantes, les eaux stagnantes sont des zones où la sédimentation intense va progressivement oblitérer la cuvette. Tout plan d'eau n'est qu'une structure passagère à l'échelle géologique, mais son évolution naturelle peut être très fortement accélérée par les rejets des activités agricoles, industrielles et urbaines.

Le temps de séjour des eaux, caractéristique fondamentale des eaux stagnantes, est extrêmement variable, dépendant de l'importance des apports annuels par rapport au volume de la cuvette. Ce paramètre essentiel représente le temps durant lequel l'eau subit l'influence des facteurs qui vont conditionner son évolution physico-chimique et biologique.

Ainsi, ce temps de séjour est d'environ 700 ans pour le lac Tanganyika, 350 ans pour le lac Baïkal et 12 ans dans le Léman. Dans ce dernier lac, il varie également selon la profondeur des couches considérées : 5 ans dans la couche de surface du Léman (0-50 m), 10 ans pour la strate moyenne (50-200 m) et 20 ans pour la zone profonde (200-309 m) (Meybeck, 1995).

Structure du milieu aquatique

Le biotope

C'est l'environnement inorganique, composé de l'eau en tant que support physique, des éléments minéraux en suspension ou en solution (nitrates, phosphates, etc.), des gaz dissous (oxygène, azote, dioxyde de carbone).

Les échanges

Aucun milieu aquatique, quelle que soit sa taille, n'est indépendant des autres écosystèmes. Il est directement soumis à de nombreux facteurs externes qui conditionnent ses caractéristiques physico-chimiques et biologiques, et par voie de conséquence sa productivité. Ces facteurs externes sont :

– climatiques, en étroite relation avec l'altitude et la latitude : énergie solaire incidente, température de l'air, hygrométrie et pluviométrie ;

– édaphiques : nature, structure et texture du substratum géologique et du sol agissent sur la composition et la circulation des eaux.

La taille du bassin versant par rapport à celle du milieu récepteur, la pente des terrains et l'importance de l'érosion, les caractéristiques d'utilisation du bassin versant (forêts, agriculture, élevage, industries, urbanisation) jouent également un rôle important sur la quantité et la qualité des apports dans le milieu aquatique.

Le biotope présente des échanges permanents et plus ou moins intenses avec :

• *le bassin versant :* le ruissellement diffus, les affluents, les apports sous-lacustres et hyporhéiques transfèrent de l'eau plus ou moins chargée en éléments dissous et en suspension, organiques et inorganiques, par suite de la dissolution de la roche en place, du lessivage des terrains et de la percolation au travers des sols. Les sorties sont le fait de l'émissaire ou des pertes sous-aquatiques qui permettent l'exportation vers l'aval. D'autres relations peuvent exister entre les autres milieux d'amont ou d'aval, avec les poissons migrateurs en particulier. Ainsi les truites du Léman grandissent dans le lac et vont pondre dans les affluents ; ailleurs, les anguilles quittent les eaux douces pour aller se reproduire dans la mer des Sargasses tandis que les saumons abandonnent le domaine marin pour rejoindre leurs frayères en eau douce ;

• *l'atmosphère :* des échanges permanents de gaz (oxygène, dioxyde de carbone, azote) ont lieu à l'interface air-eau. Les précipitations apportent, en plus de l'eau, des particules en suspension, des sels et des gaz dissous. L'intensité des pertes par évaporation dépend de la localisation géographique et du climat local. En moyenne, les précipitations apportent 20 m^3 d'eau par seconde à la surface du Léman alors que l'évaporation en retire 11 m^3 (Burkard, 1984) ;

• *les sédiments :* les sédiments s'enrichissent en permanence du flux de matière provenant des couches de surface où s'effectue la production de matière vivante, et du bassin versant. L'interface eau-sédiments est le siège d'échanges intenses impliquant des processus physiques, chimiques et biologiques qui concernent entre autres les éléments nutritifs (azote et phosphore).

Les variations saisonnières

Le fonctionnement biologique d'un milieu aquatique est sous l'étroite dépendance de la climatologie et plus particulièrement de la température de l'air et de l'énergie solaire dont les variations saisonnières conditionnent les caractéristiques physico-chimiques et biologiques des eaux.

Les radiations calorifiques sont absorbées par les couches les plus superficielles ; l'eau ainsi réchauffée reste en surface puisque la densité de l'eau pure varie avec la température, passant par une densité maximale à 4 °C. Les vents induisent des courants, des vagues et des phénomènes de turbulence variés qui assurent un mélange plus ou moins prononcé des couches superficielles sur une certaine épaisseur. La colonne d'eau présente alors une stratification thermique estivale, phénomène caractéristique des lacs qui permet de distinguer durant la saison chaude trois couches superposées :

– une couche superficielle ou *épilimnion,* à température plus élevée que le reste de la colonne d'eau, avec un gradient de température généralement faible due à l'homogénéisation de cette couche sous l'influence du vent ;

– le *métalimnion,* caractérisé par un gradient thermique très accusé (thermocline), la température s'abaissant rapidement pour une faible augmentation de la profondeur ;

– une couche profonde ou *hypolimnion,* d'autant plus épaisse que le lac est plus profond, à température basse et relativement constante au cours de l'année.

L'épaisseur et la température de l'épilimnion augmentent continuellement depuis le printemps jusqu'à la fin de l'été sous la double influence des radiations solaires et de la température de l'air, importantes durant cette période.

A la fin de l'été, le refroidissement nocturne de l'air abaisse la température des eaux superficielles qui s'alourdissent et descendent jusqu'à retrouver en profondeur une couche de même densité. Plus la saison avance, plus basse est la température de l'épilimnion et la thermocline s'enfonce et s'estompe progressivement ; l'ensemble de la masse d'eau s'homogénéise et se refroidit. Si l'hiver est long et intense, la température des eaux superficielles peut descendre en dessous de 4 °C ; ces eaux très froides et donc plus légères restent en surface et peuvent geler. Les possibilités et la durée de la prise en glace sont conditionnées par la climatologie locale largement influencée par la situation géographique (latitude, altitude), les caractéristiques morphométriques de la cuvette et la quantité de chaleur stockée dans la masse d'eau.

La stratification thermique estivale isole les couches supérieures chaudes des couches inférieures froides, engendrant un certain nombre de phénomènes au sein de la masse lacustre. Dans l'épilimnion, l'énergie lumineuse est utilisée par les organismes chlorophylliens qui élaborent la matière végétale par photosynthèse et biosynthèse à partir des sels nutritifs dissous dans l'eau. A mesure que le phytoplancton se développe, l'épilimnion s'appauvrit progressivement en éléments requis pour la croissance des algues (azote, phosphore, silice dans le cas des diatomées). Les processus de photosynthèse, dominants dans la couche éclairée dite trophogène *, assurent des teneurs importantes en oxygène dissous (fig. 6.1).

L'hypolimnion, où dominent les processus de décomposition (zone tropholytique *), s'enrichit en permanence des matières en suspension sédimentant à partir de l'épilimnion. La dégradation de cette matière organique morte dans un milieu où la photosynthèse n'est plus possible, abaisse progressivement la

* Voir glossaire.

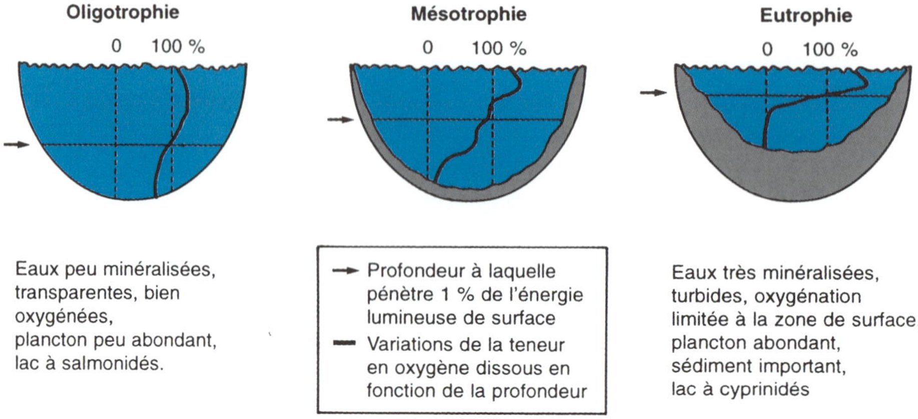

Fig. 6.1. Évolution de la répartition verticale de l'oxygène dissous en fonction du niveau de trophie du milieu.

teneur en oxygène dissous, d'autant plus que la durée de la stratification estivale et l'apport de matières à décomposer sont plus importants, pouvant aller dans les cas extrêmes jusqu'à l'anoxie des couches profondes (fig. 6.1).

La circulation des eaux assure le mélange des diverses couches précédemment isolées les unes des autres et entraîne une homogénéisation de l'ensemble du lac. C'est à la fin de l'hiver, avant que ne commence le réchauffement superficiel des eaux, que l'on a la meilleure estimation de l'importance des stocks de matières nutritives disponibles pour le phytoplancton dans la zone trophogène et des réserves en oxygène dissous au fond du lac.

Dans le métalimnion, le fort gradient vertical de la température se traduit par une variation importante de la densité de l'eau, ralentissant la vitesse de sédimentation des particules. Dans cette couche peut se développer une zone de décomposition intense qui entraîne une diminution de la teneur en oxygène dissous, phénomène d'autant plus marqué que le milieu est plus eutrophe.

La vie dans les eaux

La biocénose, dont la structure et la composition diffèrent selon les biotopes, est une communauté d'organismes variés : bactéries, végétaux microscopiques (phytoplancton) ou de plus grande taille (macrophytes), animaux unicellulaires (protozoaires), invertébrés (rotifères, vers, insectes à l'état larvaire ou adulte, mollusques, microcrustacés du zooplancton et du benthos, etc.) et vertébrés (reptiles, batraciens, poissons). Les oiseaux et les mammifères interviennent également dans le fonctionnement de l'écosystème aquatique, en y prélevant leur nourriture et en y abandonnant leurs excréments. Les poissons, bien que fortement attractifs pour l'homme, ne représentent cependant qu'une faible part de l'abondance et de la biomasse des organismes aquatiques.

Les organismes vivants sont susceptibles de coloniser l'ensemble du milieu aquatique en fonction de leurs exigences (lumière pour la photosynthèse,

Planche 1. Quelques organismes du phytoplancton

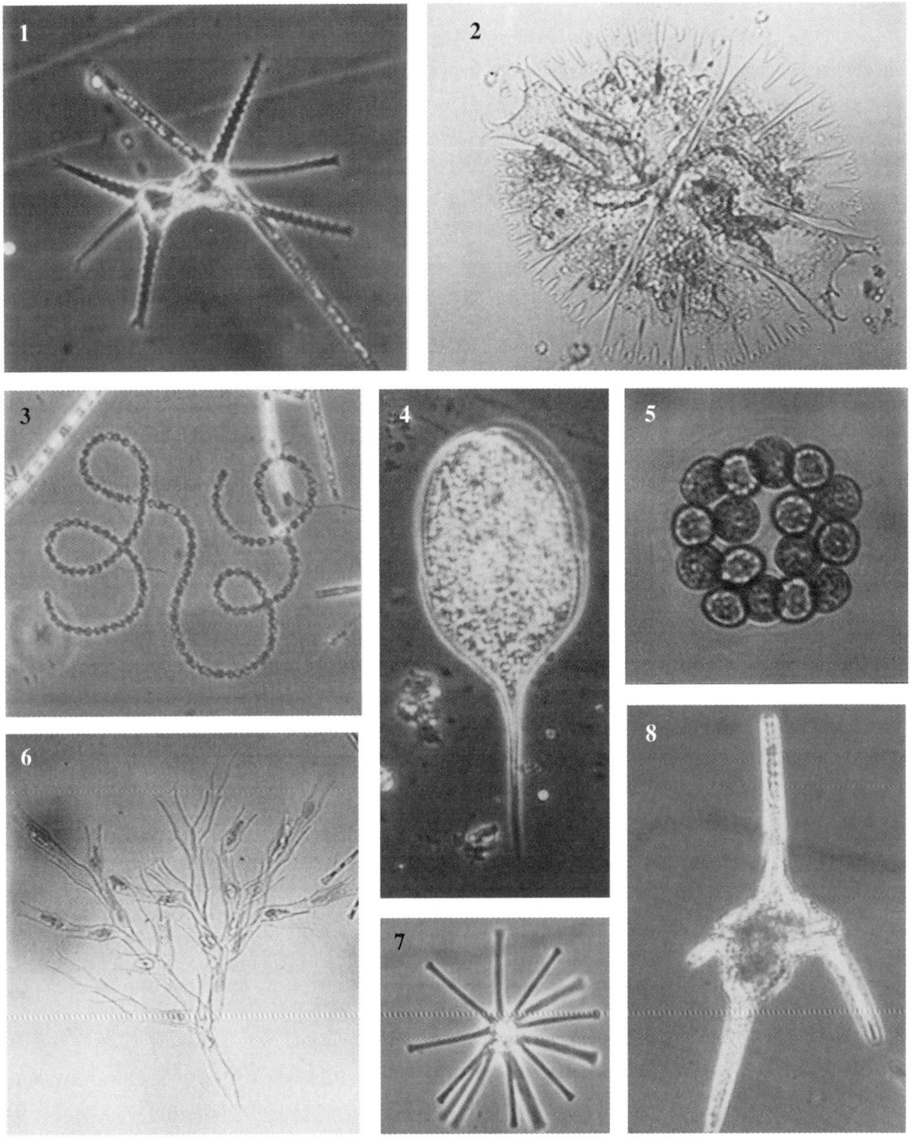

1. Staurastrum messikommeri *(Zygophycée), l = 80 µm*
2. Micrasterias notata *(Zygophycée), l = 320 µm*
3. Anabaena spiroïdes *(Cyanobactérie), d = 4 µm*
4. Phacus longicauda *(Euglénophycée), l = 150 µm*
5. Eudorina elegans *(Chlorophycée), D = 60 µm*
6. Dinobryon divergens *(Chrysophycée), l = 35 µm*
7. Asterionella formosa *(Diatomophycée), D = 100 µm*
8. Ceratium hirundinella *(Dinophycée), l = 60 µm*
d = diamètre d'une cellule
D = diamètre de la colonie
l = longueur d'une cellule

besoins respiratoires, ressources alimentaires), en dehors des limitations imposées par d'éventuels problèmes de qualité des eaux ou de pollution.

Dans les torrents et les rivières, les organismes peuplent de préférence la zone benthique, accrochés à un support dans les zones d'eau vive, ou à l'abri du courant dans la couche limite. En milieu stagnant, la colonisation végétale et animale concerne à la fois la zone littorale, la pleine eau (plancton) et les sédiments (benthos).

Cependant, l'importance relative et la composition de ces différents groupements biologiques diffèrent selon la nature des milieux. La végétation littorale, généralement peu développée dans les lacs, prend de l'extension dans les étangs au détriment de la zone de pleine eau et atteint son développement maximum dans les marais et tourbières où l'eau libre peut finir par disparaître.

Le plancton, pratiquement absent dans les cours d'eau rapides, ne se développe que dans les eaux stagnantes ou les cours d'eau lents. Il regroupe l'ensemble des organismes animaux et végétaux de très petite taille qui évoluent en pleine eau, mais dont les mouvement propres sont insuffisants pour leur permettre de s'opposer aux courants, à la différence des poissons, capables de se déplacer à contre-courant. Ces végétaux et animaux planctoniques dont la densité est voisine de celle de l'eau, flottent presque en état d'apesanteur.

La taille du phytoplancton (formes filamenteuses et coloniales exclues) varie entre 2 µm (chlorelles) et 700 µm (*Closterium ehrenbergii*). Le zooplancton dépasse rarement 2 à 3 mm, sauf certaines espèces « géantes » comme la méduse d'eau douce *Craspedacusta sowerbyi* (17 mm), les cladocères prédateurs *Leptodora kindtii* (13 mm) et *Bythotrephes longimanus* (10 mm), et les larves du diptère *Chaoborus* (12 mm).

Fonctionnement de l'écosystème aquatique

Le réseau trophique

Le réseau trophique est un vaste système de relations d'ordre alimentaire reliant entre eux tous les organismes et assurant le transfert de matière et d'énergie depuis l'échelon producteur jusqu'à l'échelon terminal, le plus souvent représenté par les poissons. A cet ensemble s'ajoutent les parasites et les animaux ichtyophages (oiseaux, mammifères) qui peuvent perturber le fonctionnement de l'écosystème et nuire à la production piscicole (Balvay 1983, 1985).

Les végétaux élaborent leur propre substance en puisant dans l'eau les éléments nutritifs indispensables (notamment carbone, azote et phosphore). En milieu stagnant, la biomasse végétale représentée par le phytoplancton sert de nourriture aux organismes herbivores du zooplancton (rotifères, daphnies) qui sont à leur tour consommés par le zooplancton carnivore (*Cyclops, Leptodora, Bythotrephes*) et par tous les alevins de poissons quelle qu'en soit l'espèce. Lorsque le poisson grandit, son régime alimentaire se spécialise : le corégone (appelé féra au Léman, lavaret dans les lacs d'Annecy et du Bourget) consomme du zooplancton à longueur de vie, la carpe et la lotte exploitent le benthos (organismes vivant sur ou dans le sédiment), le brochet s'attaque aux autres poissons, etc.

Structure du réseau trophique

En fonction de leurs caractéristiques nutritionnelles, les organismes sont regroupés en :

– *producteurs*, organismes autotrophes qui, par photosynthèse, utilisent les éléments nutritifs disponibles dans l'eau pour élaborer leur propre matière organique. Le phytoplancton assure la production primaire qui constitue la base du réseau trophique en milieu stagnant. Dans les eaux courantes où le plancton ne peut se développer, la production primaire est assurée par la microvégétation littorale et benthique constituant la fraction végétale de la couverture biologique du substrat ;

– *consommateurs hétérotrophes*, utilisant la matière végétale ou animale produite dans le milieu pour assurer leur propre subsistance. Ce sont tous les animaux, et en particulier les organismes zooplanctoniques, herbivores et carnivores, ainsi que les poissons ;

– *décomposeurs* (bactéries principalement) qui transforment la matière organique morte en la simplifiant, restituant dans le milieu des sels minéraux assimilables par les organismes producteurs.

Rendement du réseau trophique

Les transferts entre les différents compartiments s'effectuent avec des rendements très variables en raison des inévitables pertes inhérentes à tout processus physiologique. Le rendement final de l'écosystème aquatique est généralement estimé par le rapport de la production piscicole totale (ou du tonnage des pêches) à la production primaire * phytoplanctonique (Balvay 1995). Il peut être aussi calculé par rapport à l'énergie incidente, mais il reste biaisé dans la mesure où les apports énergétiques sous forme d'éléments fertilisants ne sont jamais pris en compte (tabl. 6.1).

Tableau 6.1. Production et rendement de différents niveaux trophiques dans le Loch Leven (Écosse) et le lac George (Ouganda) (d'après Burgis & Dunn 1978 in Balvay, 1995). Énergies exprimées en kJ·m^{-2}·an^{-1}.

	Énergie solaire incidente	Production primaire (phytoplancton)	Production secondaire (zooplancton)	Production tertiaire (poissons)	Pêche
Loch Leven	388 10^4	20 000	1 614	150	5
Lac George	719 10^4	23 200	650	150	50
Rendements par rapport à la production primaire = 100 %					
Loch Leven		100	8,1	0,75	0,025
Lac George		100	2,8	0,65	0,22
Rendements par rapport à l'énergie incidente = 100 %					
Loch Leven	100	0,52	0,04	0,004	0,0001
Lac George	100	0,32	0,009	0,002	0,0007

* Voir glossaire.

Types de réseaux trophiques et modifications fonctionnelles

L'organisation du réseau trophique diffère selon les plans d'eau, les caractéristiques physico-chimiques du milieu et l'importance relative des différents compartiments. Il s'effectue principalement à partir de la chaîne directe de production. Lorsque le milieu reçoit peu d'apports en éléments nutritifs d'origine exogène ou endogène, la production primaire est en général peu importante et la faible biomasse algale produite ne peut sustenter qu'un zooplancton peu abondant utilisé à son tour par un nombre réduit de poissons (fig. 6.2 : milieu oligotrophe). A l'opposé, dans un milieu enrichi en éléments nutritifs, l'intense production phytoplanctonique n'est pas entièrement utilisée par le zooplancton ; le stock de matière organique morte favorise le développement des bactéries qui recyclent, après transformation de la matière organique, des éléments nutritifs en tête du réseau trophique, contribuant ainsi à l'intensification de la production algale (fig. 6.2 : milieu eutrophe). Entre ces deux cas extrêmes existent tous les degrés intermédiaires de la mésotrophie.

L'importance des transferts de matière et d'énergie au sein du réseau trophique dépend de deux mécanismes : l'influence des ressources nutritives ou régulation ascendante *(bottom-up control)* et les incidences de la prédation ou régulation descendante *(top-down control)*.

L'homme est susceptible d'amplifier l'effet de l'un ou l'autre de ces facteurs ; son action sur un ou plusieurs compartiments du réseau trophique vise à améliorer le cheminement de l'énergie et de la matière. Diverses méthodes sont employées : stimulation de la production végétale par fertilisation, limitation de la compétition interspécifique, élimination d'espèces indésirables (parasites, prédateurs, impasses trophiques), modification du peuplement piscicole, etc. (Balvay, 1980).

L'augmentation des apports en sels minéraux intensifie la production végétale et profite aussi bien au phytoplancton qu'aux macrophytes. La suppression des macrophytes favorise le développement du phytoplancton qui dispose alors d'une plus importante source d'éléments nutritifs et fournit ainsi une ressource alimentaire plus abondante pour le zooplancton.

Lorsque le zooplancton est trop abondant, il élimine la majeure partie du phytoplancton et se voit menacé de disparition par manque de nourriture, entraînant alors la réduction des ressources alimentaires pour les poissons planctophages. Pour limiter ces risques de disette, la fertilisation organique amène dans le milieu des bactéries qui remplacent passagèrement le phytoplancton dans l'alimentation du zooplancton filtreur. La biomasse phytoplanctonique se reconstitue ensuite grâce à la minéralisation de la matière organique ainsi apportée.

Un peuplement piscicole trop important peut limiter l'abondance du zooplancton ; celui-ci n'est alors plus apte à contrôler efficacement le développement phytoplanctonique qui devient excessif. Il en résulte une dégradation de la qualité des eaux (aspect inesthétique du milieu, odeurs et goûts de l'eau et des poissons, etc.).

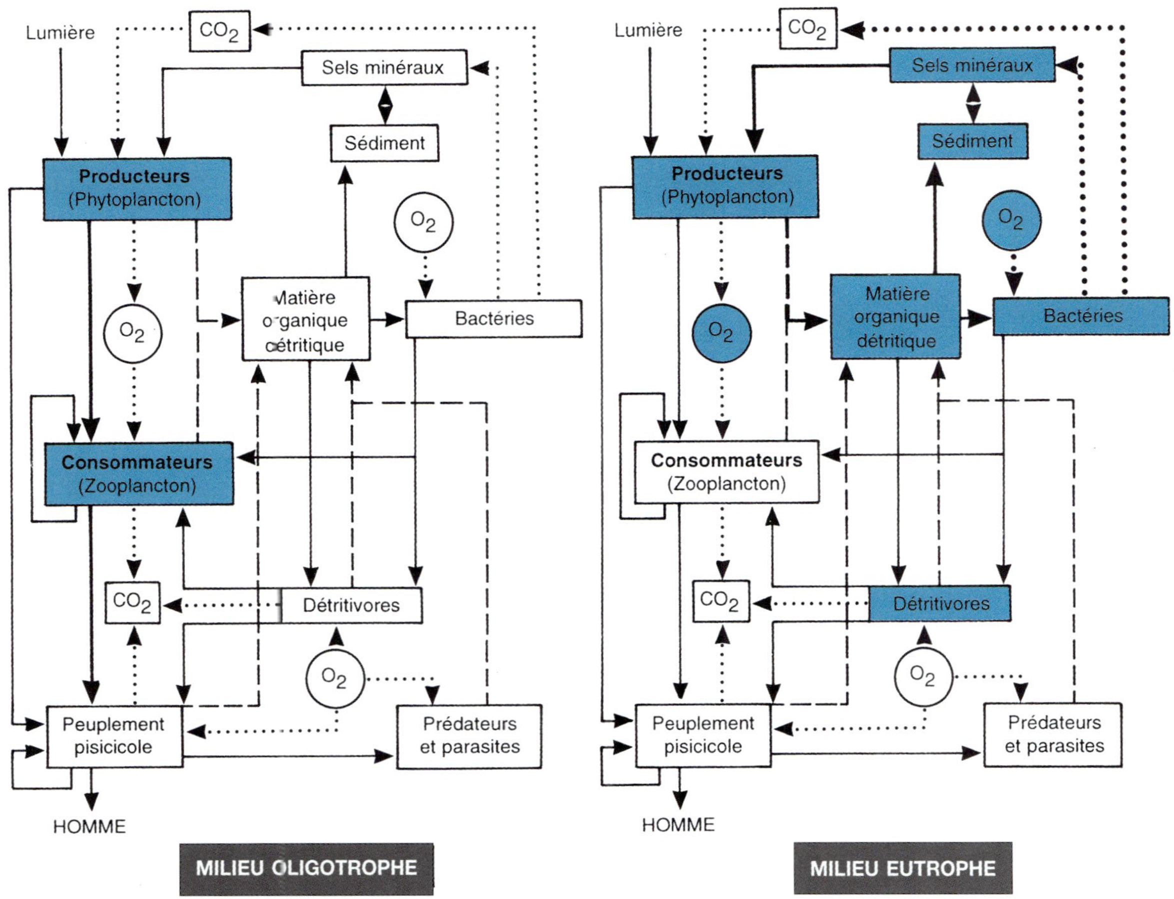

Fig. 6.2. Circulation de la matière en milieu aquatique. Les flèches épaisses indiquent la circulation préférentielle et les zones grisées les principaux compartiments concernés.

Rôle du réseau trophique

Le milieu aquatique, grâce à la structure et au fonctionnement du réseau trophique, constitue ainsi un écosystème à la fois autoproducteur et autoépurateur dont le fonctionnement repose uniquement sur l'énergie incidente et les apports du bassin versant :

– autoépurateur, la matière organique morte et les déchets du métabolisme étant transformés et réutilisés sous une autre forme dans le plan d'eau lui-même grâce à la structure fonctionnelle du réseau trophique ;

– autoproducteur car dans ce milieu actif, la vie se développe sous des formes très variées, fournissant aux différents compartiments du réseau trophique la nourriture naturelle requise, tout en assurant la production d'oxygène indispensable aux animaux grâce aux végétaux aquatiques (phytoplancton, macrophytes et périphyton *).

Par ces deux caractéristiques, le fonctionnement d'un lac (ou d'un étang de pisciculture) se distingue nettement de celui des piscicultures intensives où les poissons sont alimentés avec une nourriture d'origine exogène et vivent dans une eau qui n'est qu'un support passif, vecteur d'oxygène et évacuateur des déchets vers l'aval du lieu de production.

L'évolution de la qualité des eaux : l'exemple du Léman

Les bactériologistes furent les premiers à déceler la dégradation de la qualité des eaux du Léman, les pêcheurs attirant ensuite l'attention sur l'action néfaste des eaux résiduaires. Dès 1957, un programme d'études a été mis en place dont les résultats principaux, 4 ans plus tard, ont confirmé l'évolution négative du milieu : diminution de la transparence des eaux, désoxygénation et augmentation de la concentration du phosphore dans les eaux profondes, abondance accrue des germes dans les eaux littorales, développement intense de certaines espèces phytoplanctoniques (fleurs d'eau).

Autrefois oligotrophe, le Léman a subi une eutrophisation accélérée, avec une augmentation voisine d'un facteur 10 de la teneur moyenne annuelle en phosphore total, de 10 $\mu g \cdot l^{-1}$ dans les années 50 à plus de 90 $\mu g \cdot l^{-1}$ à la fin des années 70. Depuis 1980, on constate une diminution du stock de phosphore et une amélioration globale de la qualité des eaux par suite de la mise en place progressive des systèmes d'épuration dans le bassin versant.

Évolution de la transparence

Les nombreuses études effectuées dans le Léman permettent de retracer l'évolution de la transparence des eaux en relation avec les changements du niveau de trophie du milieu. La transparence varie en fonction inverse de l'abondance des particules en suspension, et en particulier du phytoplancton (Druart *et al.*, 1984).

* Voir glossaire.

Les premières mesures effectuées par Forel à la fin du siècle dernier montrent des variations saisonnières relativement régulières, avec une courbe en forme de cloche passant d'environ 15 m en hiver à 6 m en été (Balvay *et al.*, 1990). De nos jours, cette courbe présente un net contraste, avec deux minima, l'un très prononcé en mai et le second en fin d'automne, séparés par la phase des eaux claires en juin. Absente lorsque le Léman était encore oligotrophe, la phase des eaux claires s'est développée avec l'accroissement de l'eutrophisation (fig. 6.3).

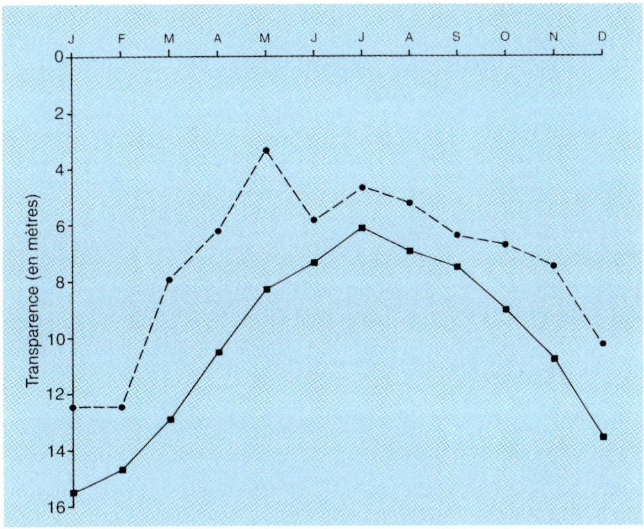

Fig. 6.3. Évolution de la transparence moyenne mensuelle dans le lac Léman à la fin du siècle dernier (trait plein : 1874-1891) et durant la phase d'eutrophisation maximale du Léman (tirets : 1976-1980).

Cette phase des eaux claires résulte de la prédation exercée par le zooplancton herbivore, et plus particulièrement par les daphnies, sur le phytoplancton. Le développement végétal intense au printemps, dans des eaux en cours de réchauffement, riches en éléments nutritifs et soumises à une énergie lumineuse croissant au fil des jours, entraîne une pullulation des algues principalement nanoplanctoniques qui amenuise fortement la transparence des eaux, minimale en général à la fin du mois de mai. Le zooplancton commence à se développer lui aussi au printemps, mais beaucoup plus lentement que le phytoplancton. L'abondante ressource nutritive algale permet la prolifération des daphnies dont le broutage est si intense à la fin de mai qu'il entraîne la disparition presque totale du nanophytoplancton, d'où une brusque augmentation de la transparence des eaux fin mai-début juin. La carence en silice observée à cette période ne fait qu'accentuer la disparition des diatomées, principal constituant du phytoplancton printanier.

Durant le second semestre la transparence varie de façon plus aléatoire : la composition du phytoplancton a changé, le nanophytoplancton est remplacé par des espèces algales de plus grande taille, parfois filamenteuses et difficilement ingérables par le zooplancton herbivore (impasses trophiques).

Évolution du zooplancton

L'évolution à long terme de la biomasse zooplanctonique du Léman a suivi les variations du niveau de trophie du lac et présente plusieurs phases successives (fig. 6.4) :

– la phase d'eutrophisation croissante des eaux a entraîné une augmentation progressive de la biomasse zooplanctonique ;

– la biomasse zooplanctonique culmine lors de la période d'eutrophisation maximale du Léman ;

– la régression du niveau d'eutrophisation amène une brutale réduction de l'abondance du zooplancton jusqu'en 1985, suivie d'une phase de diminution moins intense à l'heure actuelle.

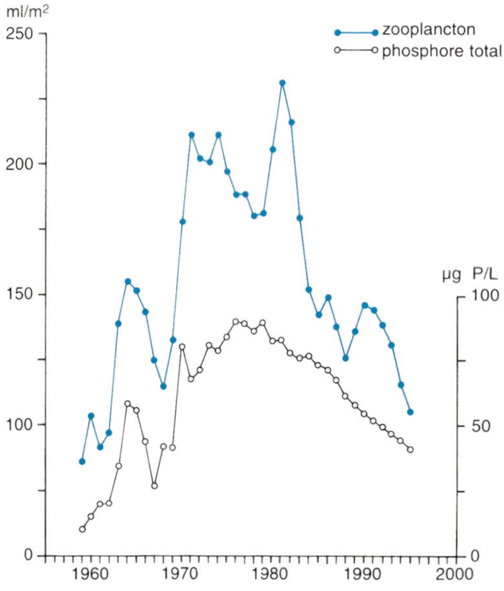

Fig. 6.4. Évolution comparée de l'abondance du zooplancton et du phosphore total dans le lac Léman de 1959 à 1995.

Gestion des milieux aquatiques

La multiplicité des vocations dévolues à un même milieu aquatique soulève des problèmes de gestion. On peut être amené à augmenter la production à des fins piscicoles (étangs de production par exemple) ou au contraire à maintenir une qualité acceptable pour d'autres besoins (eau potable, baignade, etc).

Accroissement de la production

Dans les étangs de production piscicole, une polyculture extensive bien adaptée au milieu permet d'exploiter toutes les sources de nourriture présentes dans le milieu.

La fertilisation des eaux permet d'augmenter la production végétale et par suite la production piscicole. Mal contrôlée, elle peut se révéler très néfaste en débouchant sur une impasse trophique (algues filamenteuses non consommées par le zooplancton par exemple).

Protection contre l'eutrophisation

Lorsque les sources de pollution sont supprimées, la restauration physico-chimique et biologique des eaux courantes se manifeste rapidement grâce au renouvellement continu de l'eau. Il n'en est pas de même dans les milieux stagnants dont le temps de réaction dépend du volume d'eau et du relargage éventuel du phosphore présent dans les sédiments.

Cependant, les rivières et les fleuves recevant d'importants apports en phosphore sont potentiellement en danger ; il suffit que de tels cours d'eau soient fortement ralentis par suite de la construction d'un barrage pour que les conditions de milieu changent profondément et que l'eutrophisation se manifeste.

Mesures préventives

■ Au niveau des pollutions diffuses

La réduction des apports polluants passe par une utilisation judicieuse des engrais chimiques et des pesticides, une amélioration des pratiques culturales, la limitation de l'érosion et des ruissellements par maintien d'un couvert végétal, des bandes enherbées et des haies, etc.

■ Au niveau des sources ponctuelles

La réalisation des stations d'épuration permet de traiter les eaux résiduaires qui se déversaient directement dans les lacs et rivières et de les rejeter dans le milieu aquatique après traitement. En cas de rejet des eaux épurées dans les lacs, il est nécessaire de pratiquer la déphosphatation, le plus souvent par précipitation chimique.

En dehors de l'assainissement individuel lié à l'habitat dispersé, la collecte des eaux résiduaires est effectuée au niveau de chaque agglomération ou bien concerne une zone plus vaste : la majeure partie de la rive française du Léman est drainée par un égout unique aboutissant à la station d'épuration de Thonon-les-Bains, tandis qu'un collecteur périphérique protège l'ensemble des rives du lac d'Annecy en envoyant les eaux usées vers une station d'épuration située en aval du plan d'eau. Cette situation a été adoptée également pour les lacs du Bourget et de Nantua.

Mesures curatives

Certaines mesures curatives concernent directement les plans d'eau : oxygénation des eaux profondes (lac de Nantua), soutirage des eaux hypolimniques désoxygénées et riches en éléments nutritifs (lac de Paladru), inactivation des sédiments, etc.

Lutte contre les pollutions toxiques

Les divers types de pesticides utilisés dans les bassins versants agricoles se retrouvent dans les eaux, à des concentrations qui n'atteignent que rarement des valeurs critiques dans le milieu naturel.

Ces substances toxiques peuvent cependant induire des altérations physiologiques, non apparentes *a priori*, mais susceptibles de diminuer les capacités de compétition des espèces les plus sensibles. Une telle perturbation peut provoquer la raréfaction, voire même la disparition de ces espèces en l'absence de tout effet létal direct, d'où le risque à terme d'aboutir à une modification des peuplements, préjudiciable à l'équilibre de l'écosystème. Ces processus encore mal connus méritent une attention particulière.

Glossaire

Trophogène : qualifie les processus de production de matière organique et par extension la zone de leur production.

Tropholytique : qualifie les processus de dégradation de la matière organique et par extension la zone de leur dégradation.

Production primaire : ensemble de la matière organique élaborée par les végétaux (phytoplancton, macrophytes, et périphyton).

Périphyton : Ensemble des organismes vivant sur des substrats immergés (pierres, végétaux, etc.).

Références bibliographiques

Balvay G., 1980. Fonctionnement et contrôle du réseau trophique en étang. *In* R. Billard (Ed.), *La Pisciculture en étang*. INRA, Paris, 47-79.

Balvay G., 1983. L'alimentation naturelle des alevins de brochet (*Esox lucius* L.) durant leur premier mois de vie. *In* R. Billard (Ed.), *Le brochet : gestion dans le milieu naturel et élevage*. INRA, Paris, 371 p., 179-188.

Balvay G., 1985. Structure et fonctionnement du réseau trophique dans les retenues artificielles. *In* D. Gerdeaux et R. Billard (Eds) : *Gestion piscicole des lacs et retenues artificielles*. INRA, Paris, 274 p.

Balvay G., 1995. Ressources et comportements alimentaires des poissons. *In* R. Pourriot & M. Meybeck : Limnologie générale. Masson (Ed.), Paris. Coll. Écol., 25, 956 p.

Balvay G., Gawler M. & Pelletier J.P., 1990. Lake trophic status and the development of the Clear Water Phase in Lake Geneva. *In* M.M. Tilzer et C. Serruya (Eds), *Large Lakes : Ecological Structure and Function*. Brock/Springer Series in contemporary Bioscience, Univ. Wisconsin, 580-591.

Burkard P., 1984. Hydrologie, bilan hydrologique. *In Commission Internationale pour la Protection des Eaux du Léman : Le Léman.* Synthèse 1957-1982. CIPEL (Ed.), Lausanne, 650 p.

Druart J.C., Pelletier J., Pongratz E. et Revaclier R., 1984. Phytoplancton. *In Commission Internationale pour la Protection des Eaux du Léman : Le Léman,* synthèse 1957-1982. CIPEL (Ed.), Lausanne, 650 p.

Lacroix G., 1991. *Lacs et rivières, milieux vivants*. Écoguides Bordas, Paris, 255 p.

Meybeck M., 1995. Les lacs et leur bassin. *In* R. Pourriot et M. Meybeck : *Limnologie générale.* Masson (Éd.), Paris. Coll. Écol., 25, 956 p.

Orand A., Dorioz J.M. et Gagnaire J., 1996. Bilan des apports par les affluents au Léman et au Rhône à l'aval de Genève. Campagne 1995. *Rapp. Comm. int. Prot. Eaux Léman contre pollut.,* 199-217.

L'eau et le poisson

Henri Le Louarn

Dans les conditions normales, l'eau présente pour les organismes qui y vivent une grande stabilité : les variations de température, les chocs, les vibrations sont fortement atténués par rapport à la situation dans l'air (par contre les perturbations d'ordre chimique sont accentuées). Par sa densité, l'eau facilite aussi les déplacements avec un minimum de dépenses physiques. C'est le milieu originel de la vie, et elle continue à offrir « le gîte et le couvert » à toute une gamme d'organismes végétaux et animaux, permettant ainsi l'établissement de chaînes alimentaires complexes et équilibrées.

Le poisson, dernier maillon de ces chaînes alimentaires, va donc y trouver de bonnes conditions de survie, de croissance et de reproduction dans la mesure où les perturbations du milieu ne seront ni trop fortes ni trop prolongées.

Les exigences du poisson

Les conditions de survie

Pour survivre et assurer ses principales fonctions vitales, le poisson présente un certain nombre d'exigences minimales quant à son environnement.

Le poisson est un animal à sang froid dont la température interne dépend de la **température environnante**. Celle-ci exerce donc une profonde influence sur les activités biologiques dont le rythme double pour une élévation de 10°. Chaque espèce supporte des variations avec des limites supérieure et inférieure de tolérance, encadrées par des limites de résistance en général peu différentes des premières, et entre lesquelles la survie est possible un certain temps. La température optimale est proche de la limite supérieure de tolérance. De plus, les différentes espèces sont plus ou moins sensibles : la carpe survit de 2° à 35°, tandis que pour les salmonidés (truites, saumons) la température létale supérieure est de 26°. Certaines espèces supportent des variations étendues, d'autres des variations plus étroites.

L'oxygène dissous est limitant pour beaucoup d'espèces d'eau courante qui demandent une teneur supérieure à 5 mg/l, alors que d'autres (carpe, poisson-chat) peuvent survivre dans un milieu moins riche (1 à 5 mg/l).

Température et oxygène sont liés car la teneur en oxygène de l'eau diminue de façon exponentielle avec l'augmentation de température.

Le potentiel hydrogène (pH) qui dépend d'abord de la nature du substrat géologique local est modifié par la teneur en gaz carbonique de l'eau. En milieu acide, de grandes variations sont observables en liaison avec l'intensité de la photosynthèse. En règle générale, les valeurs les plus favorables sont proches de la neutralité, de (6 à 8). Les limites supérieures sont proches des valeurs suivantes : 9,2 (truites fario et arc-en-ciel), 10,7 (brochet), 10,8 (carpe et tanche). Les jeunes stades de toutes les espèces sont particulièrement sensibles aux écarts de pH.

Le poisson aura besoin également d'une certaine **structuration du milieu** (caches, luminosité et ombrage, courant, zones profondes, etc.) variable avec les espèces mais aussi au cours de la vie. Le meilleur exemple en est la répartition des espèces le long du cours d'eau (fig. 7.1).

La pente et le débit du cours d'eau déterminent la vitesse du courant. Cette dernière interdit la partie amont aux espèces peu adaptées (brème, gardon, rotengle, perche...) et façonne le lit de la rivière : (granulométrie du fond, profil, présence de végétation aquatique). Des ruptures de pente, l'existence

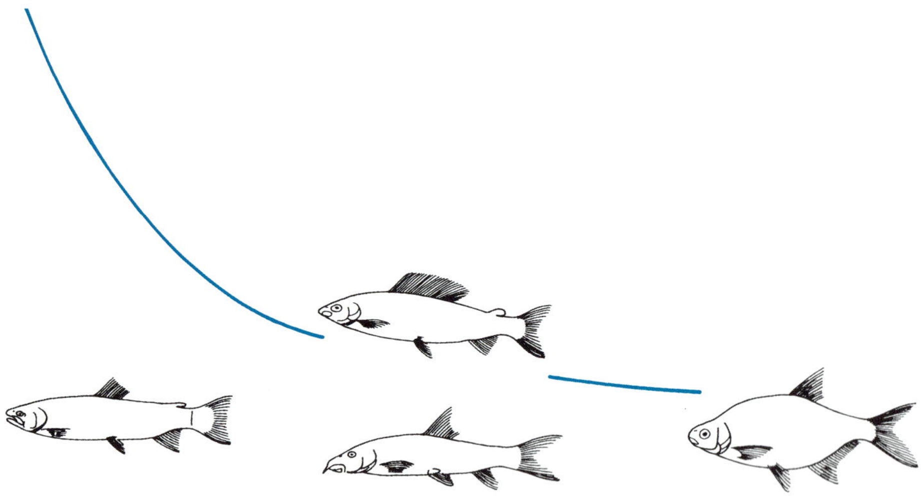

Zone à truite	Zone à ombre commun Zone à barbeau	Zone à brème
Pente 4 à 8 ‰	2,5 à 5 ‰· 0,8 à 3 ‰	< 1,5 ‰
Fonds pierreux ou rocheux dominants. Peu ou pas de végétation.	Fonds de cailloutis, graviers et sable Développement des végétaux	Fond de sable ou vase Végétation importante
Profondeur < 0,80 m.	1 à 1,5 m (maximum)	Jusqu'à 2 m

Fig. 7.1. Définition des zones de répartition des espèces typiques le long d'un cours d'eau (d'après Huet, 1949).

d'anciens biefs de moulins, permettent un enrichissement en espèces le long du cours d'eau par diversification du milieu.

A partir de ces caractéristiques du milieu, on va distinguer deux types de rivières pour l'accueil du poisson :

– des cours d'eau dits *de première catégorie* piscicole. Le courant y est rapide et les salmonidés dominent (saumons, truite), ainsi qu'un certain nombre d'espèces compagnes typiques d'eaux froides et bien oxygénées (vairon, chabot, loche). La partie amont de toutes les rivières abrite une telle communauté d'espèces ;

– des cours d'eau dits *de deuxième catégorie* piscicole. Ce sont les rivières de plaine, peuplées de cyprinidés (carpe, tanche, gardon, brême, chevaine…). La plus forte production et le nombre d'espèces nettement supérieur, permettent l'accueil de prédateurs plus nombreux (brochet, sandre, silure).

La croissance

Le facteur le plus important est la température qui détermine en tout premier lieu le niveau d'activité du poisson. Le métabolisme augmente avec la température tant au niveau de la consommation d'oxygène que des besoins alimentaires. La satisfaction de ces besoins permettra donc une augmentation de croissance.

La température agit également sur la disponibilité alimentaire du milieu en augmentant la croissance de la biomasse de la faune et de la flore nourricières.

Par ailleurs, la lumière et la teneur en minéraux (azote, phosphore, calcium, silice, etc.) favorisent l'augmentation de la production primaire (phytoplancton, végétaux divers) et par voie de conséquence la biomasse qui s'en nourrit.

La reproduction

Une fonction aussi complexe va entraîner des exigences différentes pour chacune de ses étapes :

– la maturation sexuelle va être guidée par la température et la photopériode (descendantes chez la truite et le saumon, ascendantes chez les autres espèces). D'une façon générale, on peut dire que la reproduction des salmonidés se déroule à des températures inférieures à 15°, celle des cyprinidés exigeant des valeurs supérieures à 18°. La salinité et l'oxygénation ont également une influence importante sur certaines espèces ;

– l'accès aux frayères pose souvent des problèmes, particulièrement pour les migrateurs (saumon, truite, alose) qui peuvent être limités par des causes naturelles comme un débit insuffisant du cours d'eau, des barrages physiques ou des zones polluées ;

– le devenir de la ponte dépend de la qualité de la frayère. Les supports sont variés, allant de graviers de granulométrie précise (truite, saumon) à des végétaux d'une texture donnée (brochet, carpe). Les frayères peuvent être aménagées (salmonidés, sandre). Toute perturbation du milieu sera donc ressentie de façon négative (colmatage par les matières en suspension des cailloux des frayères à salmonides, disparition de la végétation) ;

– les œufs et les jeunes stades encore en relation plus ou moins étroite avec la frayère seront particulièrement sensibles aux agressions du milieu. La ponte de la truite dont les œufs (peu nombreux et de grande taille) sont bloqués pendant 6 semaines et dont les alevins restent ensuite à proximité immédiate de la frayère pendant près d'un mois, est bien plus exposée qu'une ponte de carpe (petits œufs, très nombreux), dispersée sur plusieurs sites et dont les alevins seront autonomes en 10 jours.

– la réussite de la reproduction va dépendre en fait du fonctionnement du bassin-versant. On peut distinguer des influences naturelles qui sont liées à la morphologie du terrain comme la pente et le substrat, ou à des conditions climatiques données comme la hauteur d'eau et la vitesse du courant, et des perturbations par les activités humaines (pratiques agricoles, rejets urbains, activités industrielles). Globalement, tout ce qui agit sur le substrat et la végétation aquatique aura une influence sur les conditions de reproduction et la survie des juvéniles. On peut parler ici d'une ***qualité*** du milieu nécessaire à l'ensemble de la fonction de reproduction.

Les pollutions

La richesse du milieu aquatique en végétaux et animaux est conditionnée par la présence des minéraux qu'il contient (fertilisants azotés et phosphates en particulier) ; mais le bon fonctionnement des cycles biologiques et biochimiques implique pourtant qu'aucun d'eux ne dépasse les capacités d'autoépuration du milieu. Une eau doit être considérée comme polluée au point de vue piscicole lorsque sa composition est modifiée au point de menacer, soit temporairement soit de façon permanente, un stade de la vie ou l'existence même du poisson. Ces menaces peuvent concerner aussi la faune et la flore aquatiques nécessaires à son alimentation et à sa reproduction (frayères).

Vulnérabilité du poisson

Toute la surface du corps du poisson est tapissée en général par un squelette dermique, les écailles, qui en se recouvrant partiellement comme les ardoises d'un toit assurent une protection mécanique. Elles sont enduites d'un mucus secrété par des glandes superficielles, plus abondant chez certaines espèces, et renforçant cette protection. De nombreuses substances provoquent une hypersécrétion, augmentant ainsi la protection. Sauf blessures, ou exposition aux acides coagulants, ce mucus constitue une barrière normalement très efficace.

La pénétration des polluants par ingestion est également réduite car les poissons avalent très peu d'eau ; par contre, l'eau peut contenir certaines substances qui par accumulation dans la biomasse nourricière passent dans l'organisme du poisson après ingestion.

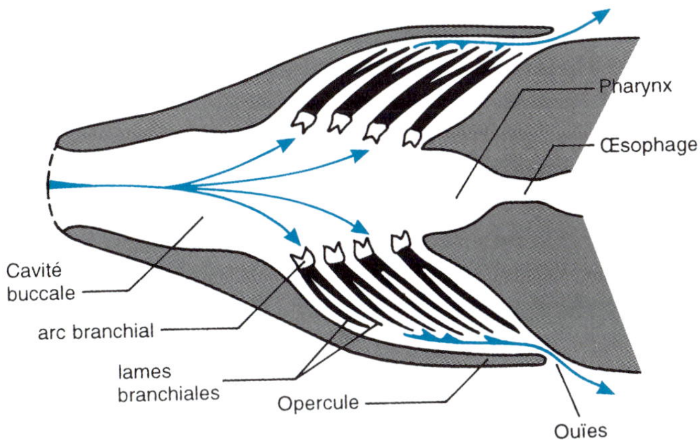

Fig. 7.2. Appareil branchial, vue d'ensemble en coupe horizontale. Quatre paires de branchies sont situées sous les opercules. Une branchie est composée d'un axe squelettique supportant deux fines lamelles unies à leur base. Elles sont parcourues par de nombreux vaisseaux capillaires sanguins provenant d'une artère afférente et se déversant dans une artère déférente. Entre les arcs branchiaux se trouvent les fentes branchiales laissant passer l'eau qui vient de la bouche et ressort par les ouïes. Ainsi les branchies sont baignées par un courant d'eau permettant un échange respiratoire continu.

En fait, les substances polluantes pénètrent principalement par les branchies qui assurent le double rôle de régulation de la pression osmotique et de respiration (fig. 7.2).

Les poissons d'eau douce ont un milieu sanguin beaucoup plus riche en sels que l'eau où ils vivent. Au travers de la membrane semi-perméable de leurs branchies, cette eau passe constamment dans leur milieu intérieur, à raison de 100 à 150 cc par kg de poisson et par jour ce qui entraîne une sensibilité considérable aux agents polluants dissous.

Types de pollutions

Polluants « naturels » : ce sont les matières mises en suspension et en solution par le lessivage des sols et lors des crues. L'eau (surtout dans les lacs et les étangs) s'enrichit ainsi en éléments minéraux qui peuvent entraîner un développement trop important du phytoplancton. L'augmentation de la turbidité qui en découle limite la pénétration de la lumière. Par apport de matières organiques, la couche de vase augmente et on observe une activité bactérienne de plus en plus intense avec appauvrissement en oxygène dans les eaux profondes.

Polluants des activités humaines. Un grand nombre de substances sont apportées par les eaux de drainage lessivant les excès d'engrais ainsi qu'une gamme variée de pesticides. Il s'y ajoute les rejets des égouts : eaux résiduaires des agglomérations enrichies en azote, matières organiques et détergents qui libèrent leur phosphore, eaux résiduaires industrielles contenant une variété de produits minéraux et organiques qui pourront agir comme polluants de façon plus directe.

Mode d'action des polluants

La toxicité directe

■ Toxicité aiguë

Le cas des produits phytosanitaires en donne de bons exemples.

La toxicité aigüe de ces produits (mortalité à très court terme) varie avec l'espèce pisciaire et le stade de développement, elle est aussi fonction de la température, de la qualité chimique de l'eau, et évidemment de la nature du produit (exemple : la toxicité aigüe du parathion sur le vairon est de 1,4 p.p.m., entraînant 50 % de mortalité en 96 h).

■ Toxicité à long terme

Les effets à long terme sont dus principalement aux produits les plus rémanents.

La vie normale d'une espèce et son maintien dans le milieu exigent non seulement la survie *stricto sensu* mais le maintien de toutes ses fonctions pour assurer sa nourriture, ses migrations, sa reproduction. Or on observe à des concentrations sublétales * de pesticides des troubles importants des fonctions vitales chez les animaux aquatiques : diminution des performances physiques, altération du comportement, lésions organiques (foie, rein), inhibition ou perturbation de la reproduction, sensibilité accrue aux maladies. Les effets sont accentués dans deux cas :

– exposition des organismes durant une longue période à de faibles doses ;

– accumulation dans la chaîne alimentaire : ainsi 5 ans après un traitement au D.D.T., l'eau et les sédiments d'un lac n'en contiennent plus alors que le plancton montre des valeurs de 5,3 p.p.m. et les poissons prédateurs jusqu'à 2 700.

Ainsi le caractère cumulatif de l'intoxication par les pesticides, entraîne des mortalités différées. La contamination de l'environnement ne peut donc être mise en évidence uniquement par des analyses d'eau, mais nécessite des études complètes portant sur l'eau, les sédiments, la faune et la flore.

La toxicité indirecte

■ Les pollutions indirectes vont entraîner des réactions en chaîne

L'enrichissement en azote et phosphore entraîne l'eutrophisation du milieu aquatique. On y observe un développement anarchique des algues unicellulaires (phytoplancton) qui va agir dans deux directions (tabl. 7.1) :

– une diminution de la teneur en oxygène dissous durant la nuit. En effet si durant la journée la photosynthèse dégage plus d'oxygène que la respiration n'en absorbe, en l'absence de lumière seule cette dernière est active ;

* Sublétal : dose d'un produit immédiatement plus faible que celle qui provoque une intoxication aiguë.

Tableau 7.1. Action du phénomène d'eutrophisation sur les poissons.

EFFLUENTS ↓ Augmentation de la teneur en N et P	→ • Prolifération du phytoplancton	→ • Baisse durant la nuit de la teneur en O_2 dissous	
	→ • Augmentation des déchets (phyto- et zooplancton)	→ • Prolifération bactérienne	→ • Baisse de la teneur O_2 dissous
	→ • Prolifération des cyanobactéries	→ • Sécrétion de toxines	→ • Disparition du zooplancton
	→ • Prolifération des macrophytes et algues filamenteuses	→ • Encombrement de l'espace • Baisse des populations de zooplanton • Baisse de l'O_2 durant la nuit	→ • Décomposition de la matière organique avec augmentation des vases, et diminution de l'oxygène dissous

– une augmentation de l'activité bactérienne. Le taux de renouvellement du phytoplancton est en effet rapide, le zooplancton n'arrive pas à tout consommer et beaucoup d'algues se décomposent. Cette activité bactérienne est également consommatrice d'oxygène.

L'eutrophisation entraîne également le développement de macrophytes et d'algues filamenteuses en particulier, cul-de-sac pour la chaîne alimentaire puisque ni le zooplancton ni le poisson ne peuvent s'en nourrir.

■ Cas particulier : le phénomène des « algues bleues »

Les cyanobactéries ou « algues bleues » sont capables de capter l'azote atmosphérique, et en présence du phosphore souvent en excès, présentent un développement exceptionnel. Le phénomène s'observe surtout en été (étiage - importance relativement plus grande des effluents), particulièrement dans les retenues établies sur les cours d'eau importants.

La couleur de l'eau est spectaculaire, et le développement de ces microorganismes entraîne une sécrétion de toxines létales pour le zooplancton et les autres animaux comme pour l'homme. Ici, c'est la chaîne alimentaire conduisant aux poissons qui est atteinte.

Autoépuration de l'eau

Après de fortes précipitations, et en règle générale en automne on observe par brassage une meilleure oxygénation de l'eau, de grande importance en particulier pour les zones profondes : les cadavres et les détritus organiques vont reprendre le cycle de leur décomposition biologique et les surplus de fertilisants ainsi que certains pesticides seront fixés dans la vase donc indisponibilisés.

De même, durant leur période de végétation active, les végétaux aquatiques fixent ces mêmes matières ou les utilisent pour leur croissance. En les éliminant, il est possible de favoriser l'épuration d'un secteur, des plans d'eau et des bras morts des rivières.

L'exploitation du poisson

La pêche fut depuis un temps très reculé intégrée dans une économie de cueillette. L'art rupestre montre des représentations de poissons sur des parois rocheuses, des galets, ou des engins de pêche. Si peu de scènes décrivent ces activités, sauf une capture de saumon sur un galet de la grotte de Quinson (Alpes de Haute-Provence), des restes de repas montrent que la pêche était pratiquée avec succès au paléolithique inférieur (– 100 000 ans environ). Au mésolithique la conservation par séchage et fumage était déjà pratiquée.

L'élevage des poissons

Le premier traité de pisciculture remonte à l'an 475 avant l'ère chrétienne, œuvre d'un Chinois nommé *Fan Li* qui décrit quelques techniques utilisées pour la production de carpes en étang. En Europe ce n'est qu'au Moyen Âge que l'élevage du poisson d'eau douce se développe, sous l'impulsion des moines. C'est la carpe qui était, par ses performances de croissance, l'espèce la plus utilisée, offrant une source de protéines aux consommateurs qui en avaient les moyens et des profits aux communautés religieuses puis seigneuriales. Au XIIIe siècle on était déjà passé en France d'une économie de cueillette à une économie de production florissante compte tenu des prescriptions de l'église catholique sur le jeûne et l'abstinence (146 jours de jeûne par an en moyenne).

Les étangs étaient gérés en *évolage* * et en *assec* *. Jusqu'au XIXe siècle la pisciculture évolue assez peu, puis certaines influences socio-économiques s'accentuent (approvisionnement par voie ferrée en poisson de mer, rentabilité accrue des élevages bovins, quasi disparition du jeûne). De plus l'élevage va se consacrer surtout au repeuplement de milieux dépeuplés (pollution, surpêche) ou nouvellement crées (création d'étangs de loisirs ou d'irrigation depuis 15-20 ans). Enfin depuis quelques dizaines d'années il faut noter l'extension des élevages intensifs de truites.

Actuellement, on se trouve dans la situation suivante : 120 000 ha d'étangs de rapport et 50 000 improductifs ; 1 500 établissements de salmoniculture (50 000 tonnes, principalement en production de truites) (fig. 7.3).

En étang (production extensive) la production française est d'environ 8 000 T/an destinées à la consommation dont 4 500 T de carpes, et une fourniture plus modeste pour le repeuplement avec une diversification en espèces (recherche d'espèces nouvelles : carpes chinoises, esturgeon, silure…).

Les contraintes portent sur la fourniture en eau d'une part, sur les rejets d'autre part. Elles sont beaucoup moins fortes pour les élevages extensifs (seules les vidanges peuvent entraîner des perturbations) que pour les salmonicultures dont les rejets ont un effet eutrophisant sur la rivière en aval.

* Évolage : phase d'exploitation d'un étang correspondant à son maintien en eau. Traditionnellement, l'évolage dure 3 ou 4 ans. Après la vidange et la pêche, l'étang est laissé en « assec » durant une année. Le fond est maintenu en état, ou peut être cultivé avant remise en eau.

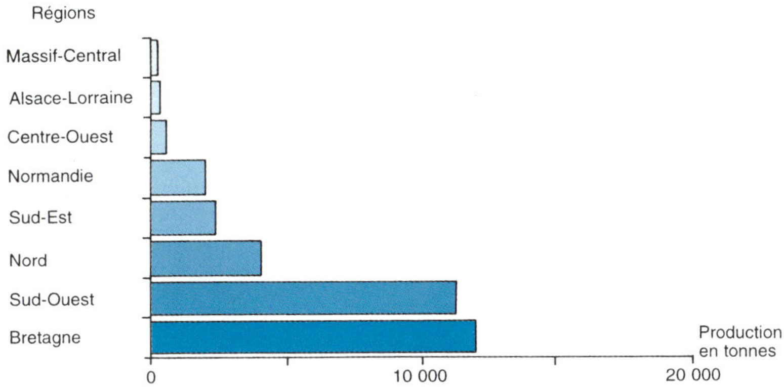

Fig. 7.3. La salmoniculture de truites - Production 1991. On peut parler véritablement ici de production puisque l'ensemble du poisson est commercialisé. On voit que la Bretagne et le Sud-Ouest se partagent à égalité les 2/3 du total.

Si ce cours d'eau fait partie d'un système salmonicole, l'augmentation de température par les eaux de rejet est également susceptible de créer un déséquilibre marqué par diminution de l'oxygène dissous. Le même effet est produit par le développement des bactéries sur les rejets d'élevage. De plus, il faut mentionner des pollutions par apport d'éléments comme l'ammoniaque et les nitrites (déjections des poissons), le cuivre (parfois utilisé sous forme de sulfate en prévention contre les maladies) et les matières en suspension (nettoyage des bassins qui peut favoriser l'activité d'agents ichtyopathogènes déjà présents dans le milieu ; d'où l'extension possible d'épidémies à partir des élevages). Le déséquilibre des peuplements par échappées de poissons vers la rivière est par contre plus marqué dans le cas d'élevages en étangs, car la communauté d'espèces y est toujours plus diversifiée.

La pêche

Parallèlement au développement de la pisciculture, la pêche aux engins ou à la ligne s'est poursuivie plus longtemps dans une économie de cueillette. Jusque récemment, la pêche à la ligne se pratiquait librement ; elle procurait quelques revenus et on ne pouvait véritablement parler à son sujet d'activité de loisirs. Ainsi dans les derniers arrêtés relatifs au fonctionnement des octrois de Rennes, on accorde aux pêcheurs un quota de 3 kg de poissons par jour. Quelques années plus tard, en 1942, l'adhésion à une association de pêche fut rendue obligatoire.

Depuis, son importante évolution constitue un phénomène socio-économique complexe avec des contraintes et des incidences sur les aménagements des milieux et les relations entre usagers.

Parmi ces dernières, les plus tendues sont probablement celles entretenues avec les pêcheurs aux engins (professionnels ou amateurs) accusés de pillage de la ressource.

Les pêcheurs aux engins

De 4 000 jusqu'en 1975, leur nombre a régressé jusqu'à 1 200 aujourd'hui d'après les licences délivrées. Beaucoup pêchent en estuaire (Gironde, Loire) des espèces migratrices (alose, anguille, lamproie). D'autres exercent leur activité dans les lacs alpins (perche, corégone). Économiquement parlant, (fig. 7.4) l'anguille (adulte et civelle) représente la moitié des revenus. Beaucoup de pêcheurs sont des pluriactifs. La profession est en difficulté, compte tenu d'un certain nombre de problèmes importants : aménagements des fleuves faisant obstacle aux migrateurs (barrages), extractions de granulats perturbant les frayères, pollutions diffuses en aval des grandes villes, désaffection des consommateurs pour les produits d'eau douce, conflits avec les pêcheurs à la ligne.

La pêche à la ligne

On peut la qualifier actuellement de « pêche de loisirs », et son extension s'est effectuée en parallèle avec l'augmentation du niveau de vie dans les pays dits développés. Bien que le nombre de cartes de pêche délivrées par les APPMA * diminue depuis une dizaine d'années, près de 2 millions de

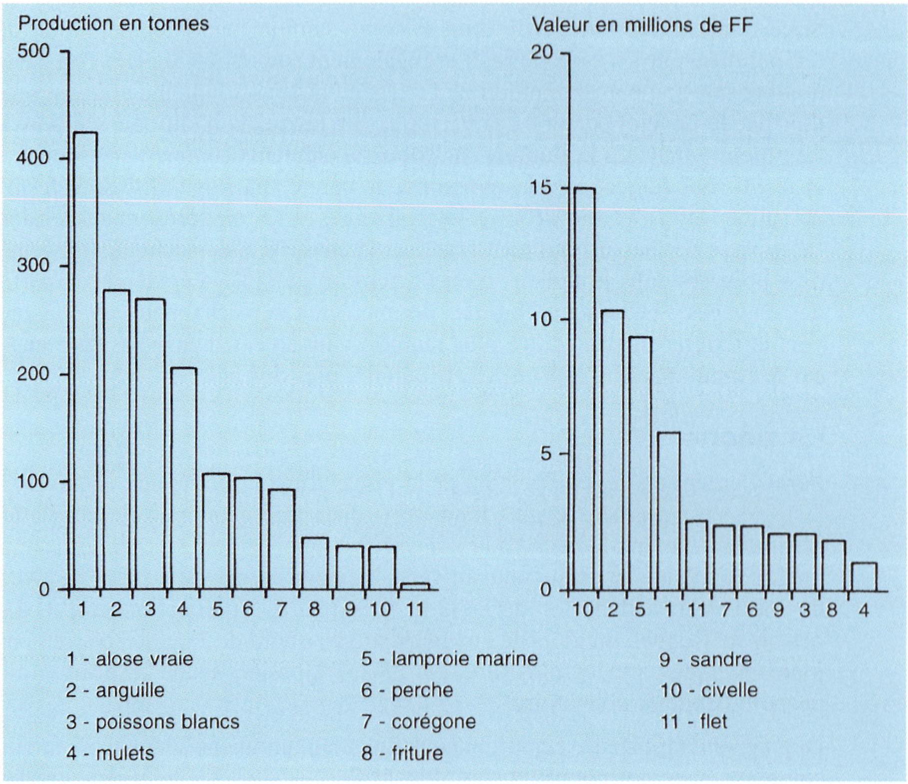

Fig. 7.4. La pêche professionnelle. Un tonnage important est fourni par la pêche dans les grands fleuves et les lacs.

* APPMA : Association de Pêche et de Protection des Milieux Aquatiques. Structures associatives de base du monde de la pêche, les APPMA sont regroupées au sein de fédérations départementales et d'une fédération nationale.

personnes la prennent chaque année. Pour connaître d'une façon plus précise le nombre de pêcheurs réels, il faudrait tenir compte d'un certain nombre de catégories particulières non soumises à la taxe piscicole, mais aussi de la pratique réelle. On considère qu'il y aurait 2,5 millions de pêcheurs « actifs » c'est-à-dire allant à la pêche plus de 5 jours par an. Les modes de pêche se sont diversifiés : au coup, au lancer, à la mouche, utilisation d'appâts spécifiques. Toutes les catégories socioprofessionnelles sont représentées, mais la pêche à la mouche nécessitant un matériel sophistiqué et coûteux n'est pas à la portée de tous. Le marché halieutique est florissant : 40 % des pêcheurs dépensent entre 400 F et 1 000 F par an en matériel. Il faut également tenir compte des revues halieutiques (tirage de 360 000 exemplaires par mois) et des retombées sur le tourisme à différents niveaux.

La demande en espèces varie suivant la pratique, globalement les poissons les plus recherchés sont les suivants :
- la friture par 49 % des pêcheurs ;
- la truite 43 % ;
- le brochet 35 % ;
- la carpe 26 % ;

Il faut noter l'impact en retour de la pratique de la pêche sur l'aménagement des milieux, puisqu'une partie de la taxe piscicole est affectée aux aménagements des rivières et au repeuplement dans un rapport de 1 à 15 en faveur du repeuplement, (mais un déversement de poisson satisfait plus le pêcheur de base qu'un aménagement dont les effets ne se voient qu'à plus long terme).

La gestion de l'eau

Si un cours d'eau est soumis comme on le voit à des usages multiples bien souvent agressifs, il faut prendre conscience qu'il fait partie d'un système plus vaste et plus complexe, le bassin-versant, dont il est le réceptacle et une sorte de révélateur des activités.

La gestion d'un système fluvial devra donc comprendre aussi l'analyse et le contrôle du fonctionnement de l'ensemble, en tenant compte des causes naturelles (pluviométrie, érosion) comme des influences humaines (développement rural et urbain).

L'état de ce patrimoine est assuré pour l'essentiel par le Conseil Supérieur de la Pêche * grâce à un réseau de surveillance. Il s'ensuit un certain nombre d'actions dans plusieurs domaines.

La protection : avec la Direction de l'eau pour la mise en œuvre des polices administratives de l'eau et de la pêche.

La gestion : avec les services de l'Etat et les associations de pêche pour la mise en œuvre des plans de gestion piscicole.

---

* Conseil Supérieur de la Pêche : établissement public à caractère administratif dépendant du ministère de l'Environnement. Il a pour mission d'apporter des informations sur l'état du patrimoine aux gestionnaires (administrations et usagers) qui en éprouvent le besoin. Il centralise et utilise le produit de la taxe piscicole.

La restauration : avec les collectivités locales, l'Etat et les Agences de l'eau pour la programmation des investissements de grands travaux.

La promotion : avec les régions et départements pour la mise en valeur des richesses piscicoles dans un but de développement du tourisme.

Voici une dizaine d'années la majeure partie des crédits provenant des cotisations des pêcheurs était consacrée à des repeuplements et aux opérations annexes (fonctionnement des piscicultures, opérations d'alevinage) plutôt qu'à des actions de fond (nettoyage, débroussaillage des rives, nettoiement de frayères, remise en état d'ouvrages hydrauliques).

Actuellement, en parallèle avec une prise de conscience générale des intéressés la tendance s'inverse, en même temps que des crédits sur le plan régional permettent de lancer des opérations de restauration (zones humides, aménagements de passes à poissons pour les migrateurs). Malgré tout, le déversement de poissons, pas toujours effectué à bon escient, se perpétue : un pêcheur a encore tendance à prendre sa carte en fonction des poissons qu'il a vu déverser sur son parcours favori. Le phénomène n'est pas récent (tabl. 7.2).

En rivière de première catégorie piscicole, les déversements correspondraient de 40 à 50 % de la production annuelle théorique des cours d'eau, d'où une compétition certaine avec les souches sauvages.

En rivière de seconde catégorie piscicole, les déversements de poissons blancs correspondraient au maximum à 10 % de la production naturelle. Sauf en cas de reconquête d'un milieu après pollution ou réaménagement, le résultat ne peut être valable.

En conclusion, on peut dire que la situation actuelle s'améliore dans certains cas : à l'échelle régionale, des zones critiques sur les grands fleuves (Seine, Rhin) ont vu leur état s'améliorer. Au contraire dans les régions à forte pression humaine (urbanisation ou agriculture intensive) la situation a tendance à se dégrader. On assiste en fait à une homogénéisation d'une situation médiocre. L'espoir réside dans une prise de conscience réelle de tous les intéressés, décideurs et utilisateurs.

Espèces de poissons introduites en France et considérées comme acclimatées

Les introductions sont relativement récentes, à l'exception de la carpe, élevée dès le Moyen Age, et du poisson rouge.

A la fin du siècle dernier, en liaison avec le développement des sociétés d'acclimatation et des sciences de la nature en général, de nombreux essais d'élevages ont été effectués. Parmi ceux-ci certains succès ont permis entre autres le développement de la truite arc-en-ciel qui fait actuellement l'objet d'une pisciculture intensive.

Depuis le début des années 80, un certain nombre d'espèces connaissent une grande vogue : les carpes asiatiques, l'esturgeon, mais aussi le silure qui revient à la mode et fait l'objet de recherches pour le développement de son élevage et de sa consommation.

Tableau 7.2. Espèces de poissons introduites en France et considérées comme acclimatées

Espèces	Provenance	Date	But	Restrictions/Remarques
Carpe	S.E. asiatique	XIIIe siècle	Pisciculture	
Poisson rouge	Europe	1745	Ornement	
Silure	Europe centrale	1870	Pisciculture	Très à la mode depuis 1990
Poisson-Chat	U.S.A.	1871	Pêche	Interdit, risques de déséquilibre
Black-bass	U.S.A.	1877	Pêche	Limité au sud de la France
Cristivomer	Canada	1881	Repeuplement	Limité, dans les lacs ou il a été introduit (Alpes, Pyrénées)
Truite arc-en-ciel	U.S.A. Canada	1882	Repeuplement Pisciculture	Très peu de reproduction en milieu naturel
Perche soleil	U.S.A. Canada	1886	Pêche	Interdit (risques de déséquilibre)
Saumon de fontaine	U.S.A. Canada	Fin XIXe	Repeuplement	Peu représenté
Crapet de roche	Canada	1904	Repeuplement	Espèce discrète, disséminée dans les bassins de la Saône et de la Loire (amont)
Sandre	Europe centrale	1910	Pêche	Controversé : recherché pour la pêche, mais déséquilibre et facteur de maladies
Gambusie	U.S.A.	1927	Lutte contre les moustiques	
Huchon	Europe Centrale	1957	Pêche Repeuplement	Maintien incertain ; espèce très sensible à toute pollution, menacée même dans son aire d'origine
Vairon canadien	Canada	1980	Vifs pour la pêche	Interdit (vecteur de maladies)
Carpe herbivore Carpe argentée Carpe marbrée	S.E. asiatique	Années 1980	Lutte contre la végétation. Valorisation des étangs.	Pas de reproduction en milieu naturel
Esturgeon baeri	Sibérie	Années 1980	Repeuplement	Limité, faute de reproduction naturelle

Lexique

- **Espèces des eaux lentes ou stagnantes**

Anguille *(Anguilla anguilla)*. Vit dans tous les systèmes en liaison avec la mer et peut remonter dans les eaux les plus courantes. Pêchée traditionnellement surtout dans les estuaires et parties basses des fleuves, sous forme de larves (civelles).

Brème *(Abramis brama)*. Caractéristique de la zone aval des rivières. Faible intérêt halieutique.

Brochet *(Esox lucius)*. Prédateur type des eaux courantes. Très recherché pour la pêche. Objet d'un élevage déjà ancien.

Carpe *(Cyprinus carpio)*. Recherchée pour la pêche. Fait l'objet d'un élevage traditionnel depuis le Moyen Age.

Gardon *(Rutilus rutilus)* et **rotengle** (*Scardinius erythrophtalmus)*. Espèces voisines. Grand intéret halieutique (friture et appâts pour la pêche aux carnassiers). Résistantes à la pollution.

Perche *(Perca fluviatilis)*. Recherchée pour la pêche de loisirs, et professionnelle dans les lacs alpins.

Tanche *(Tinca tinca)*. Fréquente les étangs peu profonds et riches en végétation. Recherchée pour la pêche.

- **Espèces des eaux courantes**

Barbeau *(Barbus barbus)* et **ombre commun** *(Thymallus thymallus)*. Caractéristiques des eaux fraîches et courantes. Moins sensibles à la température que la truite.

Chevaine *(Leuciscus cephalus)*. Espèce compagne des deux précédentes plus répandue compte tenu de ses exigences moins fortes pour la qualité du milieu.

Saumon atlantique *(Salmo salar)*. Grand migrateur à cycle complexe. Grand intéret halieutique. Du fait de la sensibilité aux pollutions, son élevage pose en France de grands problèmes.

Truite *(Salmo trutta fario)*. Espèce très exigente vis-à-vis de la température, se cantonnant dans les eaux fraiches. Polymorphe suivant l'habitat : *S. trutta lacustris* vit dans les lacs, *S. trutta trutta* migre dans les estuaires. Grand intérêt halieutique. Sensible aux pollutions, fait l'objet d'une pisciculture intensive.

Vairon *(Phoxinus phoxinus)*. Espèce d'accompagnement de la zone à truite des rivières avec le chabot *Cottus gobio* et la loche *Nemacheilus barbatulus*.

- **Espèces introduites acclimatées (excepté la carpe)** (tabl. 7.2)

Black bass *(Micropterus salmoïdes)*

Crapet de roche *(Ambloplites rupestris)*

Cristivomer *(Salvelinus namaycush)*

Gambusie *(Gambusia affinis)*

Perche soleil *(Lepomis gibbosus)*

Poisson-chat *(Ictalurus melas)*

Poisson rouge *(Carassius auratus)*

Sandre *(Stizostedion lucioperca)*

Saumon de fontaine *(Salvelinus fontinalis)*

Silure *(Silurus glanis)*

Truite arc-en-ciel *(Oncorhynchus mikiss)*. Fait l'objet d'une pisciculture intensive comme la truite fario. Souvent commercialisée comme « truite de mer » (coloration artificielle).

- **Espèces d'introduction récente** (tabl. 7.2)

Carpe argentée *(Hypophtalmichtys molitrix)*

Carpe herbivore *(Ctenopharyngodon idella)*

Carpe marbrée *(Aristichthys nobilis)*

Esturgeon baeri *(Acipenser baeri)*

Huchon *(Hucho hucho)*

Vairon canadien *(Pimephales promelas)*

- **Espèces de statut particulier, exploitées par la pêche professionnelle**

Aloses. La grande alose *(Alosa alosa)* et l'alose feinte *(Alosa fallax)* sont souvent confondues. Vivent sur le plateau continental et remontent frayer dans les grands fleuves.

Corégone *(Coregonus lavaretus)*. Se rencontre (autochtone ou introduit) dans de nombreux lacs des Alpes.

Lamproie marine *(Petromizon marinus)*. Se reproduit au printemps dans le cours inférieur des fleuves.

Mulet *(Mugil chelo)*. Se rencontre durant l'été dans les estuaires, de même que le flet *Platichthys flesus*.

Références bibliographiques

Allardi J., 1982. Introduction et acclimatation de poissons d'eau douce en France. EIFAC - *Techn. Bull.,* 42 (2), 427-435.

Arrignon J., 1976. *Aménagement écologique et piscicole des eaux douces,* Gauthier - Villars Paris, 320 p.

Bourget-Rivoallan S., 1982. *L'impact des piscicultures sur les rivières à salmonidés.* Mémoire ENSAR, Rennes, 29 p.

Collectif, 1980. *La pisciculture en étang.* INRA, Paris, 434 p.

Collectif, 1992. *Rencontres halieutiques.* ENSA Rennes.

Deheeger J.C., 1982. Les besoins et l'impact de la pêche de loisirs. Entr. Ecol. Dijon 11-12, 77-81.

Devaux J., 1994. L'eutrophisation ce poison des eaux. *Le pêcheur de France,* 129, 28-32.

Duvigneaud P., 1974. *La synthèse écologique.* Doin. Paris, 296 p.

Huet M., 1949. Aperçu des relations entre la pente et les populations piscicoles dans les eaux courantes. *Rev. Suisse Hydrol.,* XI 3/4.

Imboden C., 1976. *Eaux vivantes.* Ligue suisse pour la protection de la nature. Bâle, 240 p.

Krenkel P.A., Novotny V., 1980. *Water quality management Academic* Press, New York, 671 p.

Le Louarn H., Bertru G., 1991. Influence des élevages extensifs en étang sur les rivières. *Rev. Sci. Eau,* 4, 315-327.

Ramade F., 1974. *Éléments d'écologie appliquée.* Mc Graw Hill, Paris, 576 p.

Ramade F., 1993. *Dictionnaire encyclopédique de l'Écologie.* Édiscience international. Paris, 822 p.

Stouff L., 1970. *Ravitaillement et alimentation en Provence aux XIVe et XVe siècles.* Mouton, Paris, 507 p.

Toussaint-Samat M., 1987. *Histoire naturelle et morale de la nourriture.* Bordas Cultures, Paris, 590 p.

Vibert R., Lagler K.F., 1960. *Pêches continentales.* Dunod Paris, 720 p.

Vivier P., Leynaud G., 1981. Influence des plantations ligneuses des engrais et des pesticides utilisés par l'agriculture sur la qualité de l'eau. *Bull. Inf. C.S.P.,* 86, 81-97.

Wundsch H.H., 1926. Die Reinhaltung unserer Fishgewasser. *Hamdb. Binnenfish. Mitteleurop,* 4 (2), 146-222.

L'eau et les plantes

François Lelièvre

La vie est apparue dans l'eau. Puis, les êtres vivants se sont adaptés hors des milieux aquatiques, mais l'extraordinaire diversification des espèces sur les continents au cours de l'évolution n'a pas conduit à des formes de vie active en l'absence totale d'eau. Les êtres vivants, végétaux et animaux, ont conservé dans leurs fonctions essentielles la mémoire de leur milieu aquatique originel : ils ne croissent et ne se multiplient qu'en milieu fortement hydraté, et meurent s'ils se déshydratent. Les espèces qui se sont développées dans les milieux désertiques ont dû mettre en œuvre des systèmes extraordinairement ingénieux pour capter et économiser l'eau, qui reste nécessaire à leur survie.

Les fonctions de l'eau dans la plante

L'eau est un élément constitutif essentiel des tissus végétaux vivants

La teneur en eau de la plupart des plantes se situe entre 50 % et 90 % de leur poids. Si elles se déshydratent au-dessous d'un seuil voisin de 50 %, elles meurent, mais il y a des exceptions remarquables. Certains lichens et certaines mousses supportent une déshydratation quasi-complète sans dommage, les fragments secs étant une forme de dissémination privilégiée avec le vent. Chez les plantes supérieures, le stade particulier de développement qui assure la multiplication-dissémination (embryon en vie ralentie contenu dans les semences) accepte aussi la déshydratation. Enfin quelques espèces des déserts d'Afrique du Sud et d'Australie, appelées *plantes à résurrection,* ont la propriété de pouvoir supporter une déshydratation complète à l'état végétatif sans altération des tissus ; leurs feuilles et leurs tiges se réhydratent et redeviennent fonctionnelles lorsqu'une pluie se produit. Ces exceptions sont étudiées par les scientifiques pour comprendre les mécanismes que peut mettre en jeu le règne végétal au niveau de la cellule, des tissus, et de la plante entière, pour supporter la déshydratation.

L'eau a un rôle mécanique : la pression interne aux cellules permet leur extension, la pénétration des racines dans le sol et le port des plantes

La cellule végétale est entourée d'une paroi pectocellulosique relativement rigide, doublée à l'intérieur d'une membrane souple, la membrane plasmique.

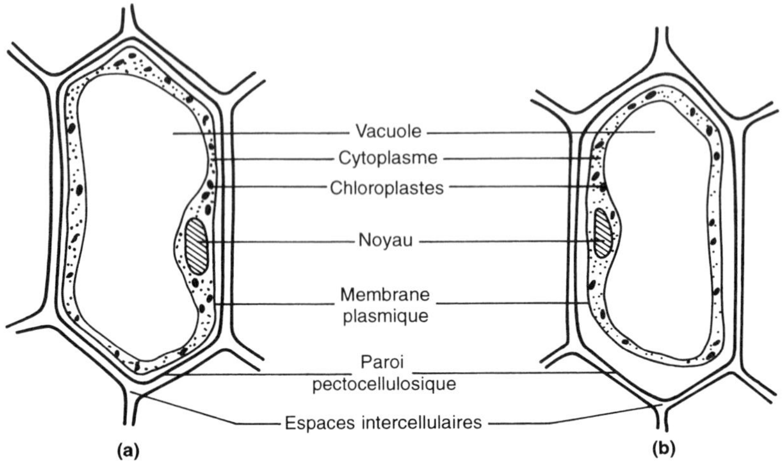

Fig. 8.1. Schéma en coupe d'une cellule végétale normale (a), en plasmolyse (b).

Celle-ci entoure le contenu cellulaire : le noyau, le cytoplasme (renfermant les chloroplastes et d'autres organites), et la vacuole qui occupe l'essentiel du volume (fig. 8.1). La photosynthèse et le métabolisme interne à la cellule maintiennent dans le contenu cellulaire une concentration élevée en sucres et divers solutés, qui crée une pression interne, appelée *pression ou potentiel de turgescence.* Cette pression colle la membrane plasmique à la paroi et augmente la rigidité de cette dernière. Dans les jeunes cellules en croissance, la paroi est peu épaisse et souple : la pression de turgescence tend à l'étendre (comme un ballon gonflé), ce qui est une condition obligatoire pour permettre la croissance. C'est aussi la somme de la pression de turgescence de toutes les cellules en croissance qui permet aux plantes de percer la surface du sol pour germer et aux racines de pénétrer en profondeur dans le sol. Cette pression permet le maintien du port des organes dépourvus de tissus de soutien comme les feuilles et les parties en croissance. Lorsque la plante se déshydrate, la vacuole perd de l'eau et se rétracte (fig. 8.1). La membrane plasmique tend à se décoller de la paroi et la pression sur celle-ci s'annule : les jeunes cellules ne peuvent plus grandir. Puis toutes les cellules perdent leur rigidité et les feuilles flétrissent.

L'eau alimente (avec le gaz carbonique) la réaction de photosynthèse qui fabrique les constituants organiques des plantes

En dehors de l'eau, les tissus végétaux contiennent un ensemble de composés constituant leur matière sèche : ce sont principalement des matières organiques (cellulose, lignine, amidon, glucose, saccharose, chlorophylle, acides aminés, enzymes, etc.), et un peu de matières minérales. Malgré leur diversité, les matières organiques sont élaborées essentiellement avec trois éléments chimiques : du carbone (C), de l'hydrogène (H) et de l'oxygène (O). Ces trois éléments constituent environ 94 % de la matière sèche végétale (tabl. 8.1). C'est leur mode d'assemblage et la présence éventuelle d'autres éléments chimiques en très faible quantité qui donne la variété des molécules organiques. Ils sont fixés lors du processus de la photosynthèse qui se déroule dans les chloroplastes des cellules foliaires (fig. 8.1). Ceux-ci contiennent de la chlorophylle qui capte l'énergie lumineuse pour dissocier les molécules d'eau (H_2O) et de gaz carbonique (CO_2) qu'elles transforment en oxygène (O_2) libéré dans l'air, et en composés organiques (HCHO) utilisés pour la croissance :

$$\text{Réaction de photosynthèse : } CO_2 + H_2O \rightarrow O_2 + [HCHO]$$

L'eau utilisée est absorbée dans le sol par les racines et transportée vers les feuilles, tandis que le gaz carbonique est absorbé dans l'air par les feuilles. La photosynthèse élimine le gaz carbonique de l'air et produit l'essentiel de la matière sèche (MS) constitutive des plantes. Cette « usine naturelle » a une capacité de production considérable. Sous nos climats tempérés, les couverts végétaux fabriquent entre 6 et 18 tonnes de MS/ha/an. A la période la plus favorable (mai-juillet), la croissance journalière peut dépasser 150 kg MS/ha/jour. En France, 500 à 600 millions de tonnes de matière sèche (MtMS) de produits organiques sont ainsi élaborés chaque année. Environ la moitié est exploitée par les agriculteurs et les forestiers :

– 100 à 150 MtMS constituent la matière sèche des fourrages verts consommés directement par les animaux ; compte tenu de la teneur en eau de l'herbe (70-90 %), ces animaux ingurgitent en réalité 4 à 5 fois cette masse ;

Tableau 8.1. Les éléments chimiques composant la matière sèche végétale, et leur origine

Éléments Classe	Nom	Quantité dans la matière sèche % de la masse	kg/ha/an*
Éléments majeurs provenant de la photosynthèse	carbone (C)	40 à 45	4400
	oxygène (O)	40 à 45	4400
	hydrogène (H)	5 à 7	600
	Total	***environ 94 %***	***environ 9 400***
Éléments majeurs provenant de l'absorption minérale	azote	1 à 4	100 à 400
	potassium	0,2 à 4	20 à 400
	calcium	0,1 à 3	10 à 300
	magnésium	0,1 à 1	10 à 100
	phosphore	0,1 à 1	10 à 100
	soufre	0,1 à 1	10 à 100
	sodium	0,01 à 0,05	10 à 50
	chlore	0,01 à 0,1	1 à 10
	Total	***5 à 6 %***	***environ 600***
Éléments mineurs ou oligo-éléments, provenant de l'absorption minérale	fer	0,01 à 0,03	1 à 3
	bore	0,001 à 0,05	0,1 à 5
	manganèse	0,001 à 0,05	0,1 à 5
	zinc	0,001 à 0,01	0,1 à 1
	cuivre	0,001 à 0,005	0,1 à 0,5
	molybdène	moins de 0,001	moins de 0,1
	Total	***environ 0,1 %***	***environ 10***

* pour un hectare produisant 10 tonnes de matière sèche par an

– 60 à 80 MtMS sont récoltés sous forme de grains secs (blé, maïs, tournesol,...) ;

– 10 à 20 MtMS dans des produits hydratés consommés directement ou après transformation industrielle : racines (betterave sucrière, carottes), tubercules (pomme de terre), feuilles (salades, choux) et fruits (tomate, pomme, raisin) ;

– 30 à 40 MtMS de bois exploité ;

– les 200 à 300 MtMS restants (racines, chaumes, pailles et rafles, feuilles sèches, bois mort) entrent dans le cycle de décomposition de la matière organique et de l'humification des sols.

L'eau est le milieu dans lequel s'effectuent l'absorption minérale, les transports et les réactions chimiques chez les végétaux

L'eau milieu d'absorption des éléments minéraux

En dehors des éléments C, H, et O, quatorze autres éléments chimiques sont *nécessaires* aux plantes (tabl. 8.1). Ils constituent au total environ 6 % de la matière sèche, ce qui ne représente que quelques centaines de kg/ha/an. On distingue les *éléments majeurs* intervenant chacun pour au moins 0,1 % de la matière sèche végétale, et les *éléments mineurs* (ou *oligo-éléments*) qui n'interviennent qu'en quantité infinitésimale (0,001 à 0,05 %), mais qui sont cependant absolument nécessaires pour la synthèse et le transport des composés vitaux.

La présence d'eau dans le sol est nécessaire à l'absorption des minéraux car celle-ci ne peut se réaliser que dans la phase liquide, appelée solution du sol. L'eau dissout en petite quantité les éléments chimiques constitutifs de la fraction solide du sol, ces formes dissoutes étant appelées des *ions* car ils portent des charges électriques. On les classe en deux catégories : les *cations* qui portent des charges positives (ex. : l'ammonium NH_4^+, le calcium Ca^{++}, le potassium K^+, le sodium Na^+, etc.) et les anions qui portent des charges négatives (ex. : le nitrate NO_3^-, le phosphate $H_2PO_4^-$, le chlorure Cl^-, etc.). La composition de la solution du sol dépend de la proportion des ions fixés sur les particules d'argile et de matière organique formant le « complexe absorbant du sol », proportion qui dépend elle-même largement de la composition de la roche d'origine et des apports de fertilisants qui ont été faits par l'homme.

L'absorption minérale par les plantes est un mécanisme actif et sélectif ; les ions étant absorbés dans la proportion demandée par le métabolisme. Les ions sont entraînés dans le flux de solution créé par l'absorption vers chaque racine. Certains sont en très faible concentration dans la solution. De plus, la plupart d'entre eux ont leur déplacement ralenti par des liaisons électrostatiques avec les constituants solides du sol, de sorte qu'ils se déplacent vers les racines moins vite que l'eau dans laquelle ils sont dissous. Autour de chaque racine, il y a donc un appauvrissement rapide de la solution du sol en éléments fortement demandés par le métabolisme, surtout s'ils sont peu concentrés et peu mobiles dans la solution (ex. : l'ion phosphate $H_2PO_4^-$). Il faut une croissance continuelle des racines (augmentation de la densité racinaire, ou longueur totale des racines par unité de volume de sol), pour permettre aux plantes de s'approvisionner en minéraux nécessaires à leur croissance.

La croissance est optimale quand la solution du sol est relativement concentrée en ions nécessaires aux plantes. Or elle est naturellement peu concentrée et souvent déficitaire en l'un ou l'autre des éléments. La fertilisation pratiquée par les jardiniers et les agriculteurs, qu'elle soit organique ou minérale, n'a d'autre but que de corriger la solution du sol pour optimiser la croissance des cultures. Mais en élevant la concentration, on accroît le risque de voir, lors de pluies abondantes, des quantités importantes d'ions entraînées en profondeur hors de portée des racines, vers les nappes phréatiques. Le problème est crucial pour l'ion nitrate (NO_3^-) qui est pratiquement libre de toute liaison avec les particules de sol et donc très mobile avec les flux d'eau. Ces risques ont été sous-évalués dans les années 60-70 quand s'est développée l'utilisation intensive des fertilisants chimiques. Aujourd'hui, on établit de nouvelles règles de fertilisation dont un des principes est d'appauvrir la concentration de la solution du sol en nitrates aux périodes où des quantités d'eau significatives sont drainées, en automne-hiver surtout : on limite les apports d'engrais azotés à ces périodes, et on pratique si nécessaire des cultures intercalaires qui absorbent les nitrates résiduels.

L'analyse chimique de la composition des végétaux a permis, en dissolvant dans l'eau des quantités adéquates de minéraux, de constituer des « solutions nutritives » dans lesquelles les plantes poussent de façon optimale. Ces *cultures hydroponiques* sont couramment utilisées au laboratoire, mais aussi en production légumière ou florale « hors-sol » sous serre.

L'eau milieu de transport des éléments minéraux et des composés organiques élaborés

Les éléments minéraux absorbés sont transportés depuis les racines vers les parties aériennes sous forme ionique diluée dans le flux d'eau : c'est la *sève brute.* Elle circule des racines vers les feuilles dans les vaisseaux conducteurs du *xylème,* constitués à partir de files de cellules qui ont perdu leur cloisonnement ente elles et leur contenu cellulaire. Ce sont donc des tissus morts, inertes, et ce transport est physiologiquement passif.

Les molécules organiques issues de la photosynthèse et du métabolisme doivent être transportées vers les lieux d'utilisation, principalement les organes en croissance (jeunes feuilles, extrémités des tiges et racines) et les organes d'accumulation (grains, fruits, tubercules). Ce transport de produits élaborés s'effectue dans le flux de *sève élaborée,* circulant dans des vaisseaux du *phloème,* constitués de cellules vivantes séparées par des parois discontinues et dont le cytoplasme communique. Ce transport est physiologiquement actif.

L'eau régule la température des tissus végétaux

Sous nos climats, ce rôle est surtout important en milieu de journée en été. L'énergie incidente (rayonnement solaire) arrivant sur les feuilles est alors à son maximum, ce qui tend à augmenter de plusieurs degrés la température

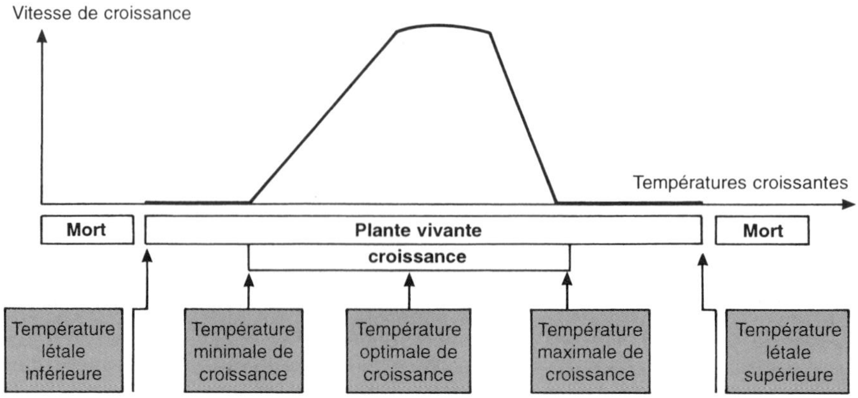

Fig. 8.2. Définition des températures remarquables pour la croisssance d'une espèce.

des feuilles par rapport à celle déjà élevée de l'air environnant. L'évaporation de l'eau à leur surface limite l'échauffement. Ainsi, la température foliaire se maintient au niveau de celle de l'air, parfois quelques degrés au-dessous, donc proche de l'optimum de croissance (fig. 8.2). Sans cette régulation, la température foliaire atteindrait fréquemment autour de midi en été des valeurs de 30 °C à 40 °C, alors que la plupart des végétaux des régions tempérées ont une croissance optimale entre 18 et 28 °C, ralentie ou arrêtée par les températures élevées (28 à 35 °C). L'échauffement excessif des tissus est donc une conséquence importante de la sécheresse. Cette régulation thermique est moins importante pour les plantes d'origine tropicale, dont certaines ont été acclimatées en culture d'été dans nos pays (maïs, sorgho, tournesol, riz, tomate, haricot, agrumes) car leur optimum de croissance se situe entre 25 et 35 °C selon les espèces.

Le fonctionnement hydrique des couverts végétaux

Le bilan d'énergie à la surface du sol détermine l'évapotranspiration

Le soleil émet de l'énergie sous forme d'un rayonnement, dont une partie est réfléchie par l'atmosphère et une partie arrive au sol. Cette *énergie incidente, ou rayonnement global incident (RGI),* est d'autant plus élevée que le rayonnement solaire arrive perpendiculairement à l'atmosphère et au sol, et que l'air est clair. Il est donc fonction de la latitude, de la saison, de l'heure de la journée (maximum au midi solaire, faible le matin et le soir, nul la nuit), et de la clarté de l'air (présence ou non de nuages). En arrivant au sol, le RGI est pour partie réfléchi dans l'atmosphère, et pour partie absorbé par la couverture du sol, selon la nature de celle-ci : la neige n'absorbe que 20 %, l'eau 95 %, les couverts végétaux 80 à 90 %.

Si le sol est nu et sec, l'énergie absorbée est transformée en chaleur. S'il est humide, cette énergie est en grande partie consommée par l'évaporation de l'eau, qui est une réaction très consommatrice d'énergie (il faut 600 calories pour vaporiser un gramme d'eau). La part d'énergie transformée en chaleur étant réduite, le réchauffement est plus lent.

S'il y a une couverture végétale, ce sont les feuilles qui reçoivent et absorbent le rayonnement. Comme elles sont constituées de 70 à 90 % d'eau et en contact étroit avec l'atmosphère, le couvert tend à se comporter comme une surface d'eau libre (lac, rivière) : son évaporation est du même ordre de grandeur, à condition que les feuilles soient réalimentées en eau en continu pour compenser les pertes. *L'évaporation foliaire est appelée transpiration. Elle consomme 2/3 de l'énergie absorbée par les feuilles, environ 1/3 étant transformé en chaleur, et une très petite partie (0,5 à 3 %) captée par la chlorophylle pour la photosynthèse.*

Le feuillage n'absorbant pas la totalité du RGI, une partie parvient au sol où il provoque aussi de l'échauffement et de l'évaporation. *La somme de la transpiration des plantes et de l'évaporation directe par le sol sur une surface portant un couvert végétal est appelée évapotranspiration (abréviation ET).* On la mesure en m^3/ha ou en hauteur d'eau (mm). Une ET de 5 mm par jour, courante en juillet-août, correspond à 50 m^3/ha d'eau vaporisée dans la journée (0,005 m × 10 000 m^2). Quand le couvert végétal est dense, l'énergie parvenant au sol est faible et l'ET est presque exclusivement constituée de la transpiration foliaire. Mais sur de jeunes cultures qui ne couvrent pas complètement le sol, la part de l'évaporation directe du sol dans l'ET est plus importante (voir p. 161).

Le système de circulation liquide des plantes est donc un système ouvert, contrairement à celui des animaux. Son moteur est l'énergie solaire absorbée par les feuilles.

La circulation de l'eau dans l'ensemble sol-plante-atmosphère

Les stomates, lieu de communication contrôlé entre l'atmosphère et la plante

Les plantes échangent des gaz avec l'atmosphère : entrée de CO_2, sortie d'oxygène et d'eau vapeur. Ces échanges se font au niveau des feuilles par des pores qui parsèment l'épiderme, appelés *stomates*. Un stomate est une petite cavité (méat ou chambre stomatique) remplie d'air qui est au contact des tissus internes de la plante (fig. 8.3). L'atmosphère de la chambre sous-stomatique peut se renouveler avec l'extérieur par un passage (*l'ostiole*) entouré de deux cellules dites « de garde » en forme de rein et accolées. En fonction de stimuli externes ou internes à la plante, la pression de turgescence des deux cellules de garde est modifiée : si leur turgescence est positive, elles prennent leur forme de rein et le stomate est ouvert. Si leur turgescence baisse, elles s'aplatissent et le stomate se ferme.

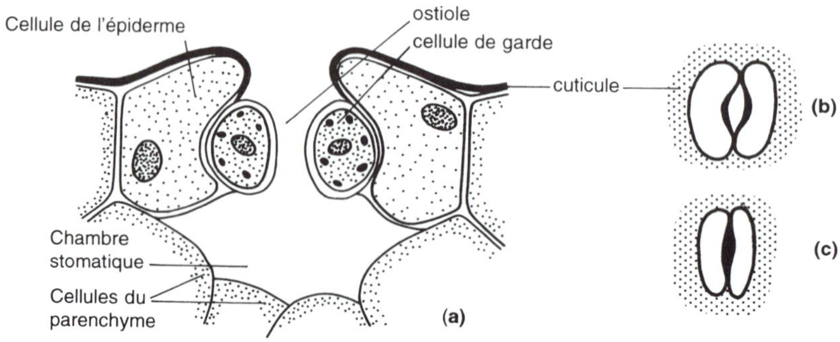

Fig. 8.3. Schéma d'un stomate en coupe (a), vu de dessus (b) et fermé (c).

La taille et la densité des stomates varie beaucoup d'une espèce à l'autre (tabl. 8.2). Ils couvrent entre 0,1 et 5 % de la surface des feuilles. Généralement, il y en a davantage sur la face inférieure que sur la face supérieure, qui peut en être dépourvue. Les plantes cultivées, sélectionnées par l'homme pour leur forte croissance, donc pour leur forte capacité à fixer du CO_2, ont en général une densité stomatique importante sur les deux faces. Les plantes des milieux secs en ont souvent moins, surtout à la face supérieure, et ont en parallèle une capacité de croissance plus faible. Le reste de la surface des feuilles est constitué d'un épiderme recouvert d'une cuticule cireuse, qui a une épaisseur et une imperméabilité à l'eau et aux gaz variables selon les espèces. Son épaisseur est faible chez beaucoup d'espèces des régions humides ; dans ce cas, une partie des échanges gazeux se fait directement par diffusion à travers l'épiderme. *La transpiration foliaire a donc deux composantes : la transpiration stomatique et la transpiration cuticulaire.* La seconde est toujours faible comparée à la première ; elle est nulle chez les plantes à cuticule épaisse (feuilles *cireuses*). Chez les plantes qui ont une

Tableau 8.2. Densité de stomates sur les feuilles de quelques espèces

Espèce végétale	Nombre de stomates par mm² face supérieure	face inférieure
tomate	15	130
maîs	50	70
blé	35	15
tournesol	170	320
luzerne	170	140
pomme de terre	50	160
dahlia	25	30
pommier	0	300
peuplier	20	115
chêne rouvre	0	450
houx	0	170
lierre	0	350

transpiration cuticulaire, la fermeture des stomates n'arrête donc pas complètement la transpiration : elles ont tendance à se faner rapidement si elles sont soumises à une sécheresse.

La circulation de l'eau du sol à l'atmosphère à travers la plante

Deux théories se complètent pour expliquer cette circulation verticale : l'effet du *potentiel hydrique* et de *la tension-cohésion* de l'eau dans les vaisseaux conducteurs.

Dès que l'eau se lie à un corps, elle acquiert une certaine énergie de liaison, appelée *potentiel hydrique (P)*. Un potentiel nul correspond à l'eau libre (eau douce liquide), ou encore à la vapeur d'eau dans l'air quand elle est saturante (hygrométrie de 100 %). Le potentiel est l'énergie qu'il faut pour amener un volume d'eau liée à l'état d'eau libre. Il a la dimension d'une pression, et on l'exprime dans l'unité internationale de pression, le Pascal (Pa) ou ses multiples, le kiloPascal (1 kPa = 10^3 Pa) ou le mégaPascal (1 MPa = 10^6 Pa). On utilise aussi le bar (1 bar = 10^5 Pa). Par définition, il a des valeurs négatives.

Par analogie avec la circulation des courants électriques, la circulation de l'eau se fait sous l'effet de différences de potentiel hydrique (ΔP). Elle rencontre des résistances R. Si s est la section du conducteur, le débit d'eau entre deux points est :

$$Q = s\,(\Delta P/R)$$

et le flux est :

$$F = Q/s = \Delta P/R$$

Toute différence de potentiel hydrique ΔP, aussi appelée *force de succion,* provoque un déplacement d'eau, toujours dans le sens des potentiels décroissants, c'est-à-dire des états où l'eau est faiblement liée vers ceux où elle est fortement liée. Les plantes étant des conducteurs hydrauliques, sont traversées par un flux d'eau qui est fonction de la différence de potentiel hydrique entre les deux extrémités du système : le potentiel du sol au contact des racines (Ps) et le potentiel de l'air au contact des feuilles (Pa).

Dans un sol humide portant une culture en bon état, l'eau est proche de l'état libre, peu liée aux particules et peu concentrée en ions (Ps se situe entre 0 et – 1 bar, voir fig. 4.2). Si le couvert a une transpiration importante, le sol va se dessécher progressivement au voisinage des racines, l'eau restante va être liée de plus en plus fortement au sol (Ps diminue), l'absorption devient difficile et ralentit. Le débit à travers le couvert va diminuer, et quand il va être insuffisant pour compenser la transpiration, les plantes vont fermer leurs stomates pour limiter la déshydratation, ce qui revient à augmenter R et à diminuer s dans les expressions de Q et F ci-dessus. Le dessèchement du sol peut néanmoins se poursuivre lentement à cause de l'évaporation directe sol-atmosphère et de la transpiration cuticulaire. Quand Ps atteint – 16 bars environ, le passage de l'eau vers les racines devient très lent, ou ne se fait plus : la plante flétrit et meurt. *Le potentiel hydrique du sol au-dessous duquel les plantes ne peuvent plus absorber l'eau est peu différent pour beaucoup d'espèces : cette limite (Ps ≈ – 16 bars) est appelée « point de flétrissement permanent »*. Au champ, les plantes exploitent l'eau retenue sur 0,50 à 1,50 m de profondeur, qui représente une réserve de plusieurs centaines de mètres-cubes d'eau par ha. L'ET journalière ne représentant que quelques % de cette réserve, le dessèchement du sol est lent : Ps varie donc lentement.

Le potentiel hydrique Pa de l'air subit par contre des variations rapides. Il décroît considérablement dès que l'air s'assèche un peu. Par exemple à 20 °C : si l'humidité relative est de 100 % (air saturé en eau, début du brouillard), Pa est nul ; mais il passe à – 15 bars pour une hygrométrie de 99 %, à – 150 bars pour une hygrométrie de 90 % et à – 1 000 bars pour une hygrométrie de 50 %. *On est pratiquement toujours en situation où Pa < Ps : au travers de la plante, l'eau circule donc du sol vers l'atmosphère (transpiration).*

A l'échelle de la journée, le potentiel hydrique du sol Ps varie peu, alors que Pa varie rapidement : ce sont les variations de Pa qui déterminent les variations de la grandeur Ps-Pa. S'il est faible, la transpiration est faible : c'est le cas toute la journée en hiver, ainsi que le soir, la nuit et tôt le matin en été. Quand Pa décroît au cours de la matinée en été, le flux d'eau augmente rapidement, et l'absorption racinaire peut devenir insuffisante.

Les lois physiques que nous venons de décrire ne s'appliquent que s'il y a continuité de la conduction hydrique dans l'ensemble sol-plante-atmosphère, autrement dit si les « colonnes d'eau » dans les vaisseaux du xylème restent en charge depuis les extrémités racinaires jusqu'à la feuille, même à de fortes pressions. Le maintien en charge est assuré par les forces capillaires dans les micropores des tissus foliaires (parenchyme). A ce niveau, autour des chambres sous-stomatiques, l'eau transpirée passe à l'état de vapeur, ce qui provoque le retrait de l'eau liquide dans les micropores du parenchyme. Elle y est soumise à des forces capillaires élevées, car les interfaces air-eau sont des ménisques à très petit rayon de courbure : la tension de surface F suit la loi de Jurin ($F = 2t/r$, t étant la tension superficielle de l'eau et r le rayon de courbure du ménisque). Cette tension F permet le maintien en charge de la sève brute dans les conducteurs du xylème et sa « traction » contre la pesanteur jusqu'au sommet des plantes (jusqu'à 100 m pour les grands arbres). Un stress hydrique fort ou le gel peuvent créer des entrées d'air dans les vaisseaux (ou *embolies*) qui ne pourront être maintenus en charge. On peut réellement dire que les vaisseaux « claquent » puisqu'on étudie ce phénomène avec des appareils d'enregistrement des sons. L'accident est plus ou moins réversible selon l'espèce et la durée des conditions défavorables.

La régulation stomatique de la transpiration

Si le débit à la sortie (feuilles) devient plus important qu'à l'entrée (racines), la plante commence par compenser en cédant un peu de son eau. La faible diminution de diamètre des tiges et des troncs qui en résulte est exploitée en pratique dans certains systèmes d'irrigation automatisés : sa mesure avec des capteurs de déplacement sensibles déclenche l'arrosage « à la demande des plantes ». Mais la déshydratation serait rapide si cette réponse passive n'était pas vite relayée par une parade active : c'est la *régulation stomatique (ouverture et fermeture des stomates).* On a vu précédemment que le mécanisme d'ouverture-fermeture est physiquement simple, basé sur l'ajustement de turgescence des cellules de garde. Mais sa commande est très complexe et encore imparfaitement connue. L'ajustement se réalise par un transport actif de solutés actionné sous l'effet de trois stimuli externes :

– le potentiel hydrique du sol ;

– l'intensité du rayonnement reçu par la plante ;

– l'humidité relative de l'air (son niveau d'hygrométrie) au voisinage des stomates ; la turbulence de l'air est importante car s'il est calme, il se crée à la surface des feuilles une couche-tampon dont l'humidité relative est très supérieure à celle de l'air environnant à cause de la transpiration, ce qui favorise l'ouverture maximale, avantage qui disparaît s'il y a du vent.

Le fait que la plante ajuste l'ouverture des stomates en fonction du potentiel hydrique du sol suppose qu'il y ait une transmission de l'information des racines vers les feuilles. Au moins deux voies sont impliquées dans la transmission du message :

– *voie hydraulique, par le potentiel hydrique (ou tension) de l'eau circulant dans le xylème de la plante.* Comme il se transmet quasi-instantanément des racines aux feuilles, cette voie permet une réponse très rapide. Si le potentiel baisse trop, la fermeture est actionnée ;

– *voie hormonale par la concentration en ABA (acide abscissique) dans la sève brute :* l'ABA est une hormone, dont la synthèse est stimulée dans les racines au contact de zones de sol sec. Cette synthèse, plus la diminution du flux d'eau, augmentent la concentration en ABA dans la sève brute circulant vers les feuilles. L'ABA stimule la fermeture des stomates, ainsi que la sénescence et la chute (« abscission ») des vieilles feuilles, qui jaunissent et tombent plus vite chez les plantes soumises à la sécheresse.

Le cycle journalier et saisonnier des phénomènes

La nuit, en l'absence d'énergie solaire pour assurer les réactions d'ouverture, les stomates se ferment. La surface de la terre, qui ne reçoit plus d'énergie, se refroidit ainsi que l'air proche du sol. L'humidité relative de l'air augmente et peut atteindre 100 % en fin de nuit avec formation de rosée : Pa est élevé (proche de 0) et la transpiration nocturne est nulle ou faible. Cependant, en été si l'air est sec et s'il y a du vent, une transpiration cuticulaire significative peut se maintenir la nuit.

Au lever du soleil les stomates s'ouvrent. Le rayonnement incident augmente ainsi que la température de l'air, ce qui diminue son humidité relative : le potentiel hydrique de l'air Pa s'abaisse, ce qui accroît la transpiration. Si la culture est bien alimentée en eau, la régulation stomatique n'intervient pas, et l'ET est maximale autour du midi solaire. Par belle journée en été, elle peut alors atteindre 1 mm/heure (soit 10 m^3/ha/heure). Dans l'après-midi, l'ET chute progressivement et redevient très faible après le coucher du soleil. L'ET cumulée d'une belle journée d'été atteint sous nos climats 4 à 7 mm/jour (40 à 70 m^3/ha/jour).

Par temps pluvieux et frais en été, le rayonnement incident est réduit, l'hygrométrie peut rester entre 90 et 100 %, et Pa reste à des valeurs faibles (de – 10 à – 100 bars). L'ET ne reprend que lentement dans la matinée et peut ne pas dépasser 0,1 à 0,2 mm/h à midi. L'ET cumulée de la journée sera donc 5 à 10 fois plus faible que s'il fait beau (de l'ordre de 0,5 à 1,5 mm/jour).

En hiver, le rayonnement incident est faible, la température de l'air est basse et son hygrométrie reste élevée : l'ET est faible et n'est significative que durant quelques heures en milieu de journée. Elle ne dépasse pas 1 mm/jour dans les plus belles journées et 0,1 mm/jour dans les journées humides (respectivement 10 et 1 m^3/ha/jour).

Alimentation hydrique et croissance

La croissance, qui est le résultat du grandissement des cellules des zones en croissance, ne peut se faire que sous deux conditions : si le contenu cellulaire exerce une pression (ou potentiel) de turgescence positive sur les parois des cellules, et si parallèlement il y a un apport d'hydrates de carbone (HCHO venant de la photosynthèse) pour « construire » l'extension de la paroi ainsi permise. On montre que la relation suivante est toujours vérifiée :

$$P = Po + Pt, \quad \text{soit encore} \quad Pt = P - Po$$

où

– Pt est le potentiel de turgescence cellulaire ;

– P est le potentiel de l'eau circulant dans la plante (négatif) ;

– Po est le potentiel de l'eau dans la cellule ou potentiel osmotique cellulaire, créé par la concentration en solutés divers dans la vacuole de la cellule en croissance. Po est donc négatif comme P, et varie dans le même sens que P (la perte d'eau augmente la concentration en sucres et solutés divers dans la cellule, et *vice versa*), mais pas à la même vitesse.

En alimentation hydrique optimale, la photosynthèse et l'ensemble du métabolisme de la plante concentrent dans les cellules divers solutés nécessaires à la croissance, et Po est inférieur à P, ce qui permet la croissance ($Pt > 0$), et une entrée d'eau régulière dans la cellule (sens des potentiels décroissants) au fur et à mesure de sa croissance (fig. 8.1a). Mais si P vient à diminuer rapidement sous l'effet d'une transpiration supérieure à l'absorption, P devient inférieur à Po, Pt devient négatif, et le déplacement d'eau change de sens, allant de l'intérieur vers l'extérieur des cellules. Le contenu de la vacuole se rétracte et la membrane plasmique tend à se décoller de la paroi pectocellulosique : on dit qu'il y a plasmolyse (fig. 8.1b). L'extension des parois n'étant plus assurée, la croissance n'est plus possible, même s'il y a des hydrates de carbone disponibles. S'il y a irrigation ou si la demande climatique diminue, P augmente à nouveau, on retrouve $P > Po$ et la croissance peut reprendre.

De nombreux résultats expérimentaux ont montré que lors d'une sécheresse, la limitation de la croissance par la réduction de turgescence intervient avant la réduction de la photosynthèse par la fermeture stomatique. Au début des périodes de sécheresse, les plantes ont donc tendance à accumuler des produits de la photosynthèse non utilisés : sucres solubles et leurs polymères comme les fructanes. Cette accumulation participe à *l'ajustement osmotique*. En effet, en réaction à la sécheresse, certaines espèces ont tendance à abaisser fortement leur Po en concentrant dans leurs cellules des produits à fort pouvoir osmotique, c'est-à-dire qui se lient fortement à l'eau : des sucres issus de la photosynthèse (glucose, sucrose, fructanes,...), des ions (K^+, Ca^{++}), et d'autres composés. *Le mécanisme d'ajustement osmotique est très important pour l'adaptation à la sécheresse car les espèces qui ajustent fortement leur Po ont un double avantage : leur croissance se maintient mieux et elles se déshydratent moins vite.*

Alimentation hydrique et production agricole

Évapotranspiration potentielle (ETp), maximale (ETm) et réelle (ET)

L'évapotranspiration « potentielle » (ETp) et l'évapotranspiration « maximale » (ETm) sont définies au chapitre sur l'irrigation (voir p. 161). L'évapotranspiration effective ET (aussi appelée « réelle », ETR) ne peut pas dépasser la valeur maximale (ETm) qui est par définition celle de la même culture bien alimentée en eau et ayant la croissance optimale. *On dit que l'ETm représente les besoins en eau de la culture*. Elle se définit par espèce en fonction du stade de développement. C'est une référence essentielle pour conduire l'irrigation des cultures.

Les cultures d'été en croissance (prairies, maïs, tournesol, betterave,...) représentent (racines incluses) par ha 5 à 15 t de MS (matière sèche) et 15 à 60 t (m^3) d'eau constitutive. Par belle journée d'été, leur croissance est de 100 à 200 kg MS/ha/jour, alors que leur ETm (ET sans contrainte) est de 4 à 6 mm/jour (40 à 60 m^3/ha/jour). L'ET représente donc chaque jour : 1 à 5 fois le poids d'eau constitutive, 4 à 12 fois le poids de matière sèche présent, 200 à 600 fois le gain journalier de MS.

Selon les régions françaises, l'ETm cumulée en 150 jours de mai à septembre varie de 400 à 700 mm (4 000 à 7 000 m^3/ha). C'est presque partout supérieur aux pluies de la période. Pour satisfaire leurs besoins et produire à l'optimum, les cultures doivent puiser le complément dans la réserve en eau stockée dans le sol en hiver et au printemps. Dans beaucoup de régions, c'est insuffisant et l'irrigation est souvent nécessaire pour maintenir la croissance optimale en été.

Réponse des cultures à la sécheresse

Une sécheresse peut être définie comme une période pendant laquelle un couvert végétal ne peut satisfaire ses besoins en eau (ETm). La croissance est alors ralentie par le cumul de la baisse de turgescence des cellules et de la fermeture stomatique qui réduit la photosynthèse. S'y ajoute la réduction de l'interception de la lumière par diminution de la surface foliaire, résultant de la réduction de surface des nouvelles feuilles et de la sénescence accélérée des plus anciennes. Cet effet se prolonge bien au-delà de la période sèche (arrière-effet). La sécheresse étant un phénomène progressif, on peut distinguer :

– *une phase d'installation de la sécheresse :* au départ, les conditions défavorables à la croissance (potentiel de turgescence négatif et fermeture des stomates) ne se produisent que pendant quelques heures en milieu de journée. Les plantes continuent de pousser le matin, l'après-midi, ainsi que la nuit en utilisant les produits de la photosynthèse stockés pendant la journée. Au fil des jours, les périodes journalières favorables vont se réduire, se limiter autour du lever du soleil, puis devenir nulles. Tant que la sécheresse n'est pas trop sévère, la chronologie du développement (rythme d'émission des feuilles et des organes reproducteurs) est sauvegardée, mais les organes formés sont petits et deviennent rapidement sénescents. Pendant cette phase, beaucoup d'espèces ont une croissance racinaire qui se maintient mieux que la croissance aérienne, car la turgescence se maintient mieux dans les zones du sol les plus humides, à la base du front racinaire. La sénescence des vieilles feuilles s'accélère par rapport au rythme normal, puis l'émission de nouveaux organes est elle-même bloquée ;

– *une phase de survie*, pendant laquelle la croissance n'est plus possible, à aucun moment de la journée, pas même au niveau racinaire. La sénescence aérienne se poursuit, puis les racines les plus fines se dessèchent. L'ET devient très faible. Progressivement, le métabolisme est affecté, et les plantes finissent par mourir. La vitesse de cette évolution varie beaucoup d'une espèce à l'autre. Certaines ont une durée de survie de quelques heures, d'autres peuvent survivre plusieurs mois dans un état de vie ralentie, qu'on dit quiescent ou dormant.

Les plantes répondent donc à la sécheresse par une forte réduction de surface foliaire et du rapport entre l'appareil aérien (qui transpire) et l'appareil souterrain (qui absorbe l'eau). Cette plasticité de la croissance-sénescence, qui permet de modifier les surfaces d'échange selon un ordre précis au fur et à mesure de l'évolution des ressources hydriques, constitue le mécanisme d'adaptation à la sécheresse le plus général. Il tend à sacrifier les organes les plus anciens non essentiels pour continuer le cycle, et à sauvegarder les organes nécessaires à la poursuite du cycle (racines, bourgeons et les plus jeunes feuilles) ou à la reproduction (grains). Le mécanisme est plus ou moins net selon l'origine des espèces. Certaines originaires des milieux humides ont tendance à exploiter toute l'eau disponible, puis à faner brusquement. La plupart des espèces de nos régions ont expérimenté des sécheresses au cours de leur évolution et ont acquis cette plasticité à un certain niveau. Ce mécanisme de sauvegarde se traduit par une baisse de production au-delà de la période sèche car, une fois l'alimentation hydrique rétablie, l'interception du rayonnement n'est plus optimale tant que la surface foliaire n'est pas rétablie à l'optimum, ce qui demandera du temps ou ne se fera jamais selon le stade de la végétation.

Alimentation en eau et production des cultures

Le maintien de l'ET d'une culture à son niveau optimum (ETm) permet d'éviter la mise en place des régulations de la croissance. Il n'est donc pas étonnant de constater des relations très étroites entre la production et l'ET. *Pour une espèce donnée et pendant une période donnée, la matière sèche totale formée (notée MS) et l'ET cumulée sur la période (notée ETC) sont liées par une relation très étroite de la forme :*

$$MS = a\ ETC + b \qquad (1)$$

C'est l'équation d'une droite. Elle s'interprète comme suit : à partir d'un seuil minimum de disponibilité en eau sur la période considérée (ETC = – b/a), la production de matière sèche globale au cours de la période augmente linéairement avec la quantité d'eau consommée ETC, jusqu'à la limite maximale possible atteinte quand ETC = ETmC (ETmC étant l'ETm cumulée sur la période). La production maximale (MSmax), obtenue quand ETC= ETmC, est incluse dans la relation, et on peut écrire :

$$MSmax = a\ ETmC + b \qquad (2)$$

De (1) et (2) on peut déduire une expression de la perte de production due à une alimentation hydrique non optimale : MSmax – MS = a (ETmC – ETC), qui s'écrit aussi :

$$(MSmax - MS)\ /\ (ETmC - ETC) = a \qquad (3)$$

La perte de production de matière sèche d'une culture résultant d'une alimentation hydrique déficiente est proportionnelle au déficit d'évapotranspiration (ETmC-ETC). Le coefficient de proportionnalité (a) s'appelle l'efficience de l'eau. On l'exprime en g de MS formée par g d'eau consommée, ou ce qui est plus pratique en KgMS/m^{3}ET (ou encore en kgMS/ha/mmET). Les valeurs sont en général comprises entre 1 et 7 kgMS/m^{3}ET. A*utrement dit, les plantes évapotranspirent 150 à 1 000 g d'eau pour former 1g de MS.*

Le coefficient b est négatif et de faible valeur absolue, tel que MS = 0 quand ETC = – b/a.

L'efficience de l'eau (a) est une donnée intéressante en agriculture car c'est une mesure de l'efficacité des espèces ou les variétés d'une même espèce à former de la matière sèche avec une quantité d'eau donnée. Elle n'a de sens que sur une période limitée, similaire pour les espèces et variétés comparées. En effet, l'efficience varie selon le stade de développement des cultures, les températures et le rayonnement, donc selon la saison et la zone climatique. La plupart des espèces d'origine tempérée atteignent leur vitesse de croissance maximale en avril-mai, alors que ETm est encore faible : c'est la période où leur efficience est maximale (3 à 7 kgMS/m^{3}ET selon les espèces). En été, leur vitesse de croissance tend à se stabiliser ou à décroître alors que ETm augmente : leur efficience chute autour de 1 à 3 kgMS/m^{3}ET.

On ne récolte pas la totalité de la matière sèche, mais la partie récoltée représente toujours une part importante de celle-ci, par conséquent les mêmes types de relations peuvent être étendues aux organes récoltés sur leur période de formation. Quand la récolte correspond à des organes végétatifs dont la matière sèche s'accumule sur une longue période (plantes fourragères, betterave, forêts), la perte de production découlant de plusieurs périodes de déficit en eau est la somme des pertes pendant chaque période, tant que le déficit ne réduit pas le peuplement. Quand la récolte est constituée de grains ou de fruits, la période entourant la floraison-fécondation est généralement une « période sensible » ou « phase critique ». Cela signifie qu'un déficit d'ET par rapport à l'optimum pendant cette période empêche la formation de ces organes et provoque une chute de rendement en grains beaucoup plus forte relativement que la chute de matière sèche totale. Autrement dit, dans les relations *MS-grain = a (ETC) + b* établies sur cette période, *a* est élevé. L'irrigation doit alors être soignée. Le maïs est la plante-type ayant une phase critique pendant les 6 semaines entourant la floraison.

La sécheresse affecte aussi la qualité des récoltes, souvent négativement, mais parfois positivement.

L'adaptation à la sécheresse

Différents angles d'étude, selon qu'on analyse l'aptitude des espèces à survivre et se reproduire, ou à produire, en conditions de sécheresse

Chaque espèce s'est diversifiée naturellement en de nombreux écotypes, s'adaptant génétiquement à différents environnements pour les coloniser. Ainsi, on trouve des populations naturelles de dactyles ou de fétuques aux confins du Sahara, alors que d'autres constituent la base des prairies océaniques. On pourrait penser que pour améliorer la résistance à la sécheresse des variétés cultivées dans les zones tempérées ou méditerranéennes, il suffit de les croiser avec des écotypes des régions arides, puis de restituer à la descendance un potentiel de croissance analogue aux parents cultivés par un schéma de sélection approprié. Cette voie est souvent décevante, le gain pour la productivité pendant la sécheresse étant faible, voire souvent nul. C'est que les plantes des milieux arides se sont adaptées en réduisant de façon drastique leur potentiel de croissance (cycle court, vitesse de croissance lente), et en positionnant leur cycle dans la courte période où la demande climatique est faible et où il pleut (hiver et début du printemps). Elles n'ont pratiquement jamais progressé dans le sens d'une amélioration de la capacité à produire pendant la sécheresse, car elles tendent à se mettre en vie ralentie pendant cette période. Elles n'apportent donc pas d'amélioration de l'efficience d'utilisation de l'eau à faible niveau d'alimentation hydrique. Cette acquisition génétique d'une réaction accentuée de ralentissement de la croissance et d'accélération de la sénescence en réponse à la sécheresse est en contradiction avec des objectifs de rendement élevé.

L'approche de l'adaptation à la sécheresse, diffère entre biologistes et agronomes. Le biologiste s'intéresse à l'adaptation des espèces pour survivre et se reproduire en milieu sec, souvent en plantes isolées, sans objectif de production. Pour l'agriculteur et l'agronome, l'adaptation se définit comme l'aptitude de plantes en peuplement dense à produire un rendement récoltable élevé, stable en quantité et qualité, économiquement acceptable, quand les conditions hydriques sont variables et globalement déficientes. Les deux analyses ne s'opposent pas : la première ouvre des possibilités à la seconde, d'autant que les techniques pour transférer un ou quelques gènes porteurs d'un caractère particulier, sans modifier les autres caractéristiques des plantes, progressent.

Analyse de la question sans objectif de production (vue du biologiste)

La sécheresse étant un phénomène cyclique, alternant avec des hivers plus ou moins pluvieux, on distingue trois grandes stratégies d'adaptation :

• *L'évitement de la sécheresse par une forme de vie ralentie :* les plantes ont une croissance active pendant la courte période humide, puis entrent en vie ralentie. C'est la stratégie générale des espèces annuelles spontanées : en fonction de l'aridité leur cycle est de plus en plus court pour former les semences ; elles passent la période sèche sous forme d'embryon, qui est une des rares formes végétales supportant sans dommage une déshydratation complète et longue (plusieurs années à plusieurs dizaines d'années), donc bien adaptée à la dissémination. Les semences sont petites, nombreuses, et ont une dormance de durée très variable. Les semences dormantes étant imperméables à l'eau, seule la fraction non dormante germe lors d'une pluie. De cette manière, si la sécheresse revient vite et détruit les plantes germées, il reste un stock semencier important qui, perdant sa dormance de façon échelonnée, permettra de nouvelles tentatives de reproduction. Ces espèces n'ont pas eu besoin de développer d'autres adaptations et sont généralement sensibles au stress hydrique à l'état végétatif.

Certaines espèces persistantes (pluriannuelles) ont développé une stratégie similaire : elles poussent en hiver, puis passent l'été en vie physiologiquement ralentie à l'état végétatif. Cette *dormance estivale* leur permet de survivre en utilisant très lentement l'eau disponible et (ou) en supportant un niveau de déshydratation important. Les organes aériens disparaissent souvent (survie sous forme de bulbes, rhizomes, racines) ou sont organisés pour limiter la transpiration (feuilles à faible densité de stomates et à cuticule épaisse très imperméable). Certaines de ces pérennes ont développé en parallèle une stratégie de multiplication et dissémination par les semences analogues aux annuelles.

• *L'évitement par la mobilisation d'un maximum d'eau disponible :* les plantes développent un système racinaire profond pour exploiter au maximum l'eau du sol pendant la période sèche, parfois doublé d'un système étalé pour la recueillir dans un grand périmètre (arbres isolés). Cette voie ne permet pas une adaptation aux sécheresses extrêmes, car la transpiration n'est pas régulée très bas. Mais elle est intéressante pour les agronomes car les plantes tardent à perdre leurs feuilles et gardent longtemps une activité métabolique normale. C'est le mécanisme dominant chez nombre d'annuelles à croissance estivale (tournesol, sorgho) et d'espèces persistantes (fétuque, vigne, et de nombreux arbres et arbustes méditerranéens).

• *La tolérance élevée au déficit hydrique :* dans cette stratégie, les plantes exploitent l'eau disponible puis sont soumises à des potentiels hydriques très bas et des niveaux de déshydratation importants, qu'elles peuvent supporter pendant de longues périodes grâce à des mécanismes comme un ajustement osmotique et une tolérance à la déshydratation élevés. Les quelques *plantes à résurrection* des déserts d'Australie et d'Afrique du Sud en sont l'exemple extrême : elles sèchent totalement sans être endommagées pendant les périodes sèches, et se réhydratent pour reprendre leur croissance à la faveur des pluies.

Beaucoup d'espèces très bien adaptées ne se classent pas de façon absolue dans l'une ou l'autre des trois catégories car elles ont combiné les stratégies. De nombreuses adaptations morphologiques et physiologiques sont adoptées dans chaque stratégie. On a cité la réduction de la croissance, l'accélération de la sénescence aérienne, la dormance des semences, la dormance végétative, etc. Pour réduire la transpiration quand les parties aériennes sont conservées, les feuilles sont petites, à cuticule épaisse et à faible densité de stomates. Certaines espèces créent une atmosphère-tampon intermédiaire entre la masse d'air sèche et les stomates par des poils épidermiques denses (tournesol), par le positionnement des stomates au fond de cavités presque fermées à la surface des feuilles (l'oyat, utilisé pour fixer les dunes). ou encore en enroulant leurs feuilles en cas de sécheresse par des cellules qui se rétractent (fétuques, certains riz). Les cactées et crassulacées (plantes grasses) cumulent plusieurs adaptations exceptionnelles : leurs tissus sont riches en mucilages très hydrophiles qui se lient à l'eau à un potentiel de l'ordre de – 200 bars, dix fois inférieur aux plantes habituelles, ce qui leur permet d'extraire une fraction plus importante de l'eau du sol, de ralentir la transpiration, et de retarder la déshydratation. Elles n'ouvrent leurs stomates que la nuit quand le potentiel hydrique de l'air est au minimum, un système biochimique particulier leur permettant de fixer et stocker du CO_2 la nuit, qu'elles utilisent pour photosynthétiser à la lumière du jour sans avoir à ouvrir les stomates.

L'osmorégulation (ajustement osmotique), la tolérance à la déshydratation des embryons (semences) et des « plantes à résurrection », ainsi que le déterminisme de la sénescence des feuilles, sont particulièrement étudiés au niveau biomoléculaire et génétique, dans l'espoir de transférer certains caractères aux variétés cultivées, notamment par le transfert de gènes.

L'adaptation à la sécheresse dans une optique de production agricole

Le contexte général

Chaque région subit en été une sécheresse, qui peut se caractériser par sa « moyenne » et des fluctuations interannuelles de durée et d'intensité variables. Les systèmes de cultures traditionnels intégraient ces paramètres, ne serait-ce qu'à travers la diversité des cultures pratiquées. En France, l'intensification agricole récente a abouti à des systèmes culturaux spécialisés, très productifs, mais sensibles aux fluctuations : une année nettement plus sèche que la moyenne est un problème, aussi bien au nord qu'au sud de la France, si bien qu'on a vu l'irrigation se développer en Alsace, dans le Bassin parisien, et même en Bretagne. *La limitation des ressources en eau amène à s'interroger sur d'autres voies : peut-on mettre au point des cultures et systèmes de cultures moins sensibles au déficit hydrique ?* Dans les pays plus au sud, la question prend évidemment une toute autre ampleur. Elle ne peut s'analyser qu'en distinguant différents « types de sécheresse », car les caractères adaptatifs recherchés ne sont pas les mêmes dans chaque cas et peuvent s'opposer. On se limitera à un transect France-Afrique du Nord, en excluant les régions à pluviométrie annuelle inférieure à 250-300 mm où l'intérêt de cultiver est discutable. Les solutions combinent la création de variétés adaptées et l'ajustement des techniques culturales.

Sélection pour la résistance à différents types de sécheresse

La sélection traditionnelle, est basée sur une approche très pragmatique. Elle consiste, dans une zone climatique donnée, à placer dans plusieurs sites et pendant plusieurs années des essais comparatifs des lignées en sélection. Celles-ci subissent ainsi un ensemble de sécheresses recouvrant la gamme qu'elles auront à subir dans cette aire de culture. Pour une lignée, on établit dans chaque essai son rendement, son classement et son écart à la moyenne de l'essai. Sur l'ensemble des sites et des années, on calcule un indice de stabilité du rendement. Les lignées retenues pour devenir variétés sont celles qui se classent dans les premières, à la fois pour le rendement moyen et pour l'indice de stabilité. Mais dans les croisements de départ qui aboutissent aux lignées soumises à cette sélection traditionnelle, on cherche à introduire des caractères particuliers, susceptibles d'améliorer l'adaptation dans les cas-types de sécheresse :

• *La sécheresse terminale sur les cultures annuelles d'hiver « à grain » (blé, orge, pois, colza,…) sous les climats tempérés et méditerranéens :* le problème est d'accomplir la dernière phase du cycle, le remplissage des grains, avant la mort des plantes. La principale voie est l'évitement de la sécheresse, en adaptant la durée du cycle cultural à la durée moyenne de la période humide. Mais plus on réduit le cycle, plus on réduit le potentiel de rendement. On a donc intérêt à avoir des variétés dont le cycle tend à déborder la période pluvieuse. Comme certaines années elles subiront la sécheresse un à deux mois avant maturité, on recherche des caractères adaptatifs complémentaires : profondeur d'enracinement pour augmenter la quantité d'eau accessible en fin de cycle ; aptitude à l'ajustement osmotique pour maintenir tardivement l'hydratation et la turgescence (croissance des grains) ; tolérance à la déshydratation pour maintenir l'activité métabolique quand la dessiccation avance.

La création de variétés de plus en plus précoces (à cycle de plus en plus court) en fonction de l'aridité a permis des progrès considérables pour les céréales (blé, orge) dans les climats méditerranéens. Pour le pois protéagineux et le pois chiche, on a sélectionné des variétés résistantes au froid permettant d'avancer les semis à l'automne au lieu du printemps traditionnellement. Pour les conditions arides, on développe aussi des espèces fourragères annuelles qui en fin de printemps produisent des semences protégées (gousses épineuses ou enterrées) permettant de passer l'été au champ, et qui s'autoresèment à l'automne (trèfle souterrain, luzernes annuelles). En France non méditerranéenne, les déficits hydriques terminaux sur cultures d'hiver ne sont pas considérés comme un problème majeur.

• *Les sécheresses modérées subies pendant le cycle sous les climats tempérés et méditerranéens humides par les cultures annuelles d'été (maïs, sorgho, tournesol,...) et les cultures pérennes (fourrages, vigne et arbres fruitiers, forêts) :* le problème est de maintenir la croissance au plus près de l'optimum pendant les périodes sèches pour avoir des rendements élevés et stables malgré les fluctuations pluviométriques. Les caractères recherchés sont :

– le développement en profondeur de l'enracinement, permettant à la culture de s'alimenter avec l'eau profonde pendant les périodes sans pluie. Le tournesol, le sorgho, la fétuque, la luzerne, les arbres, exploitent bien cette voie ;

– les adaptations favorisant la création d'une atmosphère-tampon au voisinage des stomates : poils épidermiques denses (tournesol) ; enroulement des feuilles (fétuques, certains riz) ;

– la résistance de la sénescence foliaire au stress hydrique ;

– l'amélioration de l'efficience de l'eau ;

– l'aptitude à une reprise de croissance accélérée par rapport à la normale lors de la réhydratation après une période sèche (« croissance compensatoire » chez le dactyle).

Une grande partie de la France est concernée avec une plus ou moins grande fréquence. On a répondu depuis plusieurs décennies par le développement de l'irrigation. Sélectionner des variétés plus résistantes à des sécheresses modérées est un objectif récent, qui n'a pas encore débouché sur des créations variétales.

• *La sécheresse longue et sévère subie par les couverts pérennes (surfaces fourragères pluriannuelles, arbres) sous les climats méditerranéens subhumides et semi-arides :* les plantes subissent une sécheresse trop longue et trop intense pour qu'une croissance significative soit un objectif pendant l'été. L'adaptation se pose principalement en terme de survie (sans croissance) des plantes et de maintien de leur intégrité fonctionnelle pour assurer la pérennité du peuplement, et une reprise de croissance rapide au retour des pluies. On recherche :

– un système racinaire profond qui accroît le stock d'eau accessible pour la survie ; en effet, les plantes continuent de transpirer (même faiblement) pendant tout l'été ;

– l'accumulation importante de substances de réserves dans les racines et la base des tiges pour assurer la reconstitution rapide de la surface foliaire au retour des pluies ;

– une tendance à la dormance estivale : le ralentissement physiologique de la croissance et la sénescence précoce des vieux organes en début d'été conserve dans le sol une réserve d'eau importante qui sera lentement consommée pendant la survie. La dormance permet aussi d'éviter une reprise de croissance en cas de faibles pluies occasionnelles d'été, car elle se ferait sur les réserves hydriques avec pour corollaire un affaiblissement considérable de la résistance ultérieure ;

– des caractères morphologiques favorisant la réduction des pertes en eau : protection des méristèmes de survie dans les vieilles feuilles sèches (dactyles et fétuques méditerranéennes) ;

– un fort potentiel de croissance d'automne-hiver pour bien exploiter la période pluvieuse.

Ces situations se rencontrent dans les sols peu profonds du sud-est de la France, et dans tous les pays méditerranéens. Quelques variétés d'espèces fourragères pérennes (dactyle, fétuque, luzerne) très tolérantes à la sécheresse ont été créées récemment en France sur ces bases ; elles combinent un système racinaire très profond et une semi-dormance estivale.

Les pratiques culturales

S'il est important, le choix du génotype n'est pas le seul moyen d'action. Ainsi, dans les trois types de sécheresse on a souligné l'importance du développement racinaire, qui peut être favorisé par la qualité du travail du sol. De même, le choix de la densité de semis ou de plantation est un moyen puissant de s'adapter au niveau d'aridité : plus il est élevé, plus il faut réduire la densité de semis ou de plantation. L'adaptation des modes d'exploitation selon la nature des peuplements et le risque de sécheresse (type, durée, intensité) peut aussi favoriser leur tolérance. Par exemple, en fin de printemps, le pâturage intensif (fréquent et ras) d'une prairie de dactyle abaisse les réserves en sucres solubles des plantes et les rend sensibles à la sécheresse, comparativement à une exploitation moins sévère ; mais laisser la prairie trop développée au début de l'été est aussi défavorable. à cause de l'évapotranspiration excessive. L'adaptation des modes de conduite est facilitée quand on a un minimum d'informations sur le fonctionnement hydrique de l'ensemble sol-couvert végétal pendant la sécheresse.

Conclusion

La démographie mondiale et de la réduction des ressources en eau pour l'agriculture, à cause de la réduction de pluviométrie dans certains pays (Sahel, Afrique du Nord) ou de la concurrence avec d'autres utilisations comme dans nos pays, pose un défi à la science : produire plus et mieux avec moins d'eau. Le fait que les progrès agricoles de la seconde moitié de ce siècle ont été très spectaculaires dans les pays humides, mais beaucoup plus lents dans les pays à forte aridité, souligne bien les difficultés pour transformer les plantes dans le sens d'une utilisation plus efficace de l'eau.

Références bibliographiques

Callot G., Chamayou H., Maertens C., Salsac L., 1983. *Les interactions sol-racines ; incidences sur la nutrition minérale*. INRA, Paris, 325 p.

Collectif, 1984. *Les besoins en eau des cultures*. Compte-rendu de la Confér. Intern. du Comité Intern. des Irrig. et du Drainage (CIID), Versailles. INRA, Paris, 927 p.

Calvet R., éd., 1988. *Études sur les transferts d'eau dans le système sol-plante-atmosphère,* INRA, Paris, 362 p.

Collectif, 1993. *Water deficits : plant responses from cell to community.* Environm. Plant Biol. series, Smith J. A. C. & Griffith edit, Bios Scient. Publ., Oxford (GB), 345 p.

Cruiziat P., Tyree M., 1990. La montée de la sève dans les arbres. *La Recherche,* 220, 406-414.

Thomas H., 1994. *Drought resistance in plants*. IGER, Aberystwyth (GB), 88 p.

Vilain M., 1987. *La production végétale,* 2. Les composantes de la production, Lavoisier, Paris, 416 p.

L’irrigation

Olivier de Villèle

La maîtrise de l’eau : une nécessité vitale

L’eau représente une telle proportion de toute matière vivante que l’on a pu dire de la Vie qu’elle était un « phénomène aquatique » (Alexis Carrel, Prix Nobel 1912). Dès la plus Haute Antiquité, la protection, l’entretien et le développement de la Vie ont contraint l’homme à rechercher les moyens de faire face à des sécheresses permanentes ou occasionnelles. C’est ainsi qu’ont été réalisées, au fil des siècles, des aménagements hydrauliques de plus en plus importants pour « mobiliser » la ressource en eau et qu’ont été mises au point des pratiques agricoles de plus en plus performantes de « gestion » de cette ressource pour régulariser et augmenter les rendements des cultures. L’irrigation est une de ces pratiques. Elle consiste à reconstituer les réserves en eau du sol (ou du substrat de culture), aussi souvent que de besoin, pour les maintenir à un niveau tel qu’elles soient facilement utilisables par les cultures.

A l’heure actuelle, dans le monde, l’irrigation intéresse environ 200 millions d’hectares (20 % des terres cultivées) dont les trois quarts en Asie, dans les zones à forte densité de population où l’intensification de la riziculture est une nécessité vitale.

En France, la surface irrigable est de l’ordre de 2 millions d’hectares mais l’irrigation ne se pratique réellement que sur un peu plus de 1 million d’hectares et met en jeu environ 2 milliards de m^3 d’eau par an. La mobilisation des eaux de surface assure plus de 80 % de cette demande tandis que l’exploitation des eaux souterraines n’intervient que pour environ 15 %.

La pratique rationnelle de l’irrigation suppose que l’on puisse apporter des réponses satisfaisantes aux questions suivantes :

– combien d’eau ? ce qui revient à l’estimation des besoins en eau des cultures ;

– comment ? ce qui impose le choix raisonné d’une technique d’apport de l’eau ;

– quand ? ce qui pose le problème du pilotage des irrigations.

Les réponses à ces questions se doivent de prendre en compte des contraintes très diverses, susceptibles de varier dans le temps : abondance et permanence de la ressource en eau, nature de la culture, caractéristiques diverses du sol, climat, techniques disponibles, coût, main-d’œuvre…

Les besoins en eau des cultures

Même si l'irrigation est une pratique fort ancienne, l'évaluation des besoins en eau des cultures n'a mobilisé la recherche que très récemment. Nombre de raisons, tant techniques qu'économiques, expliquent que ces investigations n'aient été entreprises qu'assez récemment.

La première et sans doute la plus importante de ces raisons tient au fait que les techniques d'irrigation gravitaire (qui ont prévalu jusqu'au milieu du XXe siècle) interdisaient pratiquement de limiter le volume des apports d'eau en dessous du minimum permettant d'atteindre le point bas de la parcelle à irriguer. Par ailleurs, bien souvent, lorsque la ressource en eau avait pu être mobilisée, celle-ci était surabondante et ne justifiait aucune recherche d'économie. C'est ainsi que, de nos jours encore, dans les environs d'Avignon, la pratique des irrigations gravitaires à partir des eaux de la Durance conduit à une remontée estivale du niveau des nappes superficielles du fait du caractère largement excédentaire des apports d'eau (sur les prairies en particulier).

La seconde raison de cette curiosité tardive des agronomes en matière d'appréciation des besoins en eau des culture parait résider dans l'émergence relativement récente d'une importante demande, éminemment solvable, en eau domestique et en eau industrielle, en compétition avec la demande agricole.

Relativité des coefficients de transpiration

Dans les premières décennies du XXe siècle, les agronomes ont appliqué au « facteur eau » la fructueuse démarche adoptée pour ce qui était des « facteurs de croissance » que représentaient les éléments fertilisants. La plupart des travaux entrepris sur l'évaluation des besoins en eau des cultures ont alors débouché sur l'estimation d'un *coefficient de transpiration* exprimant la quantité d'eau mise en jeu dans l'élaboration d'un produit agricole.

A titre d'exemples, voici pour la France, quelques valeurs observées de ces coefficients de transpiration :

– *luzerne :* en région méditerranéenne, de 350 à 900 litres d'eau par kilo de foin sec selon la saison ;

– *maïs :* de 500 à 1 000 litres d'eau par kilo de maïs grain selon la région ;

– *tomate :* en région méditerranéenne, de 20 litres d'eau par kilo de fruits frais en production hivernale sous serre à environ 100 litres pour une culture d'été en plein air.

L'examen des résultats accumulés au fil des ans conduit à constater que :

– quel que soit le végétal considéré, la quantité d'eau mise en jeu dans l'élaboration d'une récolte est toujours très élevée, sans commune mesure avec le contenu en eau du produit à l'état frais ;

– d'une culture à l'autre, sous des conditions climatiques identiques, la consommation d'eau par unité de poids de produit agricole commercialisable peut varier dans de larges proportions ;

– pour une même culture, le coefficient de transpiration varie largement selon les conditions climatiques qui ont prévalu lors du cycle cultural, donc d'une région ou d'une saison à l'autre.

La variabilité des coefficients de transpiration interdit donc l'utilisation de tels résultats pour la conduite de l'irrigation alors que font défaut toutes informations climatiques prospectives sur le site d'implantation des cultures.

L'échec de ce type de démarche tient au fait que, à la différence des éléments fertilisants, l'eau ne fait à peu de choses près que transiter dans le végétal sans s'y fixer. La fonction essentielle de ce flux d'eau est de maintenir un taux d'hydratation des tissus compatible avec le déroulement normal des phénomènes de croissance et de développement. Il parait évident que l'intensité de ce flux dépendra des conditions climatiques et des caractéristiques de la culture.

Évapotranspiration et climat

Des progrès décisifs ont été faits dans l'estimation des besoins en eau des cultures à partir du moment où ont été pris en compte les phénomènes physiques intervenant au niveau du couvert végétal. La consommation d'eau de ce couvert correspond en effet à la restitution à l'atmosphère, à l'état de vapeur, d'une certaine quantité d'eau soit prélevée dans le sol, au niveau des racines, à l'état liquide, puis transpirée au niveau des feuilles, soit directement évaporée à partir de la surface du sol. Transpiration et évaporation correspondant à un même phénomène physique de vaporisation, on les regroupera sous le même vocable d'*évapotranspiration* et on y appliquera les connaissances que l'on a sur ce changement d'état physique.

La *vaporisation* mobilise une certaine quantité d'énergie, dite chaleur latente, qui, dans le cas de l'eau, se monte à 2 500 joules par gramme. Cette mobilisation d'énergie explique que toute évaporation s'accompagne de refroidissement. En particulier, la transpiration des feuilles en permet la régulation thermique, même sous fort ensoleillement. De même, sous serre, en été, l'évapotranspiration de la culture assure une part importante des besoins de climatisation de l'enceinte.

Évapotranspiration potentielle *

En un lieu donné, la quantité d'eau évapotranspirable dépendra donc de l'importance des disponibilités énergétiques mobilisables, c'est-à-dire du bilan des échanges radiatifs, advectifs et convectifs au niveau du couvert. Il est facile d'imaginer qu'interviennent donc les éléments essentiels de caractérisation du climat local : rayonnement solaire, température et humidité de l'air, vitesse du vent. Diverses approches, physiques ou statistiques, permettent d'évaluer cette quantité d'eau évapotranspirable à partir des seules données climatiques. Cette grandeur de référence, de signification purement physique, désignée comme *évapotranspiration potentielle* (ETP), représente

* ETP, ETM s'exprimeront, dans le monde agricole, avec les mêmes unités que les précipitations : en millimètres (d'épaisseur de tranche d'eau). 1 mm correspond à un volume de 1 litre/m^2 ou 10 m^3/ha.

la demande en eau que le climat peut imposer à un couvert végétal standard ayant souvent les caractéristiques physiques du gazon ras.

En région méditerranéenne et en été, cette grandeur peut atteindre des valeurs moyennes de l'ordre de 7 mm/jour (voire de 10 mm/jour par temps de mistral).

Évapotranspiration réelle *

Face à cette « demande climatique », le couvert végétal répondra par une « offre » dont les caractéristiques dépendront autant de la plus ou moins grande disponibilité de l'eau dans le sol que des singularités, morphologiques et physiologiques, du végétal lui-même.

En conditions non restrictives d'alimentation en eau, c'est-à-dire quand le sol dispose d'une importante réserve d'eau accessible aux racines, l'évapotranspiration réelle de la culture sera dite maximale (ETM). On la situera par rapport à la référence climatique que constitue l'ETP au moyen d'un « coefficient cultural » : k

$$ETM = k \cdot ETP$$

Quand la végétation s'installe et ne couvre pas totalement le sol, les besoins en eau sont inférieurs à l'ETP ; par contre, lorsqu'elle est complétement développée et surtout si elle a un fort développement vertical, l'ETM peut dépasser l'ETP ; en fin de culture, en début de sénescence des feuilles, les besoins en eau diminuent notablement.

Les valeurs des coefficients culturaux que l'on peut trouver dans la littérature sont toutes issues d'expérimentations « au champ » et sont, de ce fait, entachées d'une certaine incertitude. Elles sont néanmoins utilisées pour des raisons pratiques et permettent d'éviter de grossières erreurs d'évaluation.

En situation de manque d'eau, pour limiter l'effondrement du taux d'hydratation de ses tissus, le végétal met en œuvre le dispositif de régulation qui lui est propre : il ferme ses stomates et réduit ainsi sa transpiration. On parlera alors d'évapotranspiration réduite (ETR).

Consommation d'eau et productivité

D'une manière assez générale, la productivité maximale des cultures est atteinte en conditions non restrictives d'alimentation en eau.

Bon nombre d'espèces, cependant, sont susceptibles de supporter des rationnements relativement sévères sans diminution sensible des rendements. Un tel comportement de résistance à la sécheresse démontre bien que peut exister, vis-à-vis de l'eau, une « consommation de luxe » ou tout au moins de faible efficacité. Seule une étude simultanée de la transpiration et de la photosynthèse du végétal cultivé peut permettre de comprendre de tels phénomènes.

D'autres espèces, au contraire, voient leur productivité s'effondrer dès qu'interviennent les premières restrictions. Une telle sensibilité à la sécheresse est

---

* ETP, ETM s'exprimeront, dans le monde agricole, avec les mêmes unités que les précipitations : en millimètres (d'épaisseur de tranche d'eau). 1 mm correspond à un volume de 1 litre/m^2 ou 10 m^3/ha.

particulièrement évidente lorsque les rationnements sont imposés lors de « stades critiques » correspondant à la mise en place de structures biologiques indispensables au déroulement ultérieur du cycle cultural. Ceci est le cas des cultures dont le produit commercialisable est représenté par des fruits ou des graines. Une sécheresse intervenant lors de la formation des organes reproducteurs aura immanquablement des conséquences irréversibles sur le rendement final. L'exemple le plus classique en est celui du maïs dont le stade floraison est particulièrement critique. En dehors des stades critiques, un rationnement raisonné de l'eau n'a pas d'effet drastique sur la production. Pour certaines cultures, une limitation momentanée des disponibilités en eau peut même avoir des effets favorables. C'est ainsi que, dans le cas de la vigne, un manque d'eau pendant la phase de maturation des baies peut en améliorer la teneur en sucres.

Les techniques d'irrigation

Jusqu'aux années 50, l'irrigation était essentiellement « gravitaire », de surface, avec ses multiples variantes : déversement, écoulement, submersion (raie, planche, cuvette, bassin). S'est ensuite développée l'irrigation par aspersion : d'abord équipements déplaçables, puis installations fixes en couverture totale, enfin arroseurs automouvants (canons à enrouleurs, rampes à déplacement frontal ou systèmes « pivots » couvrant des parcelles circulaires). Apparurent enfin les différentes modalités de la micro-irrigation. Celles-ci ont comme caractéristiques communes : travail sous faible pression, faible débit, localisation et semi-continuité des apports d'eau.

Actuellement, en France, toutes les techniques d'irrigation sont employées :
- irrigation gravitaire : sur 20 % des surfaces,
- irrigation par aspersion : sur 70 % des surfaces,
- micro-irrigation : sur 10 % des surfaces.

Ailleurs dans le monde, pour des raisons qui peuvent être tant techniques qu'économiques, il peut en aller très différemment et l'irrigation gravitaire demeurer très largement (pour ne pas dire exclusivement) pratiquée.

L'irrigation gravitaire

Pratiquée depuis les temps les plus anciens, cette technique fait s'écouler de l'eau d'un point haut vers un point bas. Ceci impose un nivellement des terres aussi précis que possible, un débit en tête de parcelle relativement élevé pour que l'eau puisse avancer rapidement jusqu'à l'extrémité de l'élément au long duquel doit se faire l'infiltration, un réseau de « collatures » en bas de parcelle pour évacuer l'eau qui ne s'est pas infiltrée. Les « tours de mains » affinés au fil des siècles et les progrès technologiques réalisés ces dernières décennies ont rendu cette technique presqu'aussi efficiente que les autres. Demeure cependant l'inconvénient d'imposer un apport d'eau minimal à chaque arrosage et la nécessité d'une intervention de main-d'œuvre, tout au long de l'irrigation, pour « conduire » correctement l'eau.

Cette technique, dans ses modalités les plus simples, est encore couramment employée dans le Sud de la France où la régularité des périodes de sécheresse a, depuis des siècles, incité à la réalisation de prélèvements d'eau en rivière et à sa distribution par canaux en faible charge par rapport aux terres agricoles. L'obligation de disposer d'une « main d'eau » importante oblige souvent les utilisateurs à se plier à un « tour d'eau » qui fixe la périodicité des arrosages.

L'irrigation par aspersion

Cette technique s'est développée en France à compter des années 50. L'évolution en a été rapide, imposée par l'obligation de réduire les coûts de main-d'œuvre et la pénibilité du travail. Les modalités en sont multiples : installations fixes d'asperseurs ou matériels automouvants. Dans la pratique, cette technique nécessite une surveillance constante pour pouvoir être pleinement efficiente. À titre d'exemple, l'importance des écarts observés entre apports réels et besoins estimés excède souvent 20 %. Ceci pour les seules imperfections de réglage des matériels. Il convient également d'être conscient de la quasi-impossibilité de parvenir à une répartition homogène de l'eau distribuée par temps venté. Malgré tout, les matériels d'aspersion automouvants (en particulier les canons à enrouleurs) rendent d'immenses services en grande culture, surtout en conditions d'irrigations de complément lorsque le couvert végétal est bien installé. En période d'installation des cultures annuelles, le risque de formation de croûte de battance impose une grande prudence dans la mise en œuvre des matériels d'aspersion.

L'emploi de « microasperseurs », travaillant sous faible pression, distribuant de fines gouttelettes d'eau et n'humectant généralement qu'une fraction de la surface du sol, représente une variante de la technique d'aspersion, bien adaptée à l'arrosage, sous frondaison, des vergers fruitiers.

La micro-irrigation

La micro-irrigation (appellation normalisée de l'ensemble des pratiques dites de « goutte à goutte ») est apparue en France à la fin des années 60. Il s'agit en fait de la redécouverte et de la mise à jour technologique de pratiques antiques d'apports d'eau très localisés, quasi continus, à de faibles débits. On y associe généralement la fertilisation. L'avantage réside dans l'augmentation de l'efficience de l'eau consommée qu'autorisent la permanence de la disponibilité de l'eau et des éléments fertilisants au voisinage des racines ainsi que la réduction des pertes d'eau par évaporation directe à la surface du sol. En conditions non restrictives d'alimentation en eau, les performances du matériel végétal sont supérieures à celles obtenues sous irrigation traditionnelle périodique, pour des consommations d'eau équivalentes. Par contre, lorsque les ressources en eau sont limitées et contraignent donc à des rationnements hydriques significatifs (de l'ordre de 30 à 50 %), les cultures bénéficiant de la micro-irrigation ont des performances comparables à celles des cultures soumises aux pratiques classiques d'apports d'eau périodiques sans rationnement.

Si la technique est performante, elle est fragile. En effet, la localisation des apports d'eau amène le système racinaire à se concentrer autour des « bulbes humides » et à ne pas coloniser l'ensemble du sol. Un premier risque est l'épuisement accéléré de l'eau et des éléments fertilisants disponibles au niveau du bulbe si l'irrigation vient à être suspendue inopinément. Et cela alors même que d'importantes disponibilités subsistent en dehors du bulbe et sont, de ce fait, inaccessibles aux racines. Un second risque est lié à un mauvais ancrage dans le sol : des rangées entières d'arbres fruitiers arrosés en micro-irrigation dès leur plantation ont ainsi été arrachées par le vent du fait d'une mauvaise répartition du système racinaire autour du tronc.

Le pilotage des irrigations

Le conseil à l'irrigation

Faute d'expérience, les nouveaux irrigants demandent généralement une assistance pour la conduite de leurs arrosages. Les conseils fournis par les agents du développement prennent en compte des informations locales de nature climatique, pédologique et phytotechnique. Le plus souvent, tout du moins dans le cas des irrigations gravitaires ou par aspersion, ceci conduit à pratiquer des arrosages à doses constantes et périodicités variables : on reconstitue la réserve facilement utilisable lorsque la demande climatique l'a épuisée. Un tel mode de pilotage étant difficilement compatible avec les contraintes de gestion de la main-d'œuvre, du matériel et de la ressource en eau, les irrigants se tournent rapidement vers une programmation raisonnée, fondée sur la connaissance des niveaux les plus probables d'évapotranspiration potentielle, à périodicité et doses préétablies. Ce faisant, le conseil traditionnel à l'irrigation perd de son intérêt.

Il en va tout autrement dans le cas de la micro-irrigation où, compte tenu de la limitation du volume d'exploitation racinaire, des erreurs d'évaluation des besoins en eau peuvent avoir rapidement des conséquences catastrophiques. Dans le Sud-Est, par exemple, serristes et arboriculteurs exigent une information quotidienne sur la demande climatique, disponible sur serveur télématique ou téléphonique, pour éviter de tels accidents.

Dans l'estimation des besoins d'arrosage, doivent intervenir les précipitations dont chacun sait pertinemment qu'elles ne sont pas efficaces à 100 %. Les erreurs d'appréciation les plus communes consistent à :

– négliger les petites pluies sous prétexte qu'elles sont directement évaporées sans profiter au végétal, alors que, restituées à l'atmosphère, elles contribuent à une satisfaction partielle de la demande climatique ;

– estimer totalement efficaces les pluies importantes alors qu'une fraction notable peut en échapper à l'absorption racinaire, soit par ruissellement superficiel, soit par infiltration profonde.

Différentes formules ont été proposées pour estimer l'efficacité des pluies. En première approximation, on peut admettre que celle-ci se situe autour de 70 %.

L'automatisation de l'irrigation

Le souci permanent de s'affranchir des contraintes des interventions humaines et d'ajuster les apports d'eau aux stricts besoins estimés au niveau de la culture a conduit à explorer les possibilités d'automatisation de l'arrosage. Diverses solutions ont été proposées dont certaines sont maintenant devenues d'un usage courant.

- Estimation automatique de la « demande climatique » à partir de données météorologiques classiques recueillies et traitées sur micro-ordinateur. Un service Météo France, Irritel, accessible par Minitel, permet aux irrigants qui s'y sont abonnés de suivre le bilan hydrique de leurs cultures et de raisonner leurs irrigations. Divers automates proposés aux serristes vont jusqu'à commander les arrosages et les injections de fertilisants qui les accompagnent.

- Estimation automatique de l'épuisement des réserves en eau du sol à compenser par les arrosages grâce à des humidimètres dont les principes de fonctionnement peuvent être divers.

- Détection de stress informant, au moins qualitativement, sur la nécessité de déclencher l'irrigation. L'information peut être recherchée au niveau du sol par appréciation de la disponibilité des réserves hydriques (tensiomètre), au niveau du végétal par suivi des variations des diamètres des tiges, des rameaux ou des fruits, au niveau plus global du couvert par mesure de l'échauffement de la surface des feuilles par rapport à l'air environnant.

Dans la pratique, compte tenu des erreurs susceptibles d'être commises tant dans l'évaluation des besoins que dans le contrôle des apports et dans l'ignorance de l'importance des pluies dans le proche futur, l'irrigation se fait le plus souvent en excès pour éviter tout risque de sécheresse. Une telle pratique devient de moins en moins admissible car elle majore les probabilités d'entraînement vers les nappes de polluants divers (nitrates, pesticides…).

La place de l'irrigation dans les problèmes de gestion de l'eau

Pour faire face à des déficits pluviométriques qui peuvent être permanents, réguliers ou occasionnels, faute de pouvoir provoquer des précipitations, force est bien de **« concentrer » l'utilisation des ressources hydriques naturelles :**

– au bénéfice des seules cultures, en éliminant les mauvaises herbes, en favorisant l'infiltration des pluies, en réduisant les pertes d'eau par évaporation directe ;

– dans l'espace, en aménageant les impluviums et dirigeant les eaux de ruissellement vers les secteurs cultivés (épandage de crues) ou en diminuant les densités de semis et de plantation de façon à augmenter le volume des disponibilités en eau au niveau de chaque individu ;

– dans le temps, en limitant la saison de culture à la période de moindre déficit hydrique (cultures pluviales), en laissant les réserves en eau du sol se reconstituer avant d'implanter une culture (exemple : assolement biennal jachère-blé en Afrique du Nord) ;

– dans le temps et l'espace : tel est le cas de l'irrigation. On constitue artificiellement des retenues d'eau ou on laisse se recharger des nappes à partir desquelles l'eau sera distribuée sur des périmètres d'irrigation aux périodes de déficit pluviométrique.

Les dernières informations que nous avons pu obtenir sur les problèmes de l'eau en France permettent de situer l'importance de l'irrigation parmi les différents postes d'utilisation de l'eau.

Alors que le volume annuel moyen des précipitations doit se situer autour de 450 milliards de m^3 pour l'ensemble du territoire (800 mm) et que l'évapotranspiration réelle représente environ 250 milliards de m^3 (450 mm) de restitution à l'atmosphère, les besoins en eau de la France se montent à 30 milliards de m^3/an (dont 23 sont prélevés sur les eaux de surface et 7 sur les nappes souterraines) :

– besoins en eau domestique :	3 milliards de m^3
– besoins en eau industrielle :	21 milliards de m^3
– besoins en eau agricole :	3 milliards de m^3 dont 2 milliards pour l'irrigation (apport moyen annuel : 200 mm/ha irrigué)
– besoins divers : (collectivités, canaux…)	3 milliards de m^3

Les objectifs traditionnellement assignés à la politique de gestion de l'eau (satisfaction de la demande, protection contre les inondations, la sécheresse, l'érosion) pouvant être considérés comme globalement atteints, le problème d'actualité est devenu celui de la sauvegarde de la qualité des eaux que menace la pollution diffuse, du fait, en particulier, de l'entraînement des nitrates. Si la contribution de l'irrigation à la pollution ne peut être niée (surtout lorsque l'irrigation est mal gérée), il serait anormal d'en exagérer l'importance. D'abord parce que la pollution diffuse résulte d'un ensemble de pratiques culturales et non de la seule irrigation, ensuite parce que les volumes d'eau susceptibles d'être incriminés sont, pour la majeure partie, restitués à l'atmosphère et non pas infiltrés en profondeur. Ponctuellement, cependant, et épisodiquement, des entraînements de nitrates et autres polluants peuvent se faire vers les nappes, particulièrement dans les secteurs de production très intensive (maraîchage, arboriculture fruitière, élevage intensif).

Deux phénomènes peuvent être incriminés :

– *en période estivale,* le déferlement d'eau par les fissures des sols assez argileux pour donner lieu au phénomène de « retrait », dans le cas d'irrigations gravitaires,

– *en saison pluvieuse,* une infiltration dans la masse, au-delà de la zone d'exploitation racinaire, lorsque l'on n'a pas laissé s'épuiser suffisamment les réserves hydriques du sol en fin de culture.

Il convient cependant de remarquer que l'irrigation (surtout lorsqu'il s'agit d'irrigation de complément), en permettant la régularisation des rendements, devrait conduire à une meilleure maîtrise des reliquats azotés en fin de culture. Si la fertilisation est raisonnablement conduite, l'irrigation peut alors, paradoxalement, limiter les risques d'entraînement de nitrates.

Irrigations spéciales

Certaines irrigations n'ont pas du tout pour objet d'optimiser l'alimentation en eau des cultures. Il parait suffisant de les évoquer.

Aspersion antigel

Lors d'épisodes gélifs, le seul mode de protection économiquement supportable à l'heure actuelle est l'aspersion. Le principe en est de projeter de l'eau sur les organes végétaux à protéger, de la laisser partiellement se prendre en glace et de renouveler périodiquement l'aspersion (1 fois par minute) de manière à ce que se forment des manchons de glace constamment mouillée. La température ne s'en abaissera pas en-dessous de 0 °C, température de la glace fondante. Cette opération ne conduit pas à un réchauffement de l'environnement mais fait obstacle au refroidissement du végétal.

Cette méthode de lutte est parfaitement adaptée aux gelées de printemps, dites radiatives, qui interviennent par nuits claires et sans vent. Elle est à prohiber lors de gelées noires, dites advectives, qui correspondent à l'invasion de nos régions par des masses d'air très froid, surtout en hiver, et s'accompagnent souvent de vent. Dans de telles conditions, l'évaporation d'une partie de l'eau entraînerait un refroidissement qui aggraverait les dégâts.

Irrigation de lessivage

Dans certaines régions les eaux d'irrigation peuvent être relativement salées. Pour éviter l'accumulation de sels (surtout de chlorure de sodium) risquant d'être toxiques pour les cultures et de provoquer la dégradation de la structure des sols, il est indispensable de procéder à des irrigations de lessivage pour entraîner les sels et les éliminer par drainage.

Irrigation de recharge des nappes

Lorsque les eaux de surface sont surabondantes, il peut être intéressant, en prévision de la saison sèche, de recharger les nappes en procédant à des irrigations massives sur les sols suffisamment filtrants pour le supporter.

Irrigation de limonage

Lorsque les eaux de surface sont très chargées en limons, elles peuvent être dirigées sur des casiers de submersion, le temps que s'y déposent les éléments en suspension. C'est ainsi qu'ont été constitués les sols de la Crau humide à partir des alluvions des eaux de la Durance (avant que ne soient établis des barrages sur son cours !).

Irrigation antiphylloxérique

La conservation hivernale du redoutable parasite que représente, pour la vigne, le phylloxéra, se fait dans le sol. Des cépages français francs de pied ont été conservés dans les zones où pouvait se pratiquer une submersion hivernale des vignes entraînant l'asphyxie des insectes (Camargue, Languedoc narbonnais).

L'avenir de l'irrigation

Pendant longtemps encore, les interventions humaines sur la pluviosité demeureront du domaine de la Science fiction. Face aux sécheresses, régulières ou épisodiques, l'irrigation demeurera un puissant moyen de régulariser ou augmenter les rendements. Encore faudra-t-il que des ressources en eau suffisantes puissent être mobilisées !

La pratique de l'irrigation mérite cependant réflexion, tant sur le plan économique que technique. Peut-être l'augmentation substantielle du prix de l'eau serait-elle la plus efficace des incitations à la limitation de l'usage souvent abusif qui s'en fait dans les pays développés et contribue ainsi à la dégradation de l'environnement ?

Quoi qu'il en soit, l'irrigation, aussi ancienne ou presque que le monde, a encore de beaux jours devant elle et restera, à n'en pas douter, indispensable à la satisfaction des besoins alimentaires de la fraction la plus défavorisée de l'humanité.

Références bibliographiques

Calvet R., éd., 1990. *Nitrates, Agriculture, Eau.* Symposium international, nov. 1990. INRA, Paris, 576 p.

Doorenbos J., Pruits W.O., éds, 1975. *Les besoins en eau des cultures.* Bulletin d'Irrigation et de Drainage 24, FAO, Rome, 198 p.

Doorenbos J., Kassam A.H., éd., 1987. *Réponse des rendements à l'eau.* Bulletin d'Irrigation et de Drainage 33, FAO, Rome, 235 p.

Le Bars Y., éd., 1990. *Eau et agriculture. Leçon d'une sécheresse.* Colloque Paris, mars 1990. Cemagref, Paris, 247 p.

Méthodes d'irrigation améliorées pour préserver et protéger les ressources en eau et augmenter le rendement des cultures. 1984 Actes du colloque Commission Économique des Nations unies pour l'Europe, Avignon, 1989. Nations unies, Genève.

Perrier A., Riou C., éd., 1985. *Les besoins en eau des cultures.* Conf. Internationale, Paris, sept. 1984. INRA, Paris, 927 p.

Puech J., Arnal H., Beyries P., 1992. *Irrigation, Guide pratique,* 2e édition. Cemagref-Dicova, Antony, 294 p.

Vermeiren L., Jobling G.A., éd., 1983. *L'irrigation localisée.* Bulletin d'Irrigation et de Drainage 36, FAO, Rome, 219 p.

Le drainage

J.C. Favrot et R. Bouzigues

Introduction

En agriculture, le drainage désigne l'ensemble des techniques (tuyaux enterrés, fossés, rigoles, ...) mises en œuvre pour éliminer l'excès d'eau et/ou l'excès de sel à l'échelle des parcelles cultivées. Le drainage est indissociable des réseaux d'assainissement (fossés, buses), qui, à l'échelle des bassins-versants, assurent le transfert des eaux de drainage vers les émissaires naturels (cours d'eau) ou artificiels (canaux).

Historiquement, depuis la plus haute Antiquité les agronomes ont cherché à éliminer l'excès d'eau des terres : Grecs et Romains pratiquaient le drainage. Columelle en décrit précisément certaines techniques. Sous Henri IV, Olivier de Serres explique les manières de remédier « au vice d'eau qui excède en malice celui des ombrages et celui des pierres ». Au milieu du XIXe siècle, en France, à l'instar de l'Angleterre, le drainage connaît une première phase de développement grâce à l'invention de la machine à fabriquer les drains en poterie (7 900 ha drainés, à la main, durant l'année 1856). Un siècle plus tard, les innovations technologiques successives (engins de pose autonomes, drains souples en PVC annelé, guidage par rayons laser) amènent à une mécanisation complète de la pose des drains (fig. 10.1). Ces innovations, en abaissant le prix de revient, provoquent une généralisation rapide de cette technique. Dans le monde, actuellement, 150 à 170 millions d'hectares de terres cultivées sont drainés. La technique des fossés est la plus utilisée, le drainage enterré occupant 50 millions d'hectares environ.

En France, les sols hydromorphes couvrent une superficie de l'ordre de douze millions d'hectares (fig. 10.2), dont la moitié concerne des terres cultivées. Après une croissance très rapide des surfaces drainées annuellement au cours des années soixante dix — de 20 000 ha en 1972 à 105 000 ha en 1980 — puis plus modérée au cours des années quatre vingt (105 000 à 125 000 ha/an), une décroissance nette est constatée à partir de 1990 (36 000 ha drainés en 1993 — représentant un marché de 535 millions de francs). Les conditions climatiques sèches et la nouvelle politique agricole commune (PAC) expliquent ce ralentissement. Au total, en 1995, la superficie drainée par tuyaux enterrés était de 2,3 millions d'ha. Ceci représentait 30 % des terres hydromorphes, taux bien inférieur à celui de 60 % et plus détenu par la plupart des pays du nord de l'Europe.

Compte-tenu de la diversité des milieux français, les modalités techniques et les implications socio-économiques du drainage varient d'une petite région

Evolution des technologies	Phases successives de l'opération			
	Ouverture	Réglage	Pose	Calage et comblement
1850 : Ouverture et pose manuelles Poteries juxtaposées Comblement à la main				
1930 : Ouverture mécanique Réglage et pose manuelles Comblement à la main				
1950 : Ouverture et réglage mécanique par outil flottant PVC rigide en barres de 6 m Comblement à la main				
1960 : PVC souple annelé Pose automatique à la draineuse-trancheuse Comblement mécanique				
1970 : Apparition des draineuses sous-soleuses Comblement automatique avec subsistance d'un bourrelet Guidage par rayon laser				

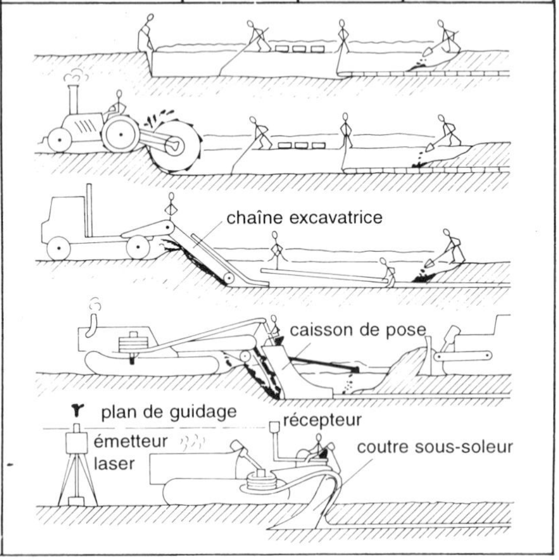

Fig. 10.1. Évolution historique des techniques d'installation du drainage enterré.

agricole à l'autre. La décision de drainer puis la conception, la réalisation et l'utilisation des réseaux de drainage doivent donc être bien raisonnés au préalable. Pour être efficaces, durables et rentables, les réseaux doivent en effet être adaptés à chaque contexte pédo-climatique, agronomique, socio-économique et écologique régional.

Pourquoi drainer ?

En sols hydromorphes, le drainage permet d'atteindre un double objectif : combattre l'asphyxie racinaire des cultures et améliorer la portance des sols. La suppression de l'anoxie et le bon déroulement des itinéraires techniques permettent alors de diversifier les cultures et d'améliorer les rendements. Cependant, dans le nouveau contexte européen, ces conséquences bénéfiques du drainage ne se traduisent pas toujours par un résultat économique favorable pour les agriculteurs.

La décision de drainer doit impliquer une réflexion préalable approfondie à l'échelle de l'exploitation agricole. Pour cela, de multiples indicateurs doivent être confrontés : techniques (pourcentage de sols hydromorphes), économiques (montant des investissements directs et associés), financiers (taux d'endettement), humains (capacité d'adaptation) et environnementaux (qualité des eaux à l'aval du périmètre drainé). L'objectif du drainage devra être bien défini, en accord avec la logique de fonctionnement de l'exploitation ; il

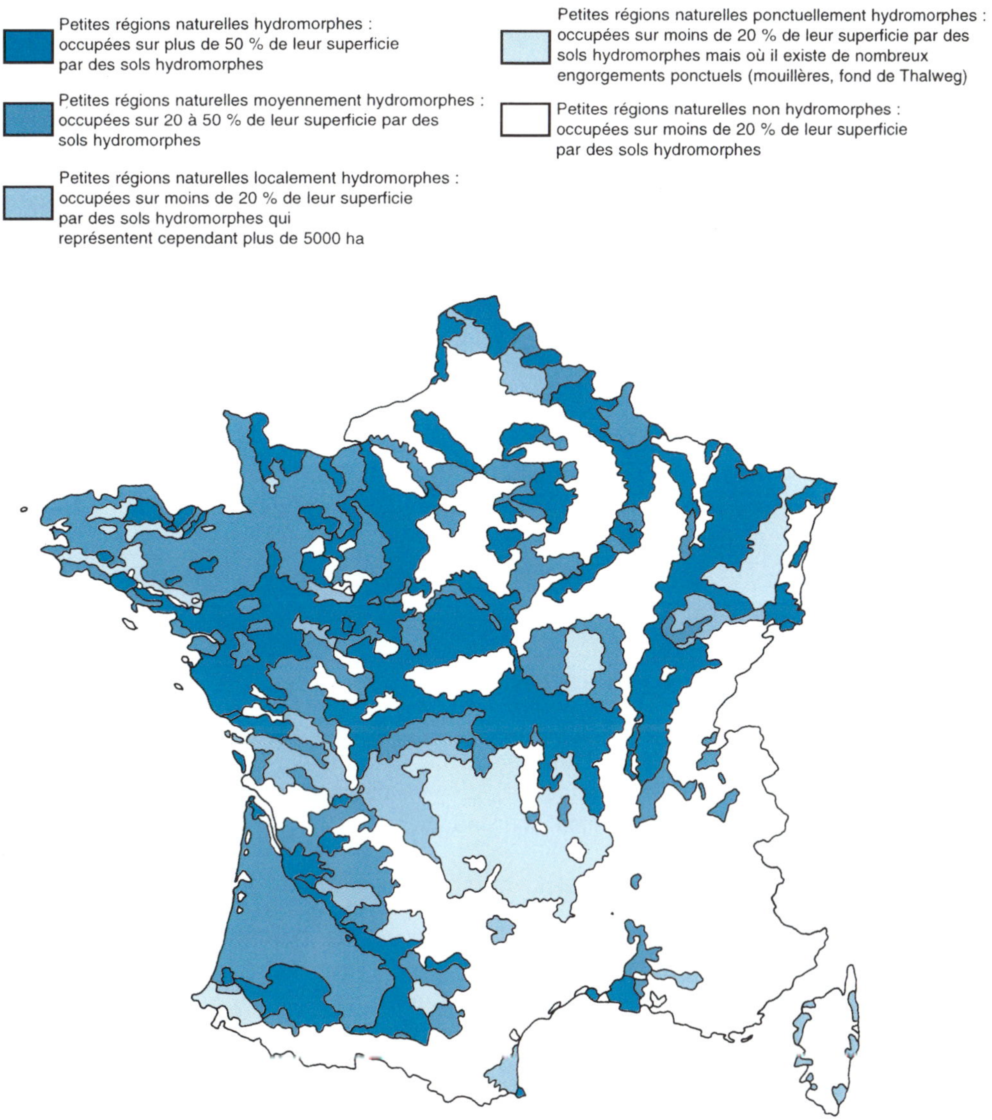

Fig. 10.2. Carte de France de l'excès d'eau à l'échelle des petites régions naturelles (Lagacherie, 1987).

pourra être d'ordre « stratégique », en vue d'introduire un nouveau système de production, de « limitation des risques », pour atténuer la variabilité interannuelle des productions, ou « patrimonial » pour améliorer le patrimoine foncier de l'exploitation (Jannot, *cf.* Arlot *et al.* 1995). La décision de drainer concerne souvent la proportion de terres hydromorphes à aménager. Des outils nouveaux (modèles de simulation) associés à l'expertise et l'expérimentation, reliant « jours disponibles » (agronomiquement praticables) et organisation du travail en fonction de scénarios climatiques régionaux apportent une aide utile à la décision (Guillot *et al.*, 1995). Globalement, le drainage reste encore opportun pour les grandes cultures et le devient beaucoup moins en exploitations à orientation laitière avec surface fourragère dominée par la prairie permanente.

En milieux salés, le drainage constitue aussi une technique de lutte efficace contre l'excès de sels. Il est largement utilisé contre la salinisation secondaire, dégradant les sols à la suite d'irrigations mal conduites. Il est indispensable pour la mise en valeur des terres salées, grâce à sa fonction d'élimination des lessivats salés hors des couches supérieures du sol. Dans le monde, 900 millions d'ha sont affectés par un excès de sodium (sols salsodiques). La salinisation secondaire concerne 1,0 à 1,5 million d'ha par an conduisant à un total de 60 millions d'ha de terres salinisées dont 24 millions d'ha ayant vu leur productivité décroître très fortement.

Enfin, dans certaines situations, les réseaux de drains peuvent également être utilisés pour l'irrigation souterraine, en adaptant les réseaux pour cette double fonction. La subirrigation est bien développée en Amérique du Nord (Favrot, *cf.* Arlot *et al.*, 1995).

Les techniques de drainage

Il existe de multiples modalités d'élimination des excès d'eau et de sels affectant les sols. Le choix d'une technique doit chaque fois tenir compte des conditions de milieu (climat, sol), des objectifs agronomiques recherchés et de son impact possible sur l'environnement.

Le drainage enterré

En France et dans les pays développés, le drainage enterré constitue la technique la plus pratiquée maintenant. Des tuyaux souples, en PVC annelé, de 50 ou 65 mm de diamètre, sont disposés dans le sol en files parallèles espacées de 10 à 30 m et profondes de 0,8 à 1,2 m. Le drainage peut être direct (débouché de chaque file de drains sur le fossé, en terrain plat) ou composé (drains reliés à un collecteur enterré, cas général) (fig. 10.3). Deux types d'engins de pose sont utilisés : la draineuse sous-soleuse (vitesse 1 500 m/h) et la draineuse-trancheuse (vitesse 400 m/h) (fig. 10.4), celle-ci, étant réservée maintenant à certains usages (pose de gros collecteurs) et à certains types de sols (argileux). Dans le cas de terres peu perméables, il faut parfois accompagner la mise en place de réseaux de drains de techniques dites « associées ». Il s'agit soit du sous-solage, visant la fissuration des 4 à 6 premiers décimètres du sol, soit du taupage destiné au moulage de galeries à l'aide de charrue-taupes (fig. 10.5). Ces techniques associées sont généralisées en Angleterre dans les sols lourds. Pour l'installation des réseaux, le guidage des draineuses par laser rotatif permet de garantir la profondeur des drains et la régularité de leur pente, quelle que soit l'irrégularité du terrain.

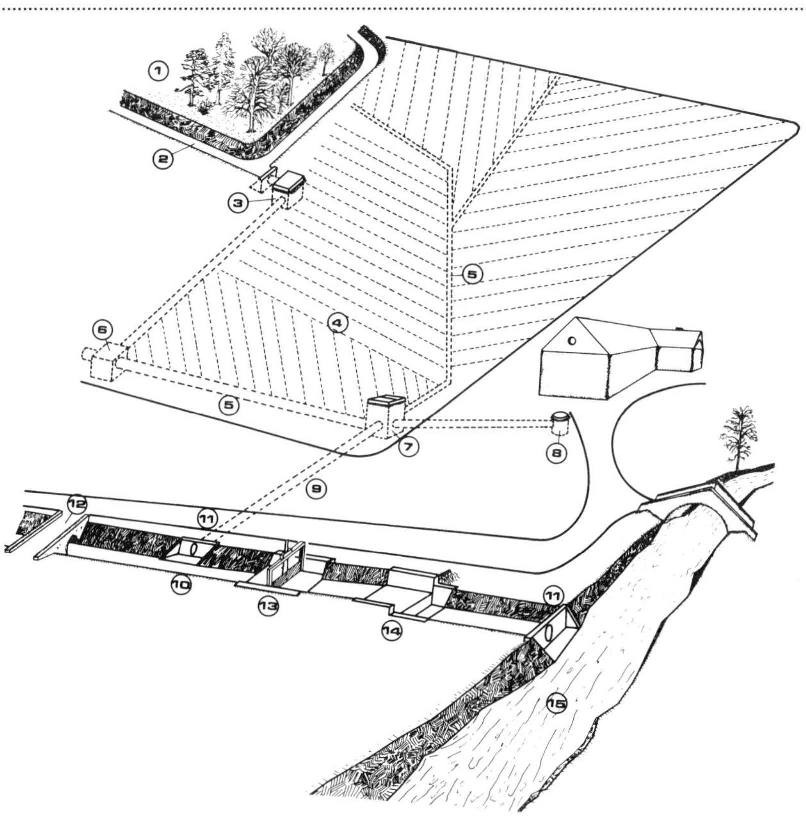

1. Zone boisée ou non drainée - 2. Fossé de collecte des eaux de ruissellement extérieures au périmètre de drainage - 3. Avaloir sur fossé - 4. Files de drains enterrés - 5. Collecteurs - 6. Boite de jonction - 7. Regard de visite - 8. Avaloir pour le recueil des eaux pluviales de la ferme - 9. Exutoire en canalisation enterrée - 10. Exutoire en fossé à ciel ouvert - 11. Bouche de décharge - 12. Passage busé pour accès à la parcelle - 13. Ouvrage de régulation avec vanne pour régler la hauteur de l'eau à l'amont - 14. Ouvrage de chute pour réduire la pente longitudinale du canal - 15. Cours d'eau naturel : émissaire.

Fig. 10.3. Schéma d'un réseau de drainage et du réseau d'assainissement associé (Concaret, 1981).

Autres techniques

D'autres techniques de drainage sont utilisées telles que les fossés, les rigoles, les planches bombées ou « ados », les pompages et les captages. Les rigoles ont des tailles variant de 40 à 50 cm de profondeur et 30 cm de largeur à 50-60 cm de profondeur et 5-10 cm de largeur (rigoles creusées à l'aide de microtrancheuses comportant éventuellement un système de remplissage de graviers). Les fossés, dont la profondeur varie généralement de 80 à 150 cm, ont soit la seule fonction de transfert des eaux de ruissellement et de drainage vers les émissaires (rôle d'exutoire), soit aussi celle de rabattement d'une nappe souterraine (rôle de drain), ceci en zones alluviales et fluvio-marines notamment.

Pour accélérer l'évacuation des eaux de surface vers les fossés, une mise en ados, ou profilage bombé des planches, a été et peut être effectuée. La largeur

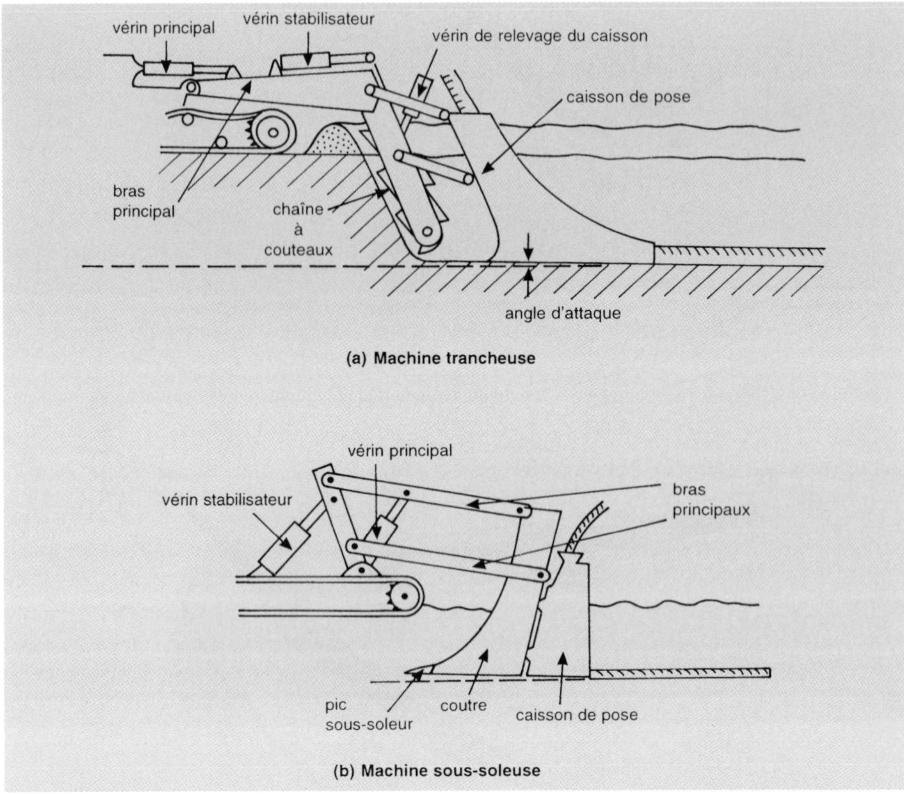

Fig. 10.4. Schéma des deux types d'engins de pose des drains enterrés : draineuse trancheuse et draineuse sous-soleuse (Penel et Lesaffre, 1989).

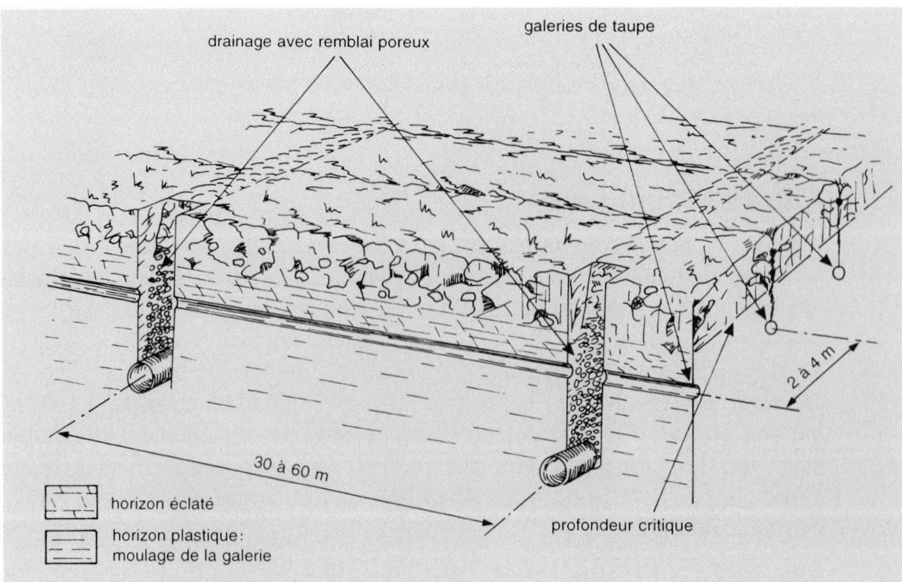

Fig. 10.5. Disposition relative des galeries taupes et des drains dans un système de drainage taupe associé au drainage (Concaret, 1981).

des planches varie alors de un à plusieurs décamètres et leur flèche de trois à dix décimètres. Les ados ont été largement utilisés, avant le drainage souterrain, dans certaines régions françaises comme la Bresse, les Dombes, la Vallée de la Garonne.

Dans certains milieux, le rabattement des nappes nuisibles est assuré par des batteries de stations de pompage (drainage vertical). L'eau ainsi pompée, si elle est de qualité suffisante, est réinjectée dans des réseaux d'irrigation. De tels dispositifs existent par exemple au Maroc et au Pakistan.

Enfin, lorsque l'excès d'eau se manifeste ponctuellement, (résurgences sourceuses, mouillères), son élimination relève de techniques de captage.

Appréciation de l'intérêt à drainer un sol et conception des réseaux

Outre la productivité des cultures, on peut apprécier l'intérêt de drainer un sol de plusieurs manières complémentaires : par son degré d'hydromorphie ; par sa réponse hydraulique aux pluies et par les précautions qu'il implique pour la conception puis la maintenance des réseaux. L'ensemble dépend notamment de la constitution et de l'organisation structurale des sols, révélées par de multiples paramètres tels que la composition granulométrique, la teneur en calcaire et en matière organique, la capacité d'échange et la nature de la garniture cationique qui déterminent l'aptitude du sol à conserver ou à réacquérir sa porosité et sa conductivité hydraulique.

Degré d'hydromorphie et appréciation *a priori* de l'intérêt du drainage

Dans les sols, l'excès d'eau est révélé par des traits morphologiques caractéristiques — taches, nodules, concrétions, cuirasses — résultant des diverses formes de redistribution du fer, du manganèse et des carbonates. A partir de la taille, du nombre, de la couleur et du contraste de ces traits particuliers, — liés à des phénomènes d'oxydo-réduction et de dissolution-précipitation — et en fonction de leur profondeur d'apparition, il est possible de définir des classes d'hydromorphie. Ces classes sont elles-mêmes reliées à des durées de saturation du sol, déduites de suivis piézométriques. Elles sont aussi corrélées avec des niveaux moyens de production des cultures, enregistrés lors d'enquêtes ou d'expérimentations.

A la suite d'études pédologiques, comportant la cartographie et la caractérisation de sols hydromorphes, il est donc possible de déduire l'intensité de l'excès d'eau et donc d'évaluer l'intérêt qu'il y a de les drainer. Il est possible aussi de prévoir la forme de l'excès d'eau : nappe perchée ou souterraine, nappe permanente ou temporaire, hydromorphie d'imbition, mouillère. Ces informations, associées à d'autres (stabilité structurale, conductivité hydraulique,...) permettent alors de proposer le mode de drainage souhaitable et le dimensionnement des réseaux. Le diagnostic pédologique confirme généralement celui de l'agriculteur, basé sur la portance du sol et sur les résultats culturaux.

Fonctionnement hydraulique des réseaux et estimation *a posteriori* de l'efficacité du drainage

L'efficacité du drainage peut s'apprécier expérimentalement, à partir du suivi du débit des réseaux (hydrogrammes) et de l'évolution parallèle de la profondeur de la nappe à l'interdrain (piézométrie).

Concernant le débit, un hydrogramme classique de drainage (fig. 10.6), révèle deux phases principales au cours d'un épisode pluvieux. Dans une première, dite de débit de pointe, qui est très brève (quelques heures), le débit croît (jusqu'à 4, voire 10 L/s/ha) puis décroît très rapidement en fonction de l'intensité pluviométrique. Dans la seconde phase, dite de tarissement non influencé (par la pluie), le débit, peu élevé à l'origine (0,5 L/s/ha), décroît de manière régulière pendant plusieurs jours.

Dans le cas d'une bonne réponse du sol au drainage, en période de pleine saison de drainage (novembre à avril en climat tempéré), l'élimination de l'eau en excès se traduit par des coefficients de restitution élevés des réseaux : le rapport de la lame d'eau apportée par les précipitations à la lame d'eau exportée par le réseau est voisin de 90-100 %. Le rabattement de la nappe est alors rapide.

Ces situations favorables sont précisément celles recherchées, lors de la conception des réseaux. A partir de l'accumulation de résultats expérimentaux, on élabore des modèles (« formules ») hydrauliques qui aident à évaluer le dimensionnement des réseaux, en particulier l'écartement entre drains. Celui-ci, pour une profondeur donnée des tuyaux (80 cm), doit

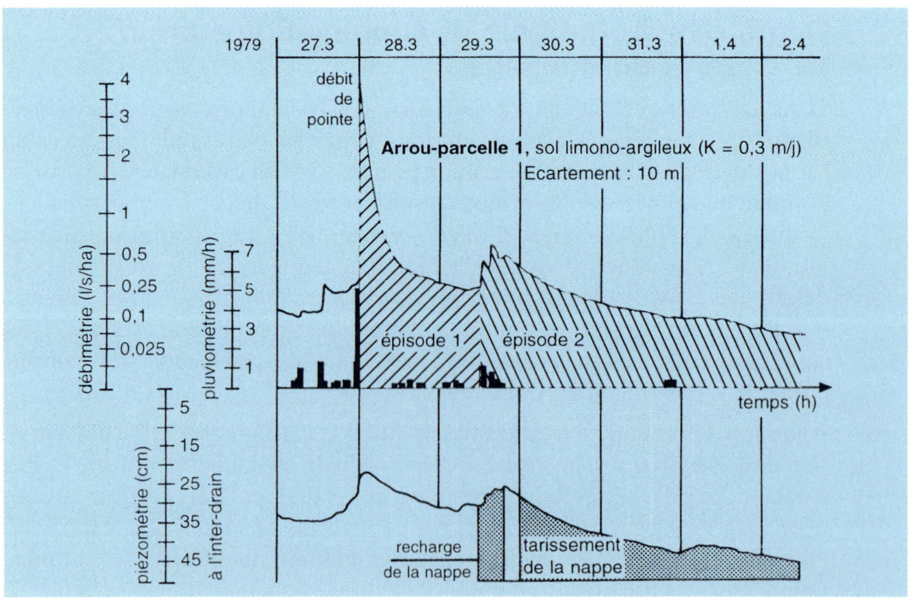

Fig. 10.6. Relations entre pluviométrie, débit des drains et profondeur de la nappe à l'interdrain, lors d'un épisode de drainage, en sol limoneux à nappe perchée temporaire (Penel et Lesaffre, 1989).

permettre d'atteindre un objectif de ressuyage compatible avec les exigences des agriculteurs. Par exemple, dans le cas des cultures annuelles, l'écartement choisi est tel qu' un jour après la fin de la pluie (lors du débit de tarissement), la nappe soit rabattue de 20-25 cm (bas de l'horizon labouré) à 45-50 cm, profondeur coïncidant, en moyenne, avec une bonne portance du sol. Les formules d'hydraulique agricole pour le calcul de l'écartement des drains nécessitent la connaissance de paramètres tels que la conductivité hydraulique et la porosité de drainage du sol. Pour la détermination de la longueur des drains et du diamètre des collecteurs, il faut prendre en compte la pente du terrain et la pluviométrie. Ces données conduisent au choix d'un débit de projet (correspondant habituellement à une pluie comprise entre 10 et 20 mm/jour), débit pour lequel les drains ne doivent pas être en charge durant plus de deux jours au total par an (lors des débits de pointe) (Penel et Lesaffre, 1989).

Adaptation de la conception, de la réalisation et de l'entretien des réseaux de drainage aux caractéristiques du milieu

Un réseau de drainage conçu, réalisé et entretenu selon les règles de l'art dure de très nombreuses décennies. Des réseaux en drains poterie plus que centenaires fonctionnent encore dans les Dombes et ailleurs. A cet égard, l'entretien des fossés, garantissant le bon écoulement des eaux provenant des réseaux, est une condition indispensable de la pérennité et de l'efficacité du drainage.

Cette bonne adaptation des réseaux au milieu suppose l'identification des risques pouvant affecter leur efficacité et leur longévité, puis la mise en œuvre de dispositifs limitant ces risques. Ces derniers résultent le plus souvent de propriétés physiques particulières des sols qui génèrent des contraintes s'opposant au bon transfert de l'eau en excès du sol jusqu'aux drains, puis à la pénétration de l'eau à l'intérieur des tuyaux, enfin au rapide écoulement des eaux dans les drains (fig. 10.7).

Un risque important de dysfonctionnement est lié aux phénomènes de colmatage des drains. Apparaissant dans divers types de sols peu stables, ces colmatages peuvent être externes (à la périphérie des drains) ou internes, être primaires (intervenant lors de la pose) ou secondaires (apparaissant au cours du fonctionnement du réseau), être de nature minérale ou biochimique.

Ainsi, dans certains sols pauvres en argile ($\leq$ 15 %), la lumière des tuyaux peut être obturée par des particules minérales, sables fins et limons, après leur pénétration à travers les perforations. Ce risque sera éliminé par le recours à des matériaux d'enrobage, généralement des géotextiles, jouant le rôle de filtres, ainsi que par le respect d'une profondeur de pose suffisante et d'une bonne régularité de la pente des files de drains. Car les contre-pentes, qui ralentissent les flux, sont propices à la sédimentation.

En sols humifères, les parois et/ou l'intérieur des drains peuvent être envahis par des dépôts bactériens ocreux : il s'agit du colmatage ferrique. Ces dépôts

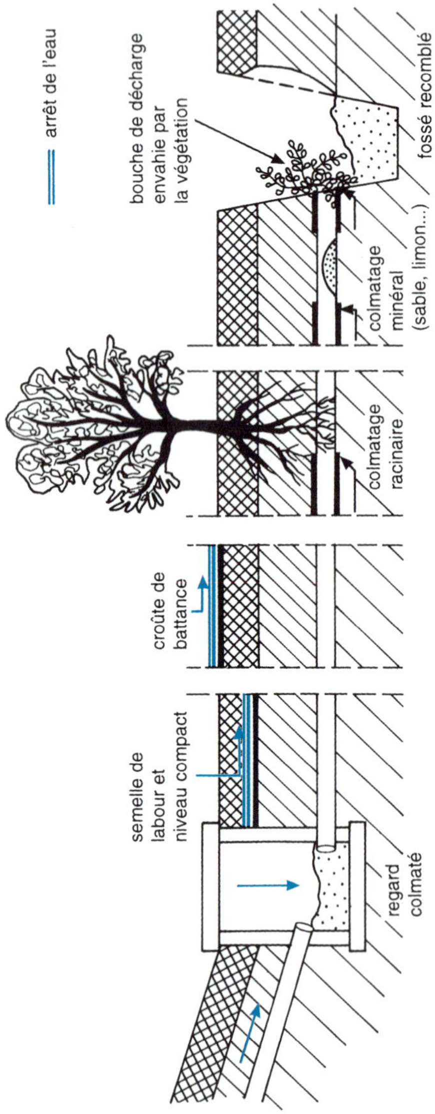

Fig. 10.7. Différentes causes possibles de dysfonctionnement d'un réseau de drainage (J.C. Favrot, 1987).

sont dus à l'accumulation de gaines microscopiques de sidérobactéries présentes dans le sol et transformant — grâce à l'aération nouvelle apportée par les drains — le fer ferreux présent en fer ferrique. Un drainage préalable par fossés, puis un drainage direct, avec remblai poreux, limitent ce risque, heureusement très localisé dans l'espace.

Les racines de certaines plantes (colza, prêles) et d'arbres (peupliers, saules,...) sont réputées dangereuses car elles peuvent s'accumuler dans les drains, sous forme de « queues de renard ». Pour éviter cela il faut respecter, lors de la pose, la profondeur et la pente des drains prévues lors de la conception du réseau.

Pour capter l'eau en excès du sol puis garantir son acheminement jusqu'au drain une bonne porosité du sol remanié surmontant le drain (tranchée ou saignée de drainage) est indispensable. Cette porosité peut être absente dès l'origine en cas de mauvais choix du mode de drainage ou de l'engin de pose. Par exemple, une draineuse sous-souleuse utilisée en sol argileux plastique ne créera pas cette porosité : il faut plutôt prévoir un taupage associé au drainage avec graviers surmontant les drains. Cette porosité peut disparaître si le sol, sensible au tassement, est travaillé ou parcouru alors qu'il est encore insuffisamment ressuyé. Une couche tassée (semelle de labour, « voûte »), peut entraver alors le passage des eaux de surface vers les drains (fig. 10.7). Une bonne porosité pourra être néanmoins restaurée grâce à un sous-solage, effectué en période sèche, qui fissurera la couche compactée.

Dans les plaines fluvio-marines, comme les Marais de l'Ouest, **la stabilité structurale du sol** conditionne directement les possibilités et les modalités de drainage, puis les conditions d'utilisation des sols drainés (Chevallier, 1991). Cette stabilité dépend des proportions relatives de sodium et de calcium dans le complexe absorbant, du taux de calcaire et de la teneur en matière organique. Quand la part relative du sodium est élevée (plus de 15 % de la capacité d'échange cationique), le sol est instable (dispersion sous l'effet de la pluie) et très peu perméable, il est inapte au drainage enterré et à la mise en culture. À l'inverse, lorsque le sol est pauvre en sodium et riche en calcium, il est stable, perméable et peut être drainé. Des situations intermédiaires sont aussi à prendre en compte. La stabilité et la perméabilité du sol peuvent être améliorées par apport de gypse ($CaS0_4$, 10 à 30 t/ha) qui permet un échange sodium-calcium et le dessodage du sol. Elles peuvent l'être en outre par l'implantation de prairies temporaires à fort enracinement (fétuque élevée) qui améliorent la porosité du sol.

Pour évaluer les aptitudes des sols au drainage, lors des études préalable, une démarche spécifique, la méthode des secteurs de référence, a été élaborée par l'INRA et le CEMAGREF. Combinant plusieurs approches (cartographie, mesures hydrodynamiques, enquêtes, expérimentation), elle a été largement mise en oeuvre ces dernières décennies (Favrot, 1987). Pour l'établissement du plan-projet de drainage, étape suivante, il existe des programmes de conception assistée par ordinateur permettant le tracé automatique des drains, facilitant les calculs techniques et l'élaboration du devis estimatif.

Drainage et environnement

Après avoir été reconnu comme nécessaire et soutenu financièrement durant des décennies par les pouvoirs publics, le drainage est maintenant contesté. Cette contestation, au delà de ses conséquences sur l'augmentation de la production agricole — en contradiction avec la politique agricole commune de résorption des excédents — vise ses effets sur l'environnement. Les reproches s'adressent à la fois au rôle du drainage sur le cycle hydrologique et les crues des cours d'eau, à ses incidences sur la qualité des eaux de surface et à ses implications sur l'évolution des paysages.

Drainage, assainissement agricole et crues

Si l'on considère le **drainage proprement dit**, c'est-à-dire l'échelle de la parcelle agricole, les expérimentations menées dans divers milieux montrent qu'en fait cette technique réduit considérablement le ruissellement de surface — facteur de crues — et augmente corrélativement l'infiltration de l'eau de pluie. Ainsi, en sols limoneux à nappe perchée temporaire, très étendus en France, les débits maximaux qu'évacuent les réseaux de drains enterrés sont de l'ordre de 5 L/s/ha, soit 2 mm/h environ. Dans le même temps, dans un sol non drainé où la nappe très haute empêche l'infiltration, la quasi totalité des pluies ruisselle. Or les plus fortes pluies hivernales ont des intensités de l'ordre de 10 mm/h, soit cinq fois plus (Zimmer, *cf.* Arlot *et al.*, 1995). Toutefois, pour des périodes de pluies intenses, de retour rare, la réduction du ruissellement devient négligeable, les drains ne pouvant assurer un rabattement suffisamment rapide de la nappe.

Mais le drainage souterrain implique aussi une modification des réseaux d'assainissement dont la contribution à la genèse des crues des cours d'eau est incontestable. En effet, l'évacuation des eaux de drainage, compte-tenu de la profondeur des bouches de décharge de l'ordre de 1 m, conduit souvent à un approfondissement des fossés, et donc à un accroissement de leurs possibilités de stockage et d'évacuation rapide de gros débits. En outre, les réaménagements parcellaires associés au drainage entraînent la suppression de nombreux fossés dont les capacités de stockage permettaient un certain laminage des volumes ruisselant. Toutefois, une conception raisonnée des réseaux d'assainissement agricole peut limiter les risques de crues. Ainsi, en acceptant une submersion provisoire de certaines terres, en limitant les approfondissements de fossés à l'aval immédiat des bouches de décharge et en sous-dimensionnant certains ouvrages de franchissement des fossés (entrée de parcelles), on peut diminuer les vitesses de transfert et rendre moins dangereuses les lames ruisselant vers les cours d'eaux. En outre, l'installation de bassins de rétention et autres ouvrages de laminage à l'aval de zones drainées permet l'écrêtement des débits de pointe.

Drainage et qualité des eaux

L'incidence du drainage sur la qualité des eaux de surface est davantage liée à l'évolution concomitante des systèmes de culture (intensification), qu'à son action propre. A cet égard, la qualité des eaux de drainage dépend principalement de l'importance relative des deux flux transférant des éléments indésirables : le flux d'eau traversant le sol et s'enrichissant des éléments solubles présents et le flux de matières solides en suspension (eaux de ruissellement), sur lesquelles s'adsorbent des éléments non solubles. Selon le type d'occupation du sol (les transports particulaires sont plus importants en sol nu), le mode de drainage (les entraînements particulaires sont plus nocifs avec des rigoles et plus faibles avec les drains enterrés) et la nature des sols (stables ou dispersants), la composition des eaux de drainage variera sensiblement, (tabl. 10.1).

Pour les réseaux de drains enterrés, les suivis de qualité des eaux effectués depuis deux décennies en sites expérimentaux montrent que le drainage, en limitant le ruissellement, diminue corrélativement l'entraînement vers le réseau hydrographique d'éléments tels que le phosphore et des produits phytosanitaires adsorbés sur les particules terreuses. Mais, en favorisant l'infiltration, le drainage augmente le lessivage des nitrates et autres éléments solubles du sol. Compte tenu des phénomènes de dilution, les quantités d'azote exportées (rarement supérieures à 50 kg d'azote nitrique par ha et par an) sont généralement plus fortes lors de débits faibles mais avec de fortes concentrations instantanées (50 à 100 mg $N0_3$/l). Constatées le plus souvent en hiver, en début de saison de drainage, les exportations d'azote dépendent beaucoup du reliquat d'azote minéral présent dans le sol à l'entrée de l'hiver. Une fertilisation azotée raisonnée de la culture précédente, adaptant les apports d'engrais au potentiel de production, peut limiter ce reliquat. Les exportations dépendent aussi de la vitesse de minéralisation de l'azote organique du sol, liée au climat. Ce dernier effet peut être atténué en prévoyant une couverture végétale du sol en hiver, afin de capter les reliquats présents. Enfin, il est envisageable techniquement de traiter les eaux de drainage en les dirigeant vers des zones d'épuration naturelle, voire en les reliant à des dispositifs artificiels (Arlot *et al.*, 1995).

Lorsque des risques de pollution se posent en marais côtier, pour des aires de conchyliculture situées à l'aval d'îlots drainés, des aménagements complé-

Tableau 10.1. Risques d'entraînement vers les eaux de surface de particules solides et d'éléments solubles selon les modes de drainage et les systèmes de production dans les Marais de l'Ouest (Chevallier, 1991).

Nature des éléments entraînés	**Couverture végétale pérenne (prairie)**				**Sol nu en hiver (cultures) éléments**			
	Rigoles		**Rigoles + ados**		**Rigoles + ados**		**Drains**	
	BS	**MS**	**BS**	**MS**	**BS**	**MS**	**BS**	**MS**
Éléments solubles	0	+	0	+	++	+	+++	++
Particules	0	+	0	+	++	+++	+	++

BS : Sol à bonne structure.
MS : Sol à mauvaise structure.
Entraînements : 0 : nuls ; + : faibles ; ++ : moyens ; +++ : forts.

mentaires d'épuration sont impératifs. Dans les Marais de l'Ouest, des bassins couvrant environ 10 % de la surface drainée et profond d'un mètre permettent une décantation efficace des matières en suspension et un lagunage conduisant à un abattement physico-chimique et microbiologique des concentrations en solutés. Les effets peuvent être cependant limités en période de fort débit. La surveillance des produits dissous peut être envisagée grâce à l'analyse périodique de mollusques filtreurs, en exploitant leur capacité de concentration de ces éléments. Des recherches sont encore à mener pour fixer les seuils de toxicité des substances nocives retrouvées dans les eaux (Chevallier, 1991).

Drainage et paysages. Aménagement de l'espace

La mise en œuvre de programmes de drainage à l'échelle de territoires assez vastes entraîne généralement une modification des paysages. Celle-ci est d'abord liée aux aménagements accompagnant de tels projets. Ainsi, les restructurations foncières ou les regroupements parcellaires uniformisent le paysage par la disparition de nombreuses haies. Les modifications de l'infrastructure hydraulique, par le recalibrage et la rectification de cours d'eau ou fossés, le comblement de nombreux petits fossés, l'abattage de tout ou partie de la ripisylve tendent également à diminuer la rugosité et la diversité du paysage : l'ambiance visuelle se banalise. Cela s'accompagne, de plus, d'une modification des habitudes de la faune sauvage qui y trouvait refuge. La multiplication de parasites et déprédateurs est alors possible.

Les changements de l'occupation du sol liés ensuite aux évolutions des systèmes de productions, concourent également à modifier l'organisation paysagique originelle. Celle-ci s'accompagne d'effets induits également perceptibles : le retournement de prairies humides conduit à la disparition d'une flore originale et de l'avifaune migratrice ou nicheuse qui trouvait accueil dans ce milieu. Notons toutefois qu'un espace délaissé, sans entretien des fossés, n'abrite aussi qu'une activité biologique réduite, associée à un paysage dégradé, révélateur de l'abandon.

En fait, les changements résultant du drainage varient inégalement d'une région à l'autre, avec des effets plus ou moins visibles selon les types de milieux aménagés. Par exemple, les paysages des terrasses de la Garonne, dont les sols de boulbène portent depuis très longtemps, malgré leur hydromorphie, des céréales et du maïs, ont été moins modifiés par le drainage que ceux des Marais de l'Ouest où la prairie naturelle et généralisée du début des années soixante, n'occupe plus maintenant que 23 % de la SAU en Marais Poitevin et 58 % de la SAU en Marais de Rochefort (Steyaert *cf.* Arlot *et al.*, 1995). C'est plus particulièrement dans les zones humides de ce type (par opposition aux zones cultivées hydromorphes, non soumises à des submersion périodiques) que l'aménagement de l'espace, à travers le développement ou non du drainage, doit être repensé. Une agriculture de marais combinant fonctions marchandes et fonctions d'entretien de l'espace, permettant de préserver le patrimoine naturel (eau, ressources génétiques) est à rechercher. Si des dispositions juridiques existent (directive oiseau, zones de protection spéciales, ZNIEFF,...), cela suppose aussi un accompagnement financier compensateur pour les agriculteurs.

Une telle réflexion devrait s'imposer également pour la protection des terres hydromorphes de vallées et de bas-fonds, souvent très fertiles, dont on connaît mieux maintenant les fonctions bénéfiques d'épuration des eaux et de régularisation des cycles hydrologiques.

Conclusion

Le drainage reste un aménagement traditionnel et efficace pour lutter contre l'excès d'eau et ses conséquences agro-économiques. A l'échelle des parcelles, il permet de bien adapter les itinéraires techniques à l'objectif de production choisi (rendement, qualité), de gérer les cultures à l'optimum économique, de limiter l'usage des intrants aux besoins réels des plantes. A l'échelle de l'exploitation agricole, il apporte une gamme plus large de productions possibles, une organisation du travail moins dépendante des aléas climatiques et une meilleure maîtrise des charges de mécanisation. Il assure finalement aux exploitants une meilleure faculté d'adaptation à l'évolution de l'environnement économique. A l'échelon national, le drainage peut contribuer à atténuer les disparités entre les régions pénalisées par l'excès d'eau et les autres et tendra à faciliter un développement territorial plus équilibré.

Mais le recours au drainage nécessite une analyse préalable approfondie de ses implications socio-économiques et environnementales. Dans une économie agricole devenue plus contraignante (contingentements croissants, concurrence aggravée, débouchés limités), la décision de drainer, pour un agriculteur, doit reposer plus qu'avant sur l'estimation des perspectives d'évolution de son exploitation. Sa décision suppose notamment l'évaluation des marges de progrès permises par le drainage, compte tenu des charges et investissements induits (main-d'œuvre, matériel, bâtiments, parcellaire). Des calculs économiques prévisionnels peuvent contribuer à imaginer le futur, à condition de reposer sur des données techniques et des prix bien révélateurs du contexte local. Il apparaît ainsi que le drainage reste un investissement utile pour de nombreuses exploitations, capables de s'adapter aux évolutions économiques. Mais dans certains cas, s'il est mal raisonné, il peut accroître les charges sans améliorer corrélativement les recettes et peut donc s'avérer inopportun (Jannot, *cf.* Arlot *et al.,* 1995).

Les incidences réelles du drainage et de l'assainissement sur le cycle hydrologique et la qualité des eaux de surface imposent, lors de leur mise en œuvre, l'application du « principe de précaution » (Grammont, *cf.* Arlot *et al.,* 1995). Cela passe par diverses étapes. La première, conformément aux directives de la loi sur l'eau du 3 janvier 1992, est la réalisation d'études d'impact approfondies, préalablement à la conception des projets, études évaluant les risques et proposant des recommandations opérationnelles. La seconde tient à des actions d'information des agriculteurs, visant à leur permettre de raisonner et donc de réduire les intrants chimiques (engrais, produits phytosanitaires) et d'adapter leurs techniques d'épandage (pas de traitements aériens en zones de marais, produits peu toxiques pour la faune aquatique). La troisième étape consistera, si nécessaire, à réaliser des ouvrages compensateurs à l'aval de périmètres de drainage : retenues pour stocker et épurer les eaux, bandes enherbées d'interception d'eaux de ruissellement, drainage contrôlé. Pour éviter et limiter les risques de conflits entre zones aval (villes) et zones amont (rurales) des bassins versants, c'est à l'échelle de ces derniers, dans la concertation, que les solutions sont à rechercher. Le cadre juridique offert maintenant par les SAGE (Schémas d'Aménagement et de Gestion des Eaux) devrait faciliter ces négociations nécessaires. Les efforts de prévention doivent évidemment s'appliquer aussi aux autres activités humaines (urbanisation, voirie,...) affectant la qualité des ressources en eau, souvent davantage que le drainage.

Références bibliographiques

Arlot M.P., Favrot J.C., Grammont A., Jannot P., Steyaert P., Zimmer D. *et al*, 1995. *Le drainage après la PAC*. AFEID, RNEDHA (Association française pour l'étude des irrigations et du drainage, réseau national expérimentation et démonstration hydraulique agricole). Publi-Topex, Paris, 32 p.

Carlier M., coord., 1987. *Le drainage*. Colloque du 29-04-1987. *C.R. de l'Acad. d'Agric.,* 73-4, 164 p.

Chevallier C., 1991. *Drainage et marais littoraux*. Éd. ADEMART, 26 p.

Concaret J,. 1981. *Drainage agricole. Théorie et pratique*. Éd. Chambre Rég. Agric. de Bourgogne, 509 p.

Favrot J.C., 1987. Études et recommandations préalables au drainage : la méthode des secteurs de référence. Enseignements et prolongements de l'opération drainage ONIC-ministère de l'Agriculture (1980-1985). *C.R. Acad. Agric. Fr.* 73, 4, 23-32.

Favrot J.C. et Hervé J.J., 1989. Le drainage, les techniques, la gestion. *In Grand Atlas de la France rurale*. Éd. de Monza Paris, 430-433.

Guillot C., Moretti P., Bouillot J.F., Alanne E., Kochmann F., 1995. *Opération secteur de référence drainage. Fasc. 1 : drainage, jours disponibles et organisation du travail en Bourgogne*. Chambre d'Agriculture de Bourgogne, 27 p.

ITCF, 1980. Spécial drainage. Revue *Perspectives Agricoles,* n° 38, 12-64.

Lagacherie P., 1987. Carte de France de l'hydromorphie à l'échelle des petites régions naturelles. Notice explicative, 43 p. Carte 1/1400000. Inra Montpellier.

Lesaffre B., coord., 1988. *Drainage agricole. Recueil de textes*. Éd. CEMAGREF, 500 p.

Moulinier P., coord., 1977. *Le drainage pour qui, pourquoi, comment ?* SNPETD (Syndicat National Professionnel des Entrepreneurs de Travaux de Drainage), 25 p.

Penel M., Lesaffre B., 1989. Réseaux de drainage par canalisations enterrées. Collection Techniques Agricoles n° 5550, 1-10 et n° 5551, 1-12.

Revue *Géomètre*. Ouvrage collectif, 1978. Spécial Drainage, n° 4, 18-84.

Lexique de l'eau

Gérard Grosclaude
avec la collaboration de J. Abraham, G. Balvay, G. Barroin, J. Bebin, P. Blanc, J. Davigo, J.C. Favrot, P. Jamet, C. Moulin, J.C. Simon

Absorption. Phénomène de pénétration d'une substance dans un corps.

Activité de l'eau. L'activité de l'eau d'un produit Aw ou a_w (Activity Water) mesure sur une échelle de 0 à 1 la « disponibilité » de l'eau. Cette eau disponible pour les réactions enzymatiques et la croissance microbienne n'est pas réductible à la seule teneur en eau du produit, mais elle est également conditionnée par la nature de ce produit. La valeur de l'hygrométrie de l'air en équilibre avec le produit dans une enceinte confinée reflète l'Aw de ce produit.

Adoucisseur. Voir résine et dureté.

Adsorbat. Subtance qui est adsorbée.

Adsorbant. Substance qui adsorbe.

Adsorption. Pénétration généralement superficielle d'un gaz ou d'un liquide dans un solide ou un liquide non miscible. Par exemple fixation à la surface de molécules diverses pouvant être gazeuses, aromatiques, colorées et par extension de fines particules. L'adsorption a pour origine les forces d'attraction intermoléculaires.

Aération. Introduction d'air dans l'eau pour dégrader les matières organiques (oxydation) et les minéraliser ou pour apporter de l'oxygène à des organismes vivants pour satisfaire leurs besoins respiratoires (microorganismes, poissons...).

Aérobie. Caractère d'un organisme qui a besoin d'air ou d'oxygène gazeux pour son métabolisme comme la production d'énergie à partir de substances nutritives. Caractère d'un milieu oxygéné et pouvant être oxydant.

Affermage. Contrat par lequel une collectivité confie à une société privée l'exploitation et l'entretien des installations de traitement et de distribution de l'eau, la collectivité conservant à sa charge le renouvellement et la réalisation de nouvelles installations.

Agences de l'eau. Établissements publics dépendant du ministère de l'Environnement, implantés au niveau des six grands bassins hydrographiques français. Collecteurs de redevances auprès des usagers, ils fournissent une aide financière pour lutter contre la pollution de l'eau et aménager la ressource.

Ammonification. Processus biochimique qui concourt à la transformation de l'azote organique en azote minéral (ammoniac et ses sels).

Anaérobie. Caractère d'un organisme qui peut se passer d'air ou d'oxygène sous forme gazeuse pour son métabolisme. Caractère d'un milieu dépourvu d'oxygène gazeux et pouvant être réducteur.

Aquifère. Partie du sol (lacs…) ou du sous-sol perméable (nappes...) où peuvent transiter ou s'accumuler les eaux de ruissellement et d'infiltration.

Artésianisme. Caractère propre à des nappes captives d'où l'eau jaillit sous pression (puits artésiens). Quand le sommet de la nappe est plus haut que le point de prélèvement, la pression à ce niveau est supérieure à la pression atmosphérique.

Assainissement. Collecte et traitement des eaux usées ou pluviales.

Auto-épuration. Pouvoir d'épuration naturelle d'une eau (minéralisation des matières biodégradables) par l'action directe de l'oxygène (aération) et par l'action d'organismes aérobies (oxydation) et anaérobies (réduction). Cette épuration ne met en œuvre que des éléments constitutifs du biotope ; elle sera d'autant plus efficace et rapide que les conditions de température d'oxydoréduction et de lumière seront remplies et que le milieu ne sera pas toxique pour la biomasse.

Azote. Fait partie des éléments majeurs nécessaires à la croissance des végétaux. Les engrais azotés sont nombreux et se présentent sous forme minérale (engrais ammoniacaux, nitriques...) ou organique (déchets animaux). Ces derniers doivent être minéralisés au niveau du sol pour être assimilés par le végétal (voir nitrification). Leur richesse s'évalue au taux d'azote (N) qu'ils contiennent. L'azote peut être présent dans les eaux superficielles ou souterraines à des doses variables ; sa présence peut résulter de processus naturels, mais l'activité humaine, les pratiques agricoles et l'élevage animal en sont le plus souvent l'origine.
On le retrouve dans les eaux résiduaires sous forme organique (protéines…) ou sous forme minérale (nitrates, nitrites, ammoniaque…)

Bactérie. Organisme vivant microscopique (microbe) formé d'une seule cellule individualisée et apte à se reproduire.

Bassin versant. Surface drainée par un cours d'eau et ses affluents. Il est généralement délimité par une ligne de relief ou de partage des eaux. On dit aussi bassin hydrographique, bassin d'alimentation ou bassin fluvial.

Benthique. Concerne la zone des fonds marins et d'eau douce (sédiments et leur interface avec l'eau).

Benthos. Ensemble des organismes animaux (zoobenthos) et végétaux (phytobentos) vivant dans la zone benthique.

Biocénose. Ensemble des organismes végétaux ou animaux qui peuplent un même milieu ou biotope.

Biodégradable. Caractérise un produit pouvant être dégradé (oxydation, hydrolyse…) jusqu'à un stade minéral plus ou moins avancé par la biocénose du milieu où il se trouve.

Biomasse. Masse totale des organismes végétaux et/ou animaux contenus dans un milieu (sol, eau…) à sa surface ou dans son volume à un instant donné.

Biotope. Espace naturel bien délimité présentant des caractéristiques physiques et chimiques particulières aux organismes qui constituent la biocénose.

Boues. Résidus très aqueux obtenus au cours du processus d'épuration des eaux. Les boues peuvent subir divers traitements biologiques (boues digérées) en milieu oxydant ou réducteur. Elles peuvent être plus ou moins déshydratées par décantation, filtration, pressage, centrifugation et éventuellement séchage.

Boues activées. Agrégat de matières organiques et minérales riches en micro-organismes dégradant les matières organiques et recyclées en partie dans le circuit d'épuration où elles assurent un rôle d'ensemencement.

Catalyser. Augmenter la vitesse d'une réaction chimique ou biochimique par l'action d'une substance (catalyseur) agissant à très faible dose et qui se retrouve intacte en fin de réaction.

Chaîne alimentaire. Ensemble des organismes qui vivent aux dépens les uns des autres selon un enchaînement bien défini. Les prédateurs se succèdent, le suivant mangeant celui qui le précède et ainsi jusqu'à la fin de la chaîne alimentaire au bout de laquelle peut se situer l'homme.

Charbon actif. Charbon végétal spécialement traité pour développer ses propriétés adsorbantes vis-à-vis de certaines molécules gazeuses, aromatiques « etc » et utilisé dans des filtres pour assurer le traitement de l'eau potable (syn : charbon activé).

Chloration. Adjonction de chlore à l'eau pour en assurer la désinfection et empêcher la prolifération ultérieure de micro-organismes. Le chlore et les produits chlorés comme l'eau de Javel attaquent fortement la matière organique (syn : verdunisation).

Chlore résiduel. Quantité de chlore libre restant dans l'eau après traitement.

Coagulation. Agglomération des particules colloïdales dispersées dans un liquide par un traitement chimique induisant des modifications des charges électriques des particules donc de leurs forces répulsives. Voir floculation.

Corrosive. Se dit d'une eau susceptible d'attaquer les métaux et d'autres minéraux en raison de son pH acide, de sa faible minéralisation et de sa richesse en oxygène ou en acide carbonique (syn : agressive).

Cyanobactéries. Algues microscopiques possédant en plus de la chlorophylle une pigmentation bleue ou rouge (syn. : cyanophycées).

Cycle de l'eau. Circuit fermé parcouru par l'eau sous forme liquide, solide ou gazeuse à la surface de la terre, dans les couches géologiques superficielles et dans l'atmosphère terrestre.

Cyprinidés (famille des...). Poissons vivant en eau douce tels que la carpe, la tanche, le goujon, le gardon, la brème et l'ablette (syn. : poissons « blancs »).

DBO. Demande Biochimique en Oxygène. Oxygène nécessaire pour la dégradation par les micro-organismes de la matière organique biodégradable contenue dans l'eau. Consommation exprimée en milligrammes d'oxygène par litre d'eau. Cette consommation d'oxygène est très souvent mesurée après 5 jours à 20 °C, on parle alors de DBO 5.

DCO. Demande Chimique en Oxygène. Oxygène nécessaire pour la dégradation par voie chimique et dans des conditions définies de la matière organique ou non contenue dans l'eau. Quantité d'oxygène exprimée en milligrammes d'oxygène par litre d'eau.

Décantation. Séparation des matières solides et plus denses que l'eau qui, en fonction de leur poids, se rassemblent à la partie basse d'un réceptacle (syn. : sédimentation).

Décomposeurs. Micro-organismes dégradant la matière organique et assurant ainsi sa minéralisation.

Dégrillage. Filtration grossière d'une eau contenant de grosses particules (eaux usées par exemple).

Déminéralisation. Élimination de tout ou partie des substances minérales dissoutes dans l'eau par procédé physico-chimique (résines échangeuses de cations et d'anions). On peut aussi déminéraliser l'eau en la distillant ou dans une certaine mesure en l'osmosant.

Dénitrification. Transformation des nitrates jusqu'au stade de l'azote gazeux N_2 par des bactéries anaérobies facultatives (cas de certains sols, eaux et sédiments).

Désorption. Phénomène inverse de l'adsorption.

Détoxification. Traitement physique, chimique ou biologique d'une eau afin d'en éliminer ou d'en neutraliser les substances toxiques. (syn : détoxication).

Diatomée. Organisme végétal unicellulaire très abondant dans les eaux marines et douces et situé dans le premier maillon de la chaîne alimentaire. Les sédiments formés par leur enveloppe siliceuse constituent un média filtrant très utilisé pour la filtration de l'eau.

Digestion. Minéralisation des boues et autres déchets organiques divers par fermentation anaérobie s'accompagnant en particulier de la production de gaz méthane.

Douce. On dit qu'une eau est douce quand elle est pauvre en sels dissous et notamment en sels incrustants comme les sels calciques et magnésiens.

Drainage. Élimination des eaux en excès dans le sol par rigoles, fossés ou tuyaux perforés enterrés.

Dureté. Teneur d'une eau en ions calcium et magnésium. Elle se mesure en degrés hydrotimétriques. 1°H = 4 mg/l de calcium ou 2,43 mg/l de magnésium. Les eaux dures, dites incrustantes, sont susceptibles d'entartrer les canalisations et les récipients.

Eau brute. Eau n'ayant pas subi de traitement.

Eau minérale. Eau naturelle non traitée dont l'origine et les caractéristiques physico-chimiques lui confèrent des propriétés thérapeutiques.

Eau potable. Eau buvable sans risque pour la santé humaine.

Eau usée. Eau rejetée après usage industriel, domestique ou agricole.

Eau résiduaire. Synonyme d'eau usée.

Eaux vannes. Eaux usées contenant des déjections animales ou humaines (urines et matières fécales) auxquelles peuvent s'ajouter les eaux ménagères.

Échangeurs d'ions. Voir résines.

Écosystème. Ensemble d'une biocénose et d'un biotope dont les multiples interactions maintiennent un équilibre biologique.

Effluent. Flux d'eau usée de provenance urbaine ou industrielle.

Électrodialyse. Procédé de filtration dans un champ électrique sur des membranes dont la perméabilitée alternée aux cations et aux anions élimine les sels fortement ionisés (déminéralisation ou désacidification d'une eau ou d'un liquide alimentaire ou non).

Émissaire. Voir exutoire.

Engrais. Produit organique ou minéral contenant des éléments nécessaires à la croissance végétale et incorporé au sol pour en maintenir ou en accroître la fertilité. L'utilisation par la plante n'étant possible que sous forme minérale, les engrais organiques seront minéralisés au niveau du sol. L'azote, le phosphore et la potasse constituent les éléments majeurs alors que d'autres comme le calcium, le soufre ou le magnésium constituent des éléments secondaires; enfin d'autres éléments agissent à très faible dose, ce sont les oligo-éléments. Les engrais sont simples ou composés selon qu'ils ne comportent qu'un seul ou plusieurs éléments nutritifs dans le même corps chimique ou le même mélange.

Enzyme. Catalyseur biologique induisant des modifications biochimiques. C'est une protéine active d'origine biologique qui, à des doses très faibles, concourt à la transformation d'une substance naturelle en d'autres substances (syn. : diastase, ferment).

Épandage. Dispersion à la surface du sol de produits liquides, pâteux ou solides pour mettre à profit, lorsqu'il s'agit de déchets, le système épurateur du sol et lui apporter parallèlement des amendements et des fertilisants comme les boues résiduaires.

Épuration. Traitement par voie physico-chimique ou biologique des eaux usées avant rejet dans le milieu naturel ou recyclage. L'épuration peut être aussi le résultat de processus naturels spontanés (autoépuration).

Équivalent habitant. Unité utilisée pour exprimer la charge polluante d'un effluent en l'assimilant à la pollution moyenne produite par un habitant. L'EH standard européen représente 60 mg de DBO par jour.

Étiage. Niveau minimum d'un cours d'eau.

Eutrophisation. Enrichissement excessif du milieu aquatique en nutriments (nitrates et essentiellement phosphates) et provoquant un déséquilibre grave de la flore et de la faune aquatique dû notamment à la baisse de la teneur en oxygène dissous lors de la phase de décomposition. Cet excès de matière nutritive se traduit par l'envahissement de l'eau par une production végétale surabondante. D'autres facteurs concourent à l'eutrophisation comme le ralentissement de la vitesse de l'eau, la température et l'éclairement.

Exutoire. Point de rejet des eaux provenant de l'assainissement, du drainage ou encore de la vidange par trop-plein d'un lac ou d'un étang. L'émissaire désigne plus spécifiquement le canal naturel ou non qui conduit ces eaux

(eaux usées, eaux épurées, eaux d'un lac, d'un étang ou d'un bassin versant) de leur lieu d'origine à leur lieu de rejet.

Filtration. Méthode de séparation des particules contenues dans un liquide ou un gaz par un média filtrant dont la nature et le diamètre des pores déterminent le seuil de filtration. Dans le cas général, le flux est perpendiculaire au média filtrant (filtration frontale). Quand il s'agit de médias filtrants aux pores très fins (membranes) le flux principal est parallèle au média (filtration tangentielle) pour limiter le colmatage du filtre.

Floc. Agglomérat de matières provenant d'une floculation naturelle ou artificiellement provoquée et donnant une boue par sédimentation.

Floculation. Destruction de la stabilité d'une solution colloïdale par agglomération des particules sous forme de flocons. La floculation peut être provoquée par des actions physiques (chaleur...) ou chimiques (floculants, coagulants...) ; il y a alors formation d'un floc qui en grossissant peut décanter ou être filtré. On peut utiliser le floc formé pour agglomérer entre elles des particules trop fines pour décanter et augmenter ainsi leur masse. Par extension, la floculation peut être le résultat de réactions chimiques précipitant sous forme de flocons des substances dissoutes.

Flottation. Procédé de séparation en milieu liquide des matières légères qui ont tendance à remonter à la surface et à flotter en fonction de leur densité ou en fonction d'autres facteurs comme leur mouillabilité ou leurs propriétés de fixation à leur surface de microbulles de gaz.

Fongicides. Voir pesticides.

Fosse septique. Système généralement individuel de collecte et de traitement des effluents domestiques par fermentation anaérobie et rejet dans un terrain filtrant où ils se dispersent et évoluent vers une complète minéralisation par la flore microbienne du sol.

Frayère. Lieu de ponte des poissons.

Gravière. Carrière de gravier mais aussi partie du lit d'un cours d'eau ou d'un lac constitué par des éléments de granulométrie plus grossière que le sable (graviers).

Griffon. Une tête de griffon orne souvent l'émergence d'un point d'eau d'où le nom de griffon donné à l'émergence d'une source minérale ou thermale.

Herbicide. Voir pesticides.

Horizon (pédologique). Couche grossièrement parallèle à la surface du sol, de quelques millimètres à plusieurs décimètres d'épaisseur, identifiable par sa couleur, sa granulométrie, sa pierrosité, sa compacité... Le sol est formé par la superposition d'horizons qui diffèrent par leurs constituants, leur organisation et leur comportement. Ils résultent des transformations physiques, chimiques et biologiques subies par la roche-mère depuis le début de son évolution.

Humidité. Quantité d'eau contenue dans un produit et généralement exprimée en pourcentage du poids d'eau dans le produit avant déshydratation.

Hydrogéologie. Hydrologie des eaux souterraines.

Hydrologie. Sciences de l'eau englobant les disciplines liées à sa nature, ses propriétés et son utilisation. On peut préciser le secteur concerné : hydrogéologie, hydrologie marine, hydrobiologie, hydrologie fluviale etc.

Hydrolyse. Transformation chimique consistant à la réaction d'une molécule d'eau avec une autre molécule et aboutissant à l'obtention de deux molécules nouvelles.

Hydromorphe (sol). Sol affecté par une saturation en eau prolongée de ses couches supérieures due à un défaut d'infiltration des eaux de pluie ou à la remontée d'une nappe phréatique et provoquant un déficit en oxygène (syn. : engorgé).

Hygrométrie. Quantité d'eau contenue dans l'air et exprimée en pourcentage de la quantité maximum d'eau que pourrait contenir cet air à la même température et à la même pression. Un air saturé d'eau a donc une hygrométrie de 100 %. Si la teneur en eau n'est que la moitié de ce qu'il serait capable de contenir à la même température et à la même pression son hygrométrie est alors de 50 %.

Incrustante. Caractéristique d'une eau apte à engendrer des dépôts de sels de calcium ou/et de magnésium dans des canalisations ou des récipients (voir dureté).

Installation classée. Installation qui de par la nature de ses rejets représente un risque pour l'environnement (installations industrielles, agricoles...) et doit faire l'objet d'une déclaration et éventuellement d'un dépôt de dossier auprès de la préfecture en vue d'autorisation d'implantation et d'exploitation.

Karstique. Caractéristique d'un sous-sol fissuré dans lequel les eaux de ruissellement pénètrent très facilement et ne subissent de ce fait aucune filtration efficace.
Par analogie au Karst (Slovénie) dont les épaisses assises calcaires sont fissurées par la corrosion des eaux d'infiltration (dissolution du carbonate de calcium).

Lagunage. Système biologique d'épuration consistant à déverser les eaux usées dans plusieurs bassins successifs de faible profondeur où des phénomènes naturels de dégradation font intervenir la biomasse qui transforme la matière organique. La matière polluante soustraite aux eaux usées se retrouve en grande partie dans la végétation et les sédiments accumulés ; une faible partie retourne à l'atmosphère sous forme de méthane et d'azote gazeux.

Lessivage. Entraînement des éléments solubles du sol par les eaux d'infiltration (précipitations et irrigation) en profondeur hors de la zone de prospection des racines.

Ligne de partage des eaux. Ligne géographique délimitant deux bassins versants. Elle correspond généralement à une ligne de crête dans la mesure où le sous-sol très perméable ou fissuré ne modifie pas le sens de l'écoulement des eaux.

Lisier. Déjection animale constituée d'un mélange de fèces et d'urine auquel peuvent s'ajouter des restes d'aliments et de l'eau en proportion très diverses. Ces rejets recueillis dans des fosses constituent un engrais organique de valeur riche en azote et en phosphore.

Lysimètre. Cuve remplie d'un sol reconstitué ou plus rarement construite autour d'un sol en place et servant à mesurer les pertes d'éléments minéraux par lessivage.

Macrophytes. Végétaux aquatiques de grande taille comme les algues visibles à l'œil nu et les plantes supérieures.

Média filtrant. Matériau filtrant utilisé pour la filtration. Concerne plus généralement la filtration de particules de taille supérieure à 10 microns, une filtration plus poussée faisant plutôt appel à des membranes de filtration.

Membrane. Membrane en matière cellulosique, en polymères organiques ou en matières minérales dont les pores permettent de séparer des substances en solution ou des particules en suspension de taille supérieure à ces pores. Selon leur structure et leur nature, les membranes arrêtent des particules ou des molécules de taille déterminée (on parle de seuil de filtration ou de "coupure"). Certaines membranes requièrent pour leur utilisation de fortes pressions et une importante agitation du liquide. Classées par ordre de performance croissante, on distinguera :
- Les membranes de microfiltration.
- Les membranes d'ultrafiltration.
- Les membranes de nanofiltration.
- Les membranes d'osmose-inverse.

Métabolite. Produit issu du métabolisme d'un organisme vivant.

Métaux lourds. Métaux de poids atomique élevé (généralement supérieur à 45) présentant une très forte toxicité, en particulier pour l'homme, surtout sous forme de composés organiques. Ils sont représentés essentiellement par le mercure, le plomb, le cadmium mais aussi le chrome, le cobalt, le cuivre, le nickel, l'étain, le zinc... Ce sont généralement des toxiques du système nerveux et des fonctions enzymatiques.

Microfiltration. Filtration sur membrane dont le seuil de filtration se situe aux environs du micron (bactéries, très grosses molécules organiques...) La microfiltration peut être utilisée pour la clarification des liquides alimentaires et en particulier pour le traitement des eaux de boisson.

Micro-organisme. Terme générique désignant les organismes végétaux et animaux dont la petite taille ne permet pas l'observation à l'œil nu.

Micropolluant. Substance qui à faible concentration (inférieure au mg/l) présente une toxicité plus ou moins importante concernant le milieu aquatique et l'usage de l'eau. Par exemple, métaux lourds, pesticides, arsenic... ; certains pouvant se concentrer au cours de la chaîne alimentaire.

Minéralisation. 1) Concentration d'une eau en sels minéraux dissous. 2) Transformation de la matière organique en matière minérale essentiellement sous l'action des micro-organismes.

Nanofiltration. Filtration sur membrane dont le seuil de filtration se situe aux environs du nanomètre (1/1000 de micron).

Nappe alluviale. Nappe d'eau superficielle contenue dans les alluvions d'un fleuve et alimentée par les infiltrations de ce dernier.

Nappe captive. Eau contenue dans un aquifère profond sous des terrains imperméables et donc soumise à une pression supérieure à la pression atmosphérique (*cf. :* artésianisme) (Syn. : nappe en charge).

Nappe phréatique. Eau contenue dans un aquifère peu profond et dont le trop-plein peut donner naissance à une source. On dit aussi nappe libre.

Nitrate. Sel de l'acide nitrique (nitrate de sodium, de potassium et de calcium) employé comme engrais azoté. Les nitrates contenus dans l'eau peuvent provenir des engrais non consommés par le végétal et solubilisés par les eaux superficielles (précipitations, arrosages) ou de la minéralisation des substances organiques azotées (engrais organiques, eaux usées, déjections animales diverses...).

Nitrification. Processus biochimique qui concourt à la transformation de l'azote organique en azote minéral oxydé sous l'action successive de 2 bactéries (nitrosomonas et nitrobacter). L'azote organique provenant de la matière vivante est ainsi transformé dans un premier temps en ammoniaque (ammonification), puis en nitrites (nitritation), puis enfin en nitrates (nitratation).

Osmose. Passage à travers une membrane semi-perméable d'eau et de produits en solution (ions et petites molécules). Le solvant de la solution la moins concentrée passant à travers la membrane (membrane de la cellule animale ou végétale ou membrane artificielle) pour aller vers la solution la plus concentrée dont le volume va augmenter et par là même sa pression hydrostatique (pression osmotique) va baisser. Le phénomène d'osmose régit la majorité des processus biologiques d'échange avec les cellules voisines et le milieu extérieur.

Osmose-inverse. Inversion du sens naturel du courant osmotique pour faire s'écouler le solvant de la solution la plus concentrée vers le côté où la solution est la moins concentrée. La mise en pression du liquide le plus concentré permet cette inversion ; elle est nécessaire pour vaincre la pression osmotique. Si la membrane est assez fine seule l'eau la traversera, les molécules des corps en solutions étant retenues par la membrane.

Osmoseur. Appareil utilisant le principe de l'osmose-inverse.

Ozone. Gaz très agressif formé de 3 atomes d'oxygène (O_3) alors que le gaz oxygène n'en contient que 2 (O_2). En solution dans l'eau c'est un puissant antiseptique qui attaque fortement la matière organique.

Ozonisation. Utilisation de l'ozone pour désinfecter l'eau (syn : ozonation).

Pédogenèse. Ensemble des processus physiques, chimiques et biologiques aboutissant à la formation et à l'évolution des sols, à partir de la roche-mère, avec différenciation des horizons. Les facteurs de la pédogenèse sont la nature de la roche-mère, le relief, le climat, la durée, les agents biologiques (végétation, micro-organismes) et l'action de l'homme.

Pesticides. Appelés aussi produits phytosanitaires. Sur les végétaux ils s'opposent à la prolifération des insectes (insecticides) et des acariens (acaricides) qui les parasitent et à l'envahissement par des champignons microscopiques (fongicides). Par extension on appelle aussi pesticides les produits :
– qui s'opposent au développement des « mauvaises herbes » entrant en concurrence avec la culture (herbicides sélectifs) ou qui détruisent non sélectivement tous les les végétaux herbacés ou ligneux.
– qui modifient le développement du végétal ou certaines caractéristiques du produit récolté (composition, présentation, conservation…).
– qui détruisent des prédateurs supérieurs comme les rongeurs (rodenticides) et oiseaux ou encore des mollusques comme les limaces (molluscicides).

pH. Le pH (ou potentiel Hydrogène) mesure la valeur de la dissociation en ions des acides ou des bases (produits alcalins) en solution dans l'eau. Le pH se mesure sur une échelle allant de 0 à 14. Plus l'acide est fort plus on tend vers zéro, plus la base est forte plus on tend vers 14 ; le point de neutralité étant pH 7 pour lequel il y a équilibre entre les ions acides et les ions basiques.

Phosphates. Sels de l'acide phosphorique composant des engrais phosphatés. Le phosphore, comme l'azote et le potassium, fait partie des éléments majeurs nécessaires à la croissance végétale et dont l'utilisation par la plante n'est possible que sous forme minérale. Les engrais phosphatés sont nombreux: phosphates naturels (tricalciques), superphosphates (monocalciques), scories... La richesse d'un engrais en phosphore est exprimée en P_2O_5 (anhydride phosphorique).

Phosphore. Voir phosphates

Photosynthèse. Réaction biochimique s'accompagnant d'un dégagement d'oxygène et mise à profit par les végétaux chlorophylliens dont la pigmentation verte (chlorophylle) permet de capter l'énergie solaire (radiations rouges et infrarouges) pour synthétiser des hydrates de carbone (glucides comme les sucres, l'amidon…) à partir du gaz carbonique de l'air et de l'eau du milieu.

Phytoplancton. Voir plancton.

Plancton. Végétaux et animaux de petite taille se développant dans les couches supérieures des eaux marines ou douces. Organismes mono ou pluricellulaires pouvant être autonomes dans leurs déplacements bien qu'entraînés par les courants (plancton animal souvent visible à l'œil nu).
On distingue le phytoplancton (plancton végétal) qui posséde une pigmentation chlorophyllienne lui permettant d'utiliser directement l'énergie solaire et le zooplancton (plancton animal) qui se nourrit notamment de phytoplancton mais également de bactéries, de particules organiques mortes et de zooplancton plus petit.

Potentiel d'oxydo-réduction (ou potentiel redox) du sol. Paramètre (désigné par Eh) exprimant l'aptitude du milieu à réduire ou à oxyder certains constituants du sol et en particulier le fer.

ppm. Partie par million. Unité utilisée pour les produits rencontrés en très faible dose dans un substrat. 1 ppm = 1 partie par million de parties du substrat. Aujourd'hui on préfère exprimer les faibles concentrations en mg/l, mg/kg ou en g/m^3.

Profil (pédologique). Ensemble des horizons du sol. Coupe verticale faite dans le sol permettant l'observation morphologique des horizons et le prélèvement d'échantillons en vue d'analyses en laboratoire. Chaque type de sol est caractérisé par un profil représentatif dont la spécificité provient de la nature et du mode de superposition des horizons constitutifs.

Régie. Dans le domaine de l'eau, gestion directe par une collectivité locale (commune…) de l'exploitation et de l'entretien des installations d'alimentation en eau potable et d'épuration des eaux usées.

Résine. (Résines échangeuses d'ions). Macromolécules synthétiques se présentant sous forme de microbilles ayant la propriété d'échanger des ions fixés sur la molécule contre des ions en solution dans le liquide à traiter. Ce transfert est réversible par régénération de la résine. Ainsi, une résine échangeuse de cations (résine cationique) échange par exemple son sodium contre le calcium et le magnésium de l'eau (adoucissement de l'eau) : on la régénère avec du sel (chlorure de sodium) qui enlève le calcium et le magnésium de la résine pour les remplacer par du sodium. Outre l'adoucissement et la déminéralisation totale de l'eau, les résines peuvent être utilisées pour la désulfater, la dénitrater, la décarbonater ou la déferriser.
N.B. : en solution dans l'eau, les molécules sont dissociées en ions négatifs (cations) et en ions positifs (anions). Selon que l'on veut échanger des cations ou des anions, on utilisera des résines dites cationiques ou anioniques.

Retenue collinaire. Retenue d'eau de petite capacité construite le plus souvent en terre compactée destinée à l'irrigation agricole ou à des aménagements de loisirs.

Ruissellement. Écoulement des eaux à la surface du sol entraînant des éléments chimiques solubles ou des particules solides, contribuant ainsi au phénomène d'érosion et de pollution.

Salmonidés (famille des…). Poissons tels que le saumon, la truite, l'omble, l'ombre, le corégone… typiques des eaux froides et bien oxygénées. Certains sont migrateurs et peuvent se rencontrer en eau douce comme en eau salée.

Thermale. Se dit d'une eau minérale, généralement chaude, utilisée comme ses boues ou ses vapeurs, sur le site de son émergence à des fins thérapiques.

Ultrafiltration. Filtration sur membrane d'ultrafiltration (voir membrane) dont le seuil de filtration (ou seuil de coupure) correspond à la taille de molécules organiques à poids moléculaire important comme les protéines.

sommaire

Tome II

L'eau : usages et polluants

4 L'eau et l'agroalimentaire

- L'eau fluide alimentaire
- L'eau fluide technique
- Références bibliographiques

5 La pollution nitrique des eaux

- Situation actuelle de la pollution nitrique
- Le mécanisme de pollution nitrique
- Incidence des pratiques agricoles sur les pertes d'azote nitrique par lessivage : quelques exemples
- Conclusion
- Références bibliographiques

6 La pollution des eaux par les phosphates

- Les eaux de surface
- Les eaux courantes
- Les eaux stagnantes
- Le destin des eaux stagnantes
- Les aliments de base
- L'obésité des eaux stagnantes
- Les remèdes
- Conclusion
- Références bibliographiques

7 Les polluants agricoles de l'eau : les produits phytosanitaires

- Introduction
- Comportement des produits phytosanitaires dans le sol
- Pollution des milieux aquatiques par les produits phytosanitaires
- Évaluation des risques
- Conclusion
- Références bibliographiques

Liste des auteurs

Tomes I et II

Abraham Jean
CNERNA
16, rue Claude Bernard
75231 Paris Cedex 05

Balvay Gérard
INRA
Hydrobiologie lacustre
74203 Thonon-les-Bains

Barroin Guy
INRA
Hydrobiologie lacustre
74203 Thonon-les-Bains

Bébin Jean
Lyonnaise des Eaux (DTR)
18, square Edouard VII
75316 Paris Cedex 09

Bourbigot Marie-Marguerite
Compagnie Générale des Eaux (CGE)
52, rue d'Anjou
75384 Paris Cedex 08

Bouzigues Robert
INRA, UFR Science du Sol
34060 Montpellier

Brulé Gérard
INRA-ENSA
Technologie laitière
35042 Rennes

Chevallier Claude
INRA-SAD
17450 Saint-Laurent-de-la-Prée

Choisnel Emmanuel
Météo-France, Direction générale,
1, quai Branly, 75340 Paris

Davigo Jacques
Conseil général du GREF
251, rue de Vaugirard
75732 Paris Cedex 15

Druart Jean-Claude
INRA
Hydrobiologie lacustre
74203 Thonon-les-Bains

Favrot Jean-Claude
UFR Science du Sol
34060 Montpellier

Fayoux Christian
Lyonnaise des Eaux (Ile-de-France Sud)
51, avenue Sénart
91230 Montgeron

Gioda Alain
IRD
Hydrologie
34042 Montpellier

Grosclaude Gérard
INRA
44316 Nantes

Guyot Gérard
INRA, Bioclimatologie
84194 Avignon

Jamet Paul
INRA, Relations Internationales
75338 Paris Cedex 07

Le Louarn Henri
INRA, Écologie hydrobiologique
35042 Rennes

Legros Jean-Paul
INRA, UFR Science du Sol
34060 Montpellier

Lelièvre François
INRA-ENSAM
Écophysiologie des Plantes
34060 Montpellier

Manem Jacques
Lyonnaise des Eaux (DTR)
18, square Edouard VII
75316 Paris Cedex 09

Pelletier Jean
INRA
Hydrobiologie lacustre
74203 Thonon-les-Bains

Riou Charles
INRA
Bioclimatologie
33883 Villeneuve d'Ornon Cedex

Simon Jean-Claude
INRA-IRBA
Physiologie et Biochimie végétales
Université de Caen
14032 Caen

de Villèle Olivier
INRA, Station de Bioclimatologie
84194 Avignon

Bialec S.A. – 54000 Nancy – D.L. 49406 – 4e trim. 1999